30 PROJETOS
COM ARDUINO

O autor

Simon Monk é bacharel em cibernética e ciência da computação e doutor em engenharia de software. Ele é um aficionado em eletrônica desde os seus tempos de escola. Ocasionalmente, publica artigos em revistas dedicadas à eletrônica. Também é autor de *Programação com Arduino: começando com sketches* e de *Projetos com Arduino e Android: use seu smartphone ou tablet para controlar o Arduino* (publicados pela Bookman Editora).

M745t Monk, Simon.
    30 projetos com Arduino / Simon Monk ; tradução:
Anatólio Laschuk. – 2. ed. – Porto Alegre : Bookman, 2014.
    xii, 214 p. : il. ; 25 cm.

ISBN 978-85-8260-162-4

1. Programas de computadores. 2. Arduino. I. Título.

CDU 004.42

Catalogação na publicação: Ana Paula M. Magnus CRB 10/2052

SIMON MONK

30 PROJETOS COM ARDUINO
2ª EDIÇÃO

Tradução
Anatólio Laschuk
Mestre em Ciência da Computação pela UFRGS
Professor aposentado pelo Departamento de Engenharia Elétrica da UFRGS

bookman

2014

Obra originalmente publicada sob o título *30 Arduino Projects for the Evil Genius*, 2nd Edition
ISBN 0071817727 / 9780071817721

Original edition copyright © 2013, The McGraw-Hill Global Education Holdings, LLC., New York, New York 10020. All rights reserved.

Portuguese language translation copyright © 2014, Bookman Companhia Editora Ltda., a Grupo A Educação S.A. company. All rights reserved.

Gerente editorial: *Arysinha Jacques Affonso*

Colaboraram nesta edição:

Editora: *Maria Eduarda Fett Tabajara*

Capa e projeto gráfico: *Paola Manica*

Leitura final: *Susana de Azeredo Gonçalves*

Editoração: *Techbooks*

Reservados todos os direitos de publicação, em língua portuguesa, à
BOOKMAN EDITORA LTDA., uma empresa do GRUPO A EDUCAÇÃO S.A.
A série TEKNE engloba publicações voltadas à educação profissional e tecnológica.

Av. Jerônimo de Ornelas, 670 – Santana
90040-340 – Porto Alegre – RS
Fone: (51) 3027-7000   Fax: (51) 3027-7070

É proibida a duplicação ou reprodução deste volume, no todo ou em parte, sob quaisquer formas ou por quaisquer meios (eletrônico, mecânico, gravação, fotocópia, distribuição na Web e outros), sem permissão expressa da Editora.

Unidade São Paulo
Av. Embaixador Macedo Soares, 10.735 – Pavilhão 5 – Cond. Espace Center
Vila Anastácio – 05095-035 – São Paulo – SP
Fone: (11) 3665-1100   Fax: (11) 3667-1333

SAC 0800 703-3444 – www.grupoa.com.br

IMPRESSO NO BRASIL
PRINTED IN BRAZIL

*Ao meu falecido pai, de quem eu herdei a paixão pela eletrônica.
Ele teria se divertido muito com tudo o que está neste livro.*

Agradecimentos

Eu gostaria de agradecer a meus filhos, Stephen e Matthew Monk, pelo interesse e estímulo demonstrados durante a escrita deste livro, pelas sugestões úteis e pelos testes que realizaram com os projetos. Além disso, eu não poderia ter escrito este livro sem a paciência e o apoio de Linda.

Finalmente, eu gostaria de agradecer a Roger Stewart e a todos da McGraw-Hill pelo grande entusiasmo e apoio. Foi uma satisfação ter trabalhado com eles.

Sumário

Introdução **1**
Afinal, o que é o Arduino? 1
O Arduino 1
Os projetos 3
Mãos à obra 3

capítulo 1
Por onde começo? **5**
Alimentação elétrica 6
Como instalar o software 6
    Instalação no Windows 7
    Instalação no Mac OS X 10
    Instalação no Linux 10
Configurando o ambiente do seu Arduino...... 10
Como baixar o software para os projetos 10
Projeto 1 LED piscante 12
    Software 12
    Hardware 14
Protoboard 16
Resumo 17

capítulo 2
Um passeio pelo Arduino **19**
Microcontroladores 20
Quais são os componentes de uma placa de
Arduino? 20
    Fonte de alimentação 20
    Conexões de alimentação elétrica 21
    Entradas analógicas 23
    Conexões digitais 23
    Microcontrolador 24
    Outros componentes 25
A família Arduino 26
A linguagem C 26
    Um exemplo 27
    Variáveis e tipos de dados 29

    Aritmética 29
    Strings 30
    Comandos condicionais 31
Resumo 31

capítulo 3
Projetos com LED **33**
Projeto 2 Sinalizador de SOS em
código Morse 34
    Hardware 34
    Software 34
    Juntando tudo 36
Loops 36
Arrays 37
Projeto 3 Tradutor de código Morse 37
    Hardware 38
    Software 38
    Juntando tudo 41
Projeto 4 Tradutor de código Morse de alto
brilho 42
    Hardware 42
    Software 45
    Juntando tudo 45
    Como construir um shield 45
Resumo 48

capítulo 4
Mais projetos com LED **49**
Entradas e saídas digitais 50
Projeto 5 Modelo de sinalização para
semáforo 50
    Hardware 50
    Software 51
    Juntando tudo 51
Projeto 6 Luz estroboscópica 53
    Hardware 53

Software 55
Juntando tudo 56
   Construindo um shield 56
Projeto 7 Luz para desordem
afetiva sazonal (SAD) 57
   Hardware 57
   Software 60
   Juntando tudo 61
Projeto 8 Luz estroboscópica de
alta potência 62
   Hardware 62
   Software 62
   Juntando tudo 64
Geração de números aleatórios 64
Projeto 9 Dado com LEDs 64
   Hardware 65
   Software 66
   Juntando tudo 68
Resumo 68

capítulo 5
Projetos com sensores 69
Projeto 10 Código secreto com
teclado numérico 70
   Hardware 70
   Software 72
   Juntando tudo 75
Encoders rotativos 76
Projeto 11 Modelo de sinalização para
semáforo com encoder 76
   Hardware 76
   Software 77
   Juntando tudo 81
Sensor luminoso 81
Projeto 12 Monitor de pulsação arterial 81
   Hardware 82
   Software 83
   Juntando tudo 86
Medição de temperatura 86
Projeto 13 Registrador de
temperatura USB 86
   Hardware 87
   Software 87
   Juntando tudo 92
Resumo 94

capítulo 6
Projetos com LEDs multicores 95
Projeto 14 Display luminoso multicor 96
   Hardware 96
   Software 96
   Juntando tudo 100
LEDs de sete segmentos 100
Projeto 15 Dados duplos com LEDs de sete
segmentos 102
   Hardware 102
   Software 103
   Juntando tudo 105
Projeto 16 Array de LEDs 105
   Hardware 106
   Software 106
   Displays LCD 108
Projeto 17 Painel de mensagens USB 109
   Hardware 109
   Software 110
   Juntando tudo 112
Resumo 112

capítulo 7
Projetos com som 113
Projeto 18 Osciloscópio 114
   Hardware 114
   Software 116
   Juntando tudo 117
Geração de áudio 117
Projeto 19 Tocador de música 119
   Hardware 120
   Software 120
   Juntando tudo 123
Projeto 20 Harpa luminosa 123
   Hardware 123
   Software 123
   Juntando tudo 126
Projeto 21 Medidor VU 126
   Hardware 127
   Software 129
   Juntando tudo 129
Resumo 129

capítulo 8
Projetos de potência 131
Projeto 22 Termostato com LCD 132
   Hardware 132

Software 133
Juntando tudo 138
Projeto 23 Ventilador controlado por
computador 138
Hardware 139
Software 139
Juntando tudo 141
Controladores com ponte H 141
Projeto 24 Hipnotizador 142
Hardware 142
Software 143
Juntando tudo 144
Servomotores 146
Projeto 25 Laser controlado por
servomotores 146
Hardware 147
Software 148
Juntando tudo 150
Resumo 151

capítulo 9
Outros projetos 153
Projeto 26 Detector de mentira 154
Hardware 154
Software 155
Juntando tudo 157
Projeto 27 Fechadura magnética
para porta 157
Hardware 158
Software 160
Juntando tudo 161
Projeto 28 Controle remoto com
infravermelho 162
Hardware 163
Software 164
Juntando tudo 168
Projeto 29 Relógio com Lilypad 168
Hardware 169
Software 169
Juntando tudo 173
Projeto 30 Contador regressivo de tempo ... 173
Hardware 174
Software 174
Juntando tudo 178
Resumo 178

capítulo 10
Projetos USB com o Leonardo 179
Projeto 31 O truque do teclado 180
Hardware 180
Software 180
Juntando tudo 181
Projeto 32 Digitador automático
de senha 181
Hardware 182
Software 183
Juntando tudo 184
Projeto 33 Mouse com acelerômetro 184
Hardware 185
Software 186
Juntando tudo 186
Resumo 187

capítulo 11
Seus projetos 189
Circuitos 190
Diagramas esquemáticos 190
Símbolos de componentes 190
Componentes 192
Folhas de dados de especificação 192
Resistores 193
Transistores 194
Outros semicondutores 195
Módulos e shields 195
Comprando componentes 196
Ferramentas 196
Caixa de componentes 197
Alicates de corte e de bico 197
Soldagem 198
Multímetros 198
Osciloscópio 200
Ideias para projetos 200

apêndice
Componentes e fornecedores 203
Fornecedores 204
Fornecedores de componentes 204
Resistores 205
Semicondutores 206
Hardware e componentes diversos 209

Índice 211

Introdução

As placas de interface de Arduino propiciam uma tecnologia de baixo custo e fácil utilização, permitindo o desenvolvimento de projetos. Agora, toda uma nova linhagem de projetos pode ser construída e controlada por computador. Em breve, o laser controlado por computador e acionado por servomotores estará completo, e o mundo estará em suas mãos.

Este livro mostra como conectar uma placa de Arduino a um computador, permitindo programá-la. Além disso, ensina como incluir todo tipo de eletrônica para desenvolver projetos, como um laser controlado por computador e acionado por servomotor, um ventilador controlado por USB, uma harpa luminosa, um registrador de temperatura USB, um osciloscópio para áudio e muito mais.

Os diagramas esquemáticos e todos os detalhes da construção dos projetos serão fornecidos. A maioria dos projetos pode ser construída sem necessidade de soldas ou ferramentas especiais. Entretanto, se desejar, o leitor mais ambicioso poderá transferir os projetos de uma placa de protoboard para algo mais permanente. As instruções de como fazer isso também serão fornecidas.

trônicos externos, como motores, relés, sensores luminosos, diodos laser, alto-falantes, microfones, etc. Os Arduinos podem ser energizados através de um conector USB a partir de um computador ou de uma bateria de 9V. Eles podem ser controlados diretamente por um computador, ou podem primeiro ser programados pelo computador e, a seguir, desconectados para trabalharem de forma autônoma.

Neste livro, o foco estará nos tipos mais populares de placas de Arduino: Uno e Leonardo.

A esta altura, o leitor pode estar se perguntando como adquirir um Arduino. Na realidade, é muito simples. O leitor precisa apenas visitar o seu site preferido de leilão ou de busca. Como o Arduino é um projeto de hardware aberto (open-source), qualquer pessoa pode pegar os projetos e criar os seus próprios clones de Arduino para vendê-los. Isso torna a comercialização dessas placas bastante competitiva. Um Arduino oficial custa em torno de 30 dólares, e um clone pode ser adquirido por menos de 20 dólares.

O software de programação do Arduino é de fácil utilização e está disponível gratuitamente para computadores Windows, Mac e Linux.

» Afinal, o que é o Arduino?

Bem, o Arduino é uma pequena placa de microcontrolador que contém um conector USB que permite ligá-la a um computador, além de diversos pinos que permitem a conexão com circuitos ele-

» O Arduino

Na realidade, embora o Arduino seja o projeto aberto de uma placa de interface baseada em microcontrolador, ele é muito mais do que isso porque, além da própria placa, inclui também as ferramentas de desenvolvimento de software necessárias para programar as placas de Arduino. Há uma ampla comunidade envolvida com a construção, a programação e a eletrônica e há também entusiastas de arte desejosos de compartilhar suas habilidades e experiências.

Para começar a utilizar um Arduino, primeiro acesse o site do Arduino (www.arduino.cc) e baixe o software para Mac, PC ou Linux. O Capítulo 1 fornece instruções passo a passo de como instalar o software nessas três plataformas.

Na realidade, há diversas placas de Arduino que são destinadas a muitos tipos de aplicação. Todas podem ser programadas utilizando o mesmo software de desenvolvimento de Arduino e, em geral, os programas que funcionam em uma placa também funcionam em todas as demais.

Neste livro, utilizaremos as placas de Arduino Uno e Leonardo, exceto em um projeto, que usa o Arduino Lilypad. Quase todos os projetos funcionarão com Arduino Uno e Arduino Leonardo, e muitos também funcionarão com placas de Arduino mais antigas, como a Duemilanove.

Quando você estiver construindo um projeto com Arduino, deverá utilizar um cabo USB entre seu computador e o Arduino para baixar os programas para a placa. Essa é uma das coisas mais convenientes da utilização de um Arduino. Para instalar os programas no microcontrolador, muitas placas de microcontrolador usam um hardware de programação separado. No Arduino, tudo está contido na própria placa. Isso também é vantajoso porque você pode utilizar a conexão USB para transferir dados nos dois sentidos entre uma placa de Arduino e seu computador. Por exemplo, você pode conectar um sensor de temperatura a seu Arduino e fazê-lo enviar os valores de temperatura de forma contínua.

Você pode deixar o computador alimentar a placa de Arduino com energia elétrica por meio do cabo USB ou, então, pode utilizar energia elétrica externa por meio de um adaptador de tensão contínua (CC). A tensão da fonte de alimentação pode ter qualquer valor entre 7 e 12 volts. Dessa forma, em aplicações portáteis, uma pequena bateria de 9V funcionará muito bem. Normalmente, por conveniência, enquanto você estiver desenvolvendo o seu projeto, provavelmente irá energizá-lo com a conexão USB e, depois, quando você estiver pronto para cortar o cordão umbilical (desconectar o cabo USB), alimentará a placa com uma fonte autônoma. Para isso, você pode usar um adaptador de tensão externo ou simplesmente uma bateria conectada a um plugue que é encaixado no soquete de alimentação.

Há duas filas de pinos de conexão nas bordas da placa. Na borda superior, os pinos de conexão são principalmente digitais (ligado/desligado), embora alguns deles possam ser usados como saídas analógicas. Na borda inferior, há pinos úteis para alimentação elétrica à esquerda e entradas analógicas à direita.

Essa disposição dos conectores permite que placas, denominadas "shields", possam ser encaixadas por cima da placa principal. É possível comprar shields já montados para serem utilizados com os mais diferentes propósitos, incluindo:

- Conexão com redes Ethernet
- Displays LCD e telas de toque
- WiFi
- Áudio
- Controle de motor
- Rastreio por GPS
- E muito mais

Você também pode utilizar placas de shield para criar os seus próprios protótipos. Utilizaremos esses protoshields em um de nossos projetos. Os shields costumam ter pinos de conexão, de modo que diversos shields podem ser empilhados entre si. Assim, em um projeto, poderia haver três camadas: uma placa de Arduino na parte debaixo, um shield GPS por cima e, bem no topo, um shield de display LCD.

›› Os projetos

Os projetos deste livro são bem variados. Começaremos com alguns exemplos simples utilizando LEDs comuns e LEDs Luxeon de alto brilho.

No Capítulo 5, veremos diversos projetos com sensores para registrar temperatura e medir luminosidade e pressão. A conexão USB do Arduino possibilita a entrada das leituras já feitas pelo sensor, permitindo a sua transferência ao computador, onde podem ser importadas por uma planilha e exibidas na forma de gráficos.

A seguir, examinaremos projetos que utilizam diversas tecnologias de display, incluindo um painel de mensagens alfanuméricas com LCD (usando novamente a conexão USB para obter mensagens de seu computador) e também LEDs de sete segmentos e multicores.

O Capítulo 7 apresenta quatro projetos que utilizam o som, incluindo um osciloscópio simplificado. Temos um projeto simples para tocar peças musicais em um alto-falante, seguido de outro projeto de expansão que o transforma em uma harpa luminosa. Nessa harpa, a altura e a intensidade do som são alteradas com o movimento das mãos por cima de sensores luminosos. Isso produz um efeito similar ao do famoso sintetizador Theremin. O projeto final desse capítulo usa o sinal de áudio produzido por um microfone. É um medidor VU que exibe a intensidade do som em um display.

No Capítulo 10, em alguns projetos interessantes, utilizaremos um recurso para teclado e mouse USB que é exclusivo do Arduino Leonardo.

Os capítulos finais contêm uma miscelânea de projetos. Entre eles, há um relógio binário indecifrável que usa uma placa Arduino Lilypad para mostrar as horas de forma enigmática e que só pode ser lido por você. Há também um detector de mentira, um disco girante hipnotizador controlado por motor e, naturalmente, o laser controlado por computador e guiado por servomotores.

A maioria dos projetos deste livro pode ser construída sem necessidade de soldagem. Em vez disso, utilizaremos uma placa protoboard (matriz de contatos) ou, como também é denominada, breadboard. Uma placa protoboard é um bloco de plástico com orifícios, abaixo dos quais há conexões de metal fixadas por mola. Os componentes eletrônicos são inseridos nas aberturas superiores dos orifícios. Eles não são caros, e uma placa protoboard adequada está indicada no Apêndice. Entretanto, se você desejar construir seus projetos de forma mais permanente, o livro também mostrará como fazer isso com o uso de placas adequadas para protótipos.

Fornecedores de todos os componentes estão listados no Apêndice. Além desses componentes, as únicas coisas de que você necessitará serão uma placa de Arduino, um computador, alguns fios e uma placa protoboard. O software de todos os projetos está disponível na página do livro em loja.grupoa.com.br.

›› Mãos à obra

Você deve estar ansioso para começar. Por isso, no Capítulo 1, mostraremos como começar a utilizar o Arduino o mais rapidamente possível. O capítulo contém todas as instruções para instalar o software e para programar a sua placa de Arduino, mostrando como baixar o software para os projetos. Então, antes de construir seus projetos, leia esse capítulo.

No Capítulo 2, examinaremos alguns dos fundamentos teóricos que o ajudarão a construir os projetos descritos neste livro e também os seus próprios projetos. A maior parte da teoria está contida neste capítulo. Se você for o tipo de projetista que prefere primeiro construir os projetos para depois descobrir como funcionam, então você talvez prefira escolher um projeto e começar a construí-lo imediatamente após a leitura do Capítulo 1. Se não conseguir avançar, você poderá consultar o índice e ler alguns dos capítulos anteriores.

capítulo 1

Por onde começo?

Este capítulo é para o leitor que está ansioso para começar. A sua placa nova de Arduino chegou e você quer que ela faça alguma coisa. Portanto, mãos à obra.

Objetivos deste capítulo

» Explicar como energizar o Arduino.

» Demonstrar a instalação do ambiente de desenvolvimento do Arduino no Windows 7, no Mac OS X e no Linux.

» Aplicar a configuração do ambiente do Arduino.

» Demonstrar como modificar o Sketch Blink.

» Ensinar a utilizar um resistor e um LED externo de maior potência.

» Auxiliar no reconhecimento um protoboard.

>> Alimentação elétrica

Quando você compra uma placa de Arduino Uno ou Leonardo, ela costuma vir com um programa Blink (Piscar) pré-instalado que fará piscar o pequeno LED existente na placa. A Figura 1-1 mostra duas placas Arduino.

O diodo emissor de luz (LED), assinalado com a letra L na placa, está ligado a um dos pinos de conexão de entrada e saída digitais da placa. Ele está conectado ao pino digital 13. Isso limita o uso do pino 13 a ser uma saída. No entanto, o LED consome apenas uma pequena quantidade de corrente, de modo que você ainda pode conectar outras coisas a esse pino de conexão.

Tudo que você precisa para colocar o seu Arduino em funcionamento é alimentá-lo com energia elétrica. A maneira mais fácil de fazer isso é conectá-lo a uma porta USB (*Universal Serial Bus*) do seu computador. Para um Arduino Uno, você precisará de um cabo USB do tipo A-B. Esse é o mesmo tipo de cabo que normalmente é usado para conectar um computador a uma impressora. Para um Leonardo, você precisará de um conector USB do tipo micro. É possível que surjam algumas mensagens do seu sistema operacional a respeito de novos dispositivos ou hardware encontrados. Por enquanto, ignore-os.

Se tudo estiver funcionando corretamente, o LED deverá piscar (blink) uma vez a cada dois segundos. Nas placas novas de Arduino, esse sketch (Blink), que faz o LED piscar, já vem instalado e é utilizado para verificar se a placa está funcionando. Se você clicar no botão de Reset, o LED deverá piscar momentaneamente. Se esse for o caso e o LED não piscar, então provavelmente a placa não veio programada com o sketch Blink (piscar). Não se desespere pois, depois de tudo instalado, faremos modificações e instalaremos esse sketch como nosso primeiro projeto.

>> Como instalar o software

Agora que o Arduino está funcionando, vamos instalar o software de modo que possamos modificar o programa Blink (piscar) e enviá-lo à placa. O procedimento exato depende do sistema operacional que você está utilizando no seu computador. No entanto, o princípio básico é o mesmo para todos.

Figura 1-1 Arduinos Uno e Leonardo.
Fonte: do autor.

Instale o ambiente de desenvolvimento do Arduino. Esse é o programa que você executa no seu computador permitindo que você escreva sketches e transfira-os para a placa do Arduino.

Instale o driver USB que permite a comunicação do computador com a porta USB do Arduino. Isso é usado para a programação e o envio de mensagens.

O site do Arduino (www.arduino.cc) contém a última versão do software. Neste livro, usaremos a versão Arduino 1.0.2.

» Instalação no Windows

As instruções seguintes são para a instalação no Windows 7. O processo é quase o mesmo para o Windows Vista e XP. A única parte que pode ser um pouco trabalhosa é a instalação dos drivers.

Siga as instruções de como baixar o arquivo para Windows na página inicial do Arduino (www.arduino.cc). Com isso, você baixará o arquivo com extensão Zip contendo o software de Arduino, como está mostrado na Figura 1-2. É possível que a versão baixada do software seja mais recente do que a versão 1.0.2 mostrada (a equipe de desenvolvimento do Arduino ainda não atualizou o nome do arquivo Zip).

O software de Arduino não faz distinção entre as diversas versões de Windows. O arquivo baixado deve funcionar com todas as versões, de Windows XP em diante. As instruções seguintes são para o Windows 7.

Selecione a opção "Salvar" na caixa de diálogo e salve o arquivo Zip no seu Desktop. A pasta contida no arquivo Zip se tornará a pasta principal de Arduino. Agora descompacte o arquivo (unzip) no seu Desktop. Mais tarde, se desejar, você poderá movê-lo para algum outro local.

No Windows, você pode fazer isso clicando no arquivo Zip com o botão direito. Então aparecerá o menu da Figura 1-3. Em seguida selecione a opção "Extrair Tudo" (Extract All) para abrir o assistente de extrair pastas, mostrado na Figura 1-4.

Extraia os arquivos transferindo-os para o seu Desktop.

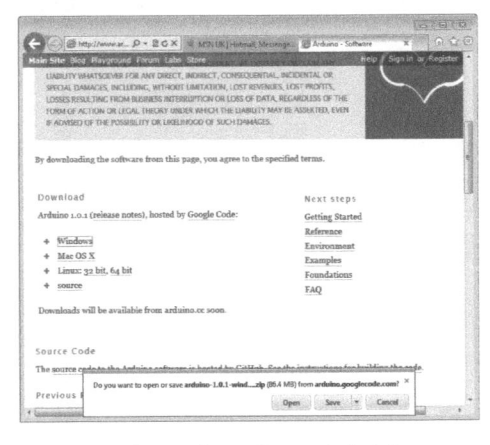

Figura 1-2 Baixando o software de Arduino para Windows.
Fonte: do autor.

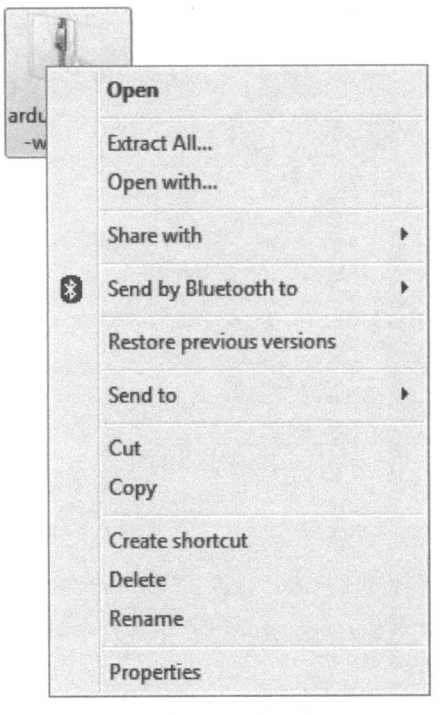

Figura 1-3 A opção "Extrair Tudo" (Extract All) do menu no Windows.
Fonte: do autor.

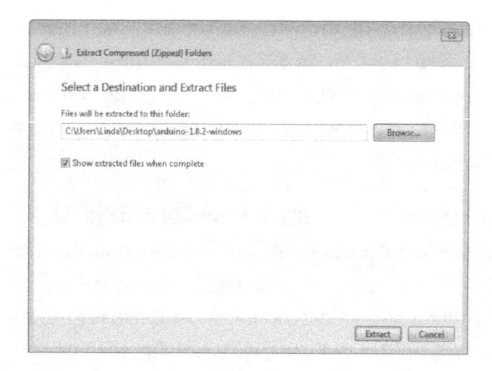

Figura 1-4 Extração do arquivo Arduino no Windows.
Fonte: do autor.

Isso criará uma nova pasta para essa versão de Arduino (no caso, 1.0.2) no seu Desktop. Se desejar, você poderá ter diversas versões de Arduino instaladas ao mesmo tempo, cada uma na sua própria pasta. Atualizações do Arduino não são muito frequentes e historicamente têm sempre mantido uma boa compatibilidade com versões anteriores do software. Portanto, a menos que você esteja tendo problemas ou que haja um novo recurso de software que você gostaria de utilizar, não é essencial manter-se atualizado com a última versão.

Agora que você instalou a pasta de Arduino no lugar correto, precisamos instalar os drivers USB. Se você ainda não o fez, conecte o seu Leonardo ou Uno no seu computador. Dependendo da versão do seu Windows, poderão ocorrer algumas tentativas não muito bem-sucedidas por parte do seu sistema operacional para instalar os drivers. Simplesmente cancele essas tentativas na primeira vez que surgirem porque provavelmente não funcionarão. Em vez disso, abra o Gerenciador de Dispositivos. Ele pode ser acessado de diversas maneiras, dependendo da sua versão de Windows. No Windows 7, primeiro você precisa abrir o Painel de Controle. A seguir, selecione a opção para ver ícones e o Gerenciador de Dispositivos deverá aparecer na lista.

Na seção "Outros Dispositivos," você deverá ver um ícone em "Dispositivo Desconhecido" com um pequeno triângulo amarelo de alerta. Esse ícone é do seu Arduino (Figura 1-5).

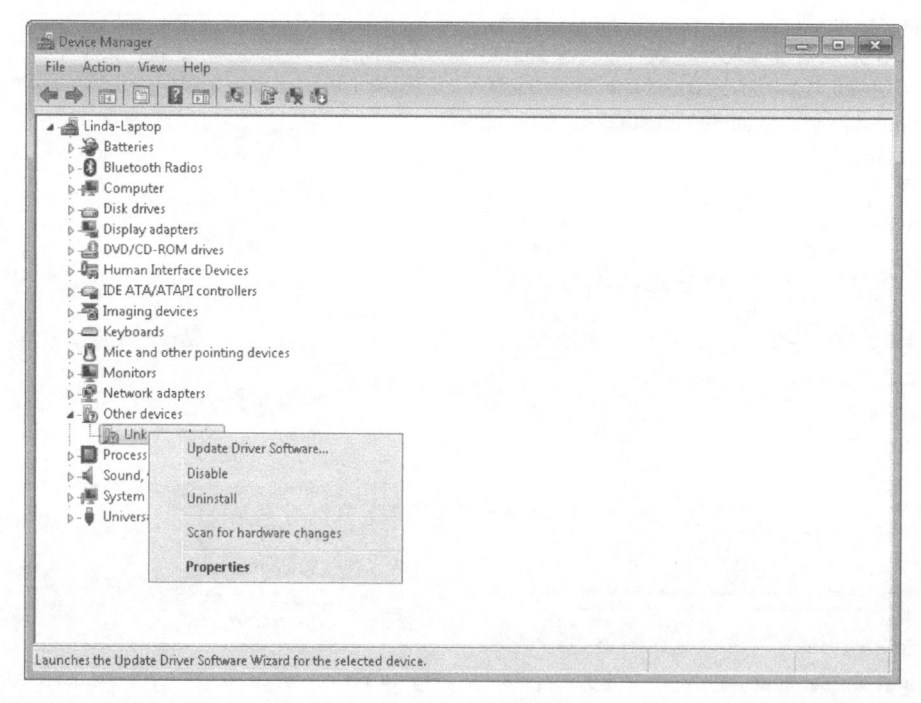

Figura 1-5 O Gerenciador de Dispositivos do Windows.
Fonte: do autor.

Clique com o botão direito em "Dispositivo Desconhecido" e selecione a opção "Atualizar Driver". Então, você deverá escolher entre "Pesquisar automaticamente software de driver atualizado" ou "Procurar software de driver no computador". Selecione a segunda opção e navegue até "arduino-1.0.2-windows\arduino1.0.2\drivers" (Figura 1-6). Modifique os números da versão se você estiver usando uma versão diferente de Arduino.

Clique em "Avançar". Poderá surgir um alerta de segurança. Se isso ocorrer, permita a instalação do software. Depois da instalação do software, aparecerá uma mensagem de confirmação como a mostrada na Figura 1-7. Para um Leonardo, a mensagem será diferente, mas o procedimento é idêntico.

Agora, o Gerenciador de Dispositivos deve mostrar o nome correto para o Arduino (Figura 1-8).

Esse processo é realizado uma única vez. De agora em diante, sempre que você conectar a sua placa de Arduino, os seus drivers USB serão carregados automaticamente e o Arduino estará pronto para funcionar.

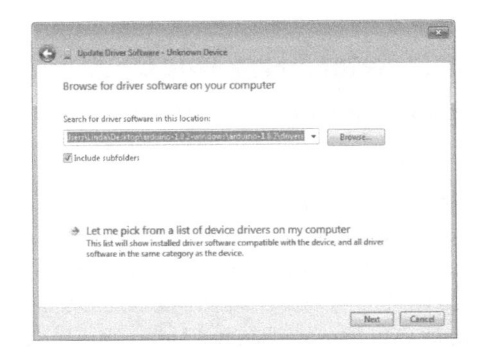

Figura 1-6 Buscando os drivers USB.
Fonte: do autor.

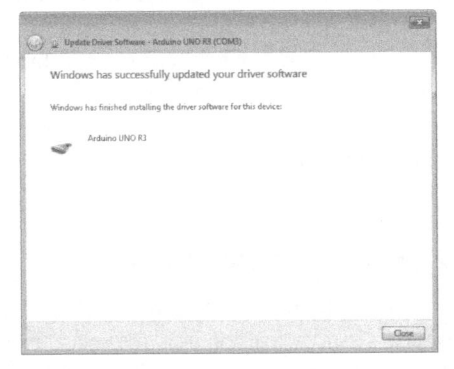

Figura 1-7 A instalação bem-sucedida do driver USB.
Fonte: do autor.

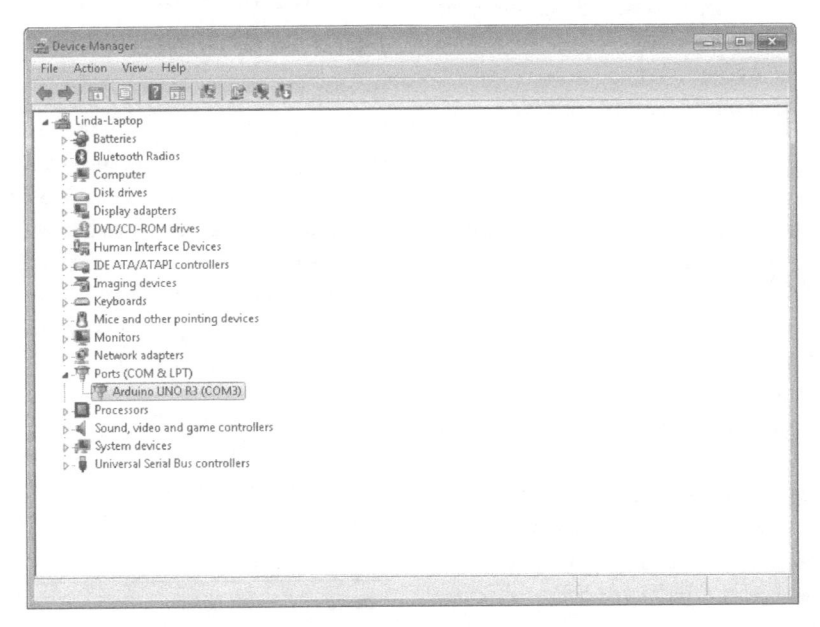

Figura 1-8 O Gerenciador de Dispositivos mostrando o Arduino.
Fonte: do autor.

>> Instalação no Mac OS X

O processo de instalação do software de Arduino no Mac é bem mais fácil do que no PC.

Como antes, o primeiro passo é baixar o arquivo. No caso do Mac, é um arquivo Zip. Depois disso, clique duas vezes no arquivo Zip, do qual será extraído um arquivo simples denominado "Arduino.app". Esse arquivo contém o aplicativo Arduino completo. Basta arrastá-lo à sua pasta de aplicativos.

Agora, você pode localizar e executar o software do Arduino que está na pasta de aplicativos. Como você irá usá-lo frequentemente, talvez queira clicar com o botão direto no ícone do Arduino que está no "Dock" e ativar "Keep in Dock" (mantenha no dock).

>> Instalação no Linux

Há muitas distribuições diferentes de Linux, e as instruções para cada distribuição são ligeiramente diferentes. A comunidade de Arduino tem feito um grande trabalho ao reunir conjuntos de instruções para cada distribuição. Dessa forma, sugerimos que você acesse, por exemplo, o site http://playground.arduino.cc/learning/linux e siga as orientações para a distribuição que você usa.

>> Configurando o ambiente do seu Arduino

Independentemente do tipo de computador que você está usando, agora o software de Arduino já deve estar instalado, sendo necessário fazer alguns ajustes. Você precisa especificar a porta serial que está conectada à placa de Arduino e também o tipo de placa de Arduino que você está utilizando. Mas, primeiro, você precisa conectar o seu Arduino ao computador por meio do cabo USB. Se não fizer isso, não será possível selecionar a porta serial.

A seguir, execute o software de Arduino. No Windows, isso significa abrir a pasta "Arduino" e clicar no ícone "Arduino" (selecionado na Figura 1-9). Se você preferir, pode colocar um atalho na sua Área de Trabalho.

A porta serial é configurada no menu Ferramentas, como mostrado na Figura 1-10 no Mac e na Figura 1-11 no Windows 7 – a lista de portas no Linux é similar à do Mac.

Se você estiver utilizando muitos dispositivos USBs ou Bluetooth no seu Mac, é provável que, na lista de portas, haja poucas opções disponíveis. Selecione o item da lista que começa por "dev/tty.usbserial".

No Windows, a porta serial pode ser configurada comumente para COM3 ou COM4, dependendo do que aparecer.

No menu Ferramentas, agora podemos escolher a placa que será utilizada, como mostrado na Figura 1-12.

>> Como baixar o software para os projetos

Os sketches (como são denominados os programas no mundo do Arduino) usados neste livro estão disponíveis para download na forma de um arquivo simples Zip com menos de um megabyte. Portanto, você pode baixar o software para todos os projetos, mesmo que você pretenda usar apenas alguns deles. Para baixá-los, acesse o site www.simonmonk.org/ e siga os links de download para a segunda edição* deste livro.

Com qualquer plataforma, o software do Arduino espera encontrar todos os sketches na pasta "Meus Documentos", dentro de um diretório denominado "Arduino", que foi criado pelo software do Arduino

---

* N. de T.: É o livro no qual a expressão "Second edition", quase ilegível, está acima de "30 Arduino".

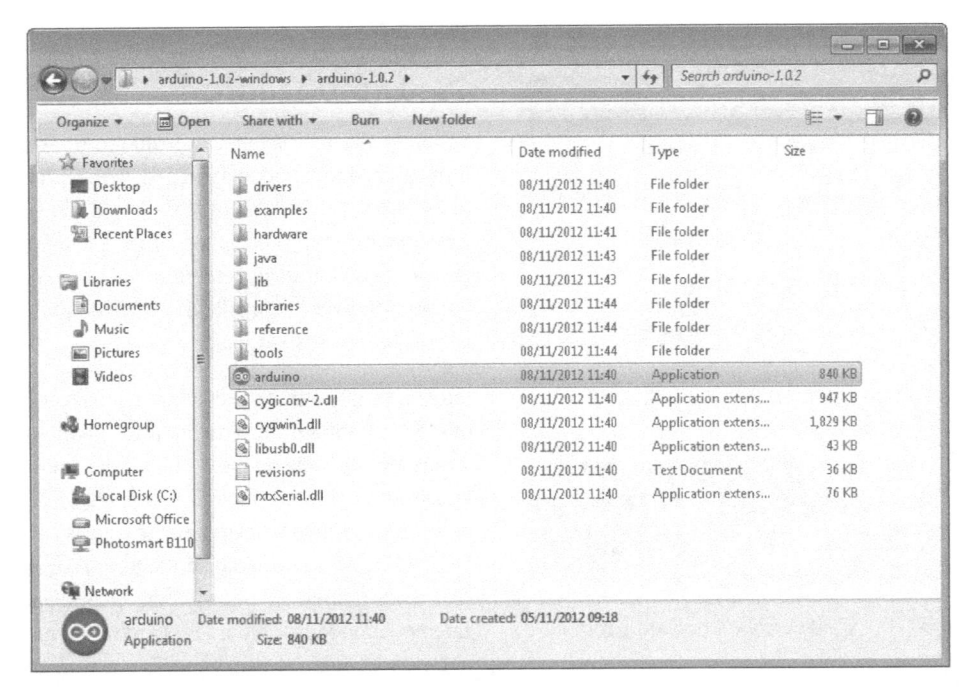

Figura 1-9 Iniciando a execução do Arduino no Windows.
Fonte: do autor.

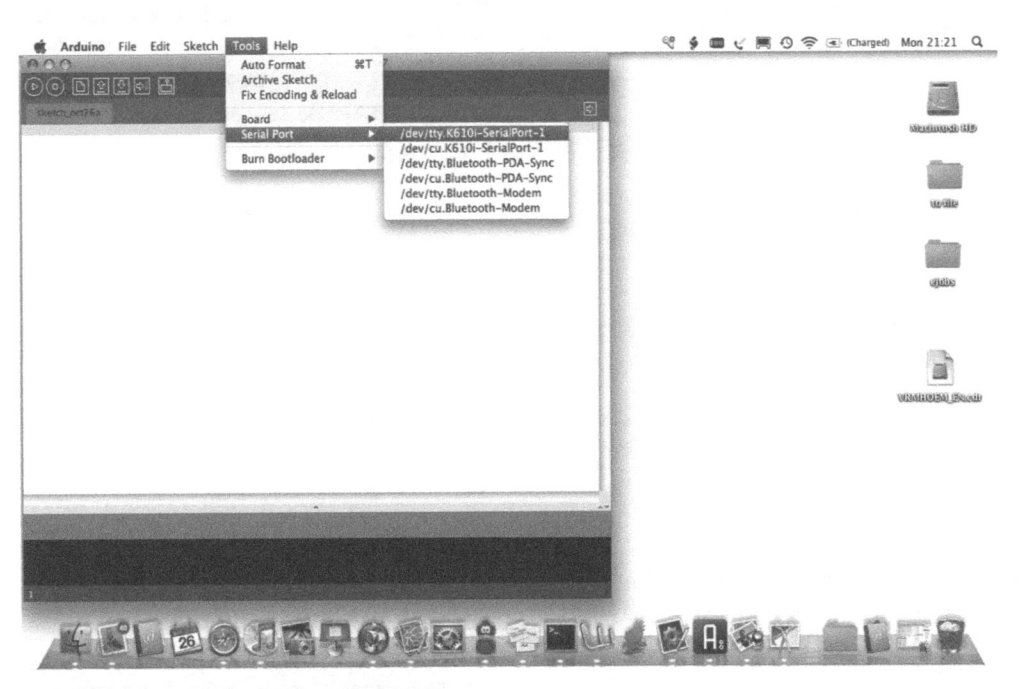

Figura 1-10 Configurando a porta serial no Mac.
Fonte: do autor.

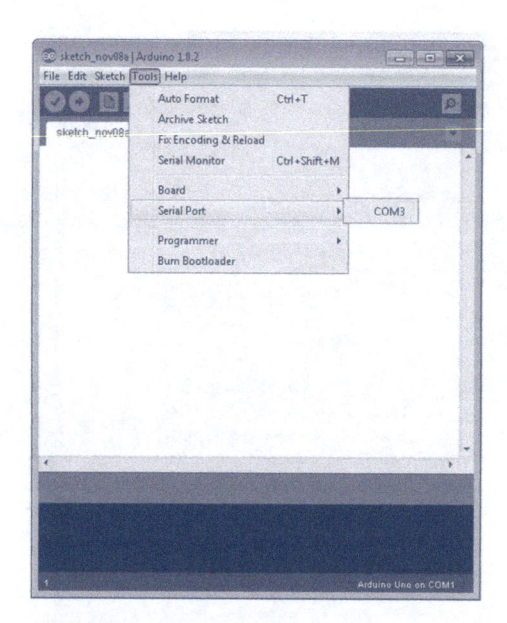

Figura 1-11 Configurando a porta serial no Windows.
Fonte: do autor.

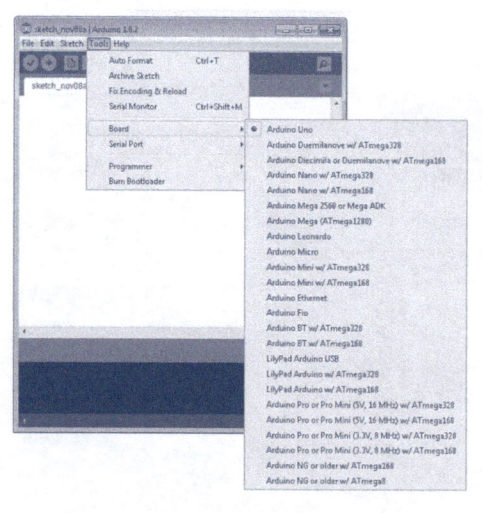

Figura 1-12 Configurando a placa.
Fonte: do autor.

na primeira vez em que foi executado. Portanto, coloque os conteúdos do arquivo Zip dentro dessa pasta, supondo que você já tenha instalado o software do Arduino.

Observe que os sketches são numerados por projeto e vêm em suas próprias pastas.

Projeto 1
>> LED piscante

Supondo que você já tenha instalado com sucesso o software, agora podemos iniciar o nosso primeiro projeto emocionante. Na verdade, ele não é tão emocionante, mas precisamos iniciar com alguma coisa e, dessa forma, poderemos verificar se configuramos tudo corretamente e se estamos prontos para utilizar o nosso Arduino.

Modificaremos o sketch Blink (piscar) de exemplo que acompanha o Arduino. Para isso, aumentaremos a frequência do pisca-pisca e, em seguida, instalaremos o sketch modificado na placa do Arduino. Em vez de piscar lentamente, a nossa placa fará o LED piscar (flash) rapidamente. Em seguida, levaremos o projeto um passo mais adiante: utilizaremos um resistor e um LED externo de maior potência no lugar do pequeno LED que vem junto na placa do Arduino.

COMPONENTES E EQUIPAMENTO		
	Descrição	**Apêndice**
	Arduino Uno ou Leonardo	m1/m2
D1	LED vermelho de 5 mm	s1
R1	Resistor de 270 Ω e 1/4 W	r3
	Protoboard	h1
	Fios de conexão (jumpers)	h2

- Na realidade, praticamente qualquer LED e resistor de 270 ohms comuns serão adequados.
- O número na coluna "Apêndice" refere-se à lista de componentes disponível no Apêndice, na qual estão os respectivos códigos adotados por diversos fornecedores.

>> Software

Primeiro, precisamos carregar o sketch Blink no software do Arduino. Esse sketch vem como exemplo quando você instala o ambiente Arduino. Portanto, podemos carregá-lo utilizando o menu File (arquivo), como mostrado na Figura 1-13.

O sketch será aberto em uma janela separada (Figura 1-14). Agora, se desejar, você poderá fechar a janela vazia que foi aberta quando o software do Arduino começou a ser executado.

A maior parte do texto desse sketch está na forma de comentários. Na realidade, esses comentários não fazem parte do programa, mas explicam o que ocorre durante a execução do programa para qualquer pessoa que estiver lendo o sketch.

Os comentários podem ter uma única linha, começando com // e estendendo-se até o final da mesma linha, ou podem ocupar diversas linhas, começando com /* e terminando com */ algumas linhas depois.

Se todos os comentários de um sketch fossem retirados, o sketch ainda continuaria funcionando exatamente da mesma maneira. Nós incluímos os comentários porque são úteis a qualquer pessoa que estiver lendo o sketch tentando entender como ele funciona.

Antes de começar, é necessário uma pequena explicação. A comunidade Arduino utiliza a palavra "sketch" no lugar de "programa". Por essa razão, de agora em diante, irei me referir aos nossos programas de Arduino como sketches. Ocasionalmente, poderei me referir a "código". Código é um termo usado pelos programadores para fazer referência a uma seção de um programa ou, genericamente, ao que é escrito quando um programa é criado. Desse modo, alguém poderia dizer "Eu escrevi um programa que faz aquilo", ou poderia dizer "Eu escrevi um código que faz aquilo".

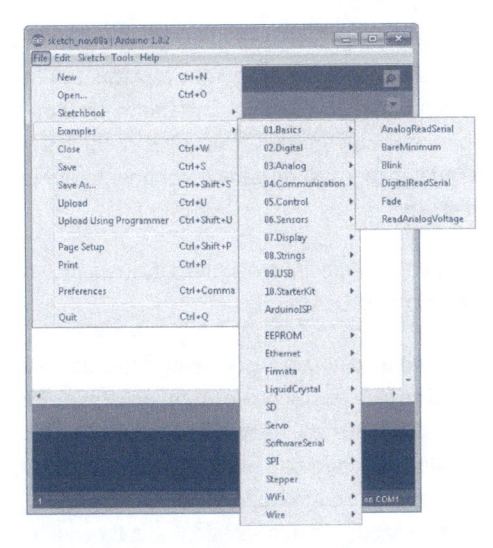

Figura 1-13 Carregando o sketch Blink.
Fonte: do autor.

Para alterar a frequência com que o LED pisca, precisamos modificar o valor do retardo (delay). Para isso, nos dois lugares do sketch em que temos

```
delay(1000);
```

devemos trocar o valor dentro dos parênteses por 200, de modo que teremos

```
delay(200);
```

Isso alterará o retardo (delay) entre o ligar e o desligar do LED. Esse tempo passará de 1.000 milissegundos (1 segundo) para 200 milissegundos (um quinto de segundo). No Capítulo 3, exploraremos com mais profundidade esse sketch. Por enquanto, vamos simplesmente alterar o retardo e transferir (upload) o sketch para a placa de Arduino.

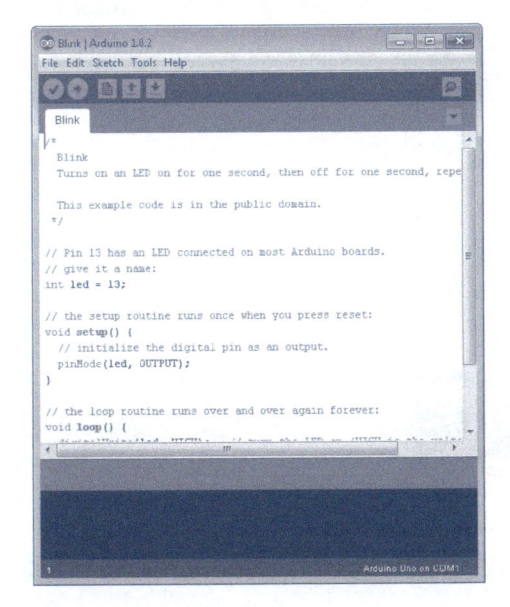

Figura 1-14 O sketch Blink.
Fonte: do autor.

Com a placa conectada ao computador, clique no botão "Upload" do software do Arduino. Isso está mostrado na Figura 1-15. Se tudo estiver funcionando corretamente, haverá uma pequena pausa e, em seguida, os dois LEDs vermelhos da placa piscarão de forma intermitente enquanto o sketch estiver sendo transferido (uploading) para a placa. Isso deverá levar uns 5 a 10 segundos.

Se isso não ocorrer, verifique a porta serial e as configurações do tipo de placa de Arduino que está sendo utilizado, como foi descrito nas seções anteriores.

Quando o sketch completo estiver instalado, a placa será inicializada (reset) automaticamente e, se tudo estiver certo, você verá o LED da porta digital 13 começar a piscar mais rapidamente do que antes.

>> Hardware

Até agora, parece que ainda não trabalhamos com eletrônica de verdade, porque o hardware estava todo contido na placa do Arduino. Nesta seção, acrescentaremos um LED externo à placa.

Não podemos simplesmente aplicar uma tensão diretamente aos LEDs. Eles devem ser conectados a um resistor limitador de corrente. O LED e o resistor podem ser encomendados de qualquer fornecedor de material eletrônico. Os códigos desses componentes para diversos fornecedores estão detalhados no Apêndice.

Os pinos de conexão da placa do Arduino são projetados para ser acoplados a placas auxiliares denominadas "shields". Entretanto, quando o objetivo é experimental, é possível inserir fios ou terminais (pernas) de cada componente diretamente neles.

A Figura 1-16 mostra o diagrama esquemático da conexão do LED externo.

Esse tipo de diagrama esquemático usa símbolos especiais para representar os componentes eletrônicos. O LED aparece representado como uma seta grande, indicando que um diodo emissor de luz, como qualquer outro diodo, permite a circulação de corrente apenas em um sentido. As setas pequenas junto ao símbolo do LED indicam que ele emite luz.

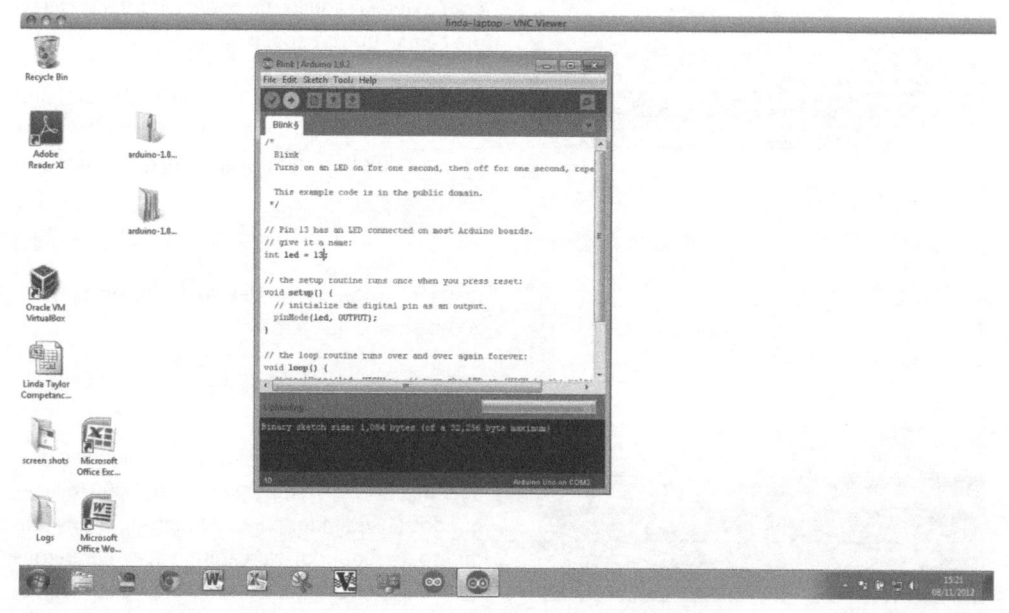

Figura 1-15 Transferindo o sketch para a placa do Arduino.
Fonte: do autor.

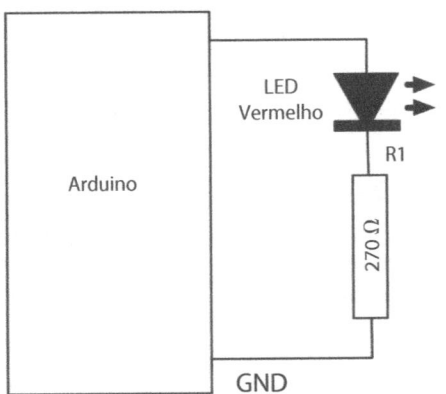

Figura 1-16 Diagrama esquemático de um LED conectado à placa do Arduino.
Fonte: do autor.

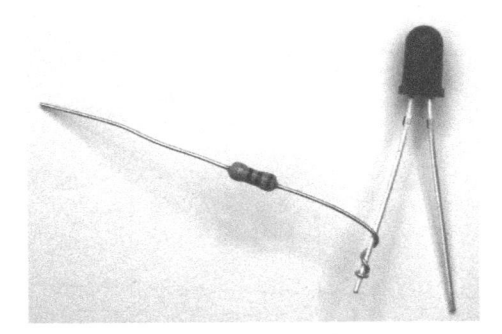

Figura 1-17 Um LED conectado em série com um resistor.
Fonte: do autor.

O resistor está representado simplesmente como um retângulo. Frequentemente os resistores são mostrados na forma de uma linha em zigue-zague. As demais linhas do diagrama representam conexões elétricas entre os componentes. Essas conexões podem ser feitas por fios ou pelas trilhas de uma placa de circuito impresso. Nesse projeto, essas conexões serão os próprios terminais dos componentes.

Podemos conectar os componentes diretamente aos pinos de conexão do Arduino, inserindo-os entre o pino digital 12 e o pino GND (terra), mas primeiro precisamos fazer uma conexão entre um terminal do LED e um do resistor.

Para fazer a conexão com o LED, poderemos usar qualquer um dos terminais do resistor. Entretanto, há um modo correto de ligar o LED. No LED, um terminal é um pouco menor do que o outro. O terminal mais longo deve ser conectado ao pino digital 12, e o mais curto deve ser conectado ao resistor. Nos LEDs e em alguns outros componentes, vale a convenção do terminal positivo ser mais longo do que o negativo.

Para ligar o resistor ao terminal curto do LED, afaste cuidadosamente os terminais do LED e enrosque um terminal do resistor em torno do terminal curto do LED, como está mostrado na Figura 1-17.

A seguir, encaixe o terminal longo do LED no pino digital 12 e o terminal livre do resistor em um dos dois pinos GND de conexão. A Figura 1-18 mostra como fazer isso. Algumas vezes, pode ser útil dobrar ligeiramente a ponta do terminal para que se encaixe mais firmemente no pino de conexão.

Agora podemos modificar o sketch para usarmos o LED externo que acabamos de conectar. Tudo que precisamos fazer é alterar o sketch de modo que o pino digital 12 seja utilizado no lugar do 13 para controlar o LED. Para isso, modificaremos a linha

```
int ledPin = 13;
// LED conectado ao pino digital 13
```

Figura 1-18 Um LED conectado à placa de Arduino.
Fonte: do autor.

para

```
int ledPin = 12;
// LED conectado ao pino digital 12
```

Agora, clicando no botão "Upload to IO Board", transfira o sketch do mesmo modo que você fez quando aumentou a frequência do pisca-pisca.

❯❯ Protoboard

Enroscar fios para fazer conexões só é prático em casos simples, como conectar um LED e um resistor. Um protoboard (ou matriz de contato) permite a construção de circuitos complexos sem necessidade de soldagem. De fato, é uma boa ideia primeiro construir o circuito em um protoboard até que funcione corretamente para, então, realizar as soldagens.

Um protoboard constitui-se de um bloco de plástico com orifícios e com conexões fixadas por molas metálicas. Os componentes eletrônicos são inseridos nesses orifícios, também denominados contatos, pela parte superior.

Abaixo dos orifícios do protoboard, há trilhas metálicas que conectam entre si diversos orifícios, constituindo fileiras de contatos. As fileiras apresentam um intervalo entre elas, de modo que circuitos integrados do tipo DIL (dual-in-line) podem ser inseridos sem que os terminais de uma mesma fila sejam colocados em curto-circuito.

Podemos construir esse projeto em um protoboard em vez de enroscar pernas de componentes. A Figura 1-19 mostra uma fotografia de como fazer isso. A Figura 1-20 mostra com mais clareza como os componentes são posicionados e conectados.

Você observará que, nas bordas do protoboard (em cima e embaixo), há duas faixas horizontais compridas com fileiras de orifícios. Por baixo, há trilhas metálicas de conexão entre os orifícios, estando dispostas perpendicularmente às fileiras normais de conexão. Essas fileiras compridas são usadas para energizar os componentes do protoboard. Normalmente, uma é para o terra (0V ou GND) e uma para a tensão de alimentação positiva (usualmente 5V).

Além do protoboard, você precisará de alguns pedaços de fios (jumpers) para fazer conexões (veja o Apêndice). Costumam ser pedaços curtos de diversas cores e com alguns centímetros de comprimento. São usados para realizar as conexões entre o Arduino e o protoboard. Se quiser, você poderá usar fio rígido e um descascador de fio ou alicate

Figura 1-19 Projeto 1 montado no protoboard.
Fonte: do autor.

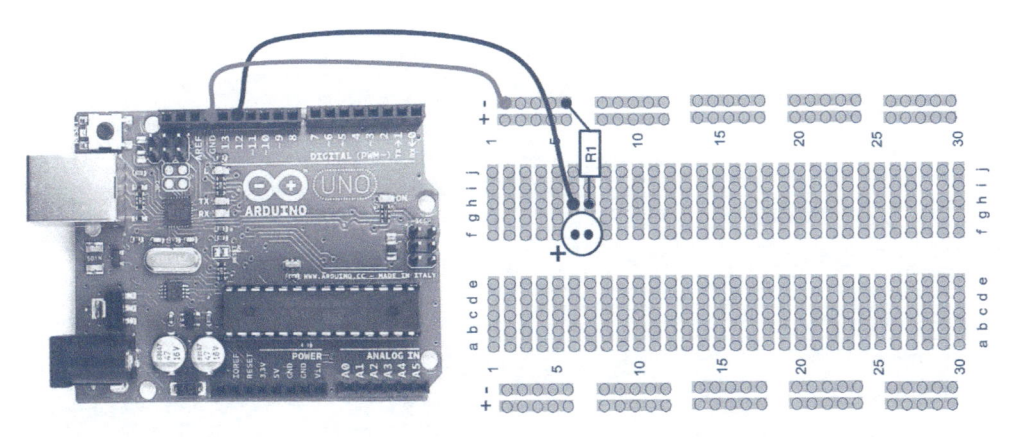

Figura 1- 20   A disposição dos componentes do Projeto 1.
Fonte: do autor.

para descascar as pontas dos fios. É bom dispor de ao menos três cores diferentes: vermelho para as conexões com o lado positivo da alimentação elétrica, preto para o lado negativo e algumas outras cores (amarelo ou laranja) para as demais conexões. Isso facilita muito o entendimento do circuito. Você também poderá comprar fios rígidos de conexão já preparados em diversas cores. Observe que não é aconselhável usar fios flexíveis porque tendem a se dobrar quando são inseridos nos orifícios do protoboard.

Podemos desenroscar os terminais do LED e do resistor, deixando-os retos para, em seguida, inseri-los em um protoboard. O protoboard mais comum à venda tem 60 fileiras de contatos. Em nossos projetos, o protoboard usado frequentemente terá 30 fileiras de contatos, sendo conhecido como meio protoboard. Cada fileira tem cinco contatos, um intervalo e mais cinco contatos. Neste livro, usaremos seguidamente esse protoboard. Se você conseguir algo similar, facilitará muito. A placa usada foi fornecida pela empresa AdaFruit (veja o Apêndice). O seu tamanho e disposição de contatos são muito comuns.

≫ Resumo

Criamos o nosso primeiro projeto, ainda que bem simples. No Capítulo 2, iremos nos aprofundar mais um pouco no Arduino antes de passarmos para projetos mais interessantes.

capítulo 2

Um passeio pelo Arduino

Neste capítulo, examinaremos o hardware de uma placa de Arduino e também o microcontrolador, que é o seu coração. A placa serve simplesmente de suporte ao microcontrolador e estende os seus pinos até os conectores, de modo que você possa incluir circuitos eletrônicos e dispor de uma conexão USB para fazer a transferência de sketches, etc. Também aprenderemos um pouco a respeito da linguagem C, que é utilizada para programar o Arduino – programar o Arduino é algo que faremos nos capítulos seguintes, quando começarmos os trabalhos práticos de projeto. Embora esse capítulo seja bem teórico em alguns momentos, ele lhe ajudará a compreender como funcionam os projetos.

Objetivos deste capítulo

» Auxiliar na identificação dos componentes de uma placa de Arduino.

» Examinar as diferentes placas de Arduino.

» Estudar um pouco da linguagem C.

❯❯ Microcontroladores

O coração do nosso Arduino é um microcontrolador. Praticamente todos os demais componentes da placa destinam-se ao fornecimento de energia elétrica e à comunicação com o seu computador.

Sendo assim, o que obtemos exatamente quando compramos um desses pequenos computadores para usar em nossos projetos?

A resposta é que, na realidade, temos um pequeno computador em um chip. Ele tem tudo que os primeiros computadores pessoais continham, além de outras coisas mais. Ele contém um processador, 2 ou 2,5 quilobytes de memória de acesso aleatório (RAM) para guardar dados, 1 quilobyte de memória programável apagável somente de leitura (EPROM) e quilobytes de memória flash para armazenar os nossos programas. É importante perceber que se trata de quilobytes (milhares de bytes) e não de megabytes (milhões de bytes) ou gigabytes (bilhões de bytes). A maioria dos smartphones alcança até 1 gigabyte de memória. Isso é meio milhão de vezes mais memória RAM do que há em um Arduino. Na verdade, um Arduino é um dispositivo muito simples quando comparado com o hardware mais atual existente. Entretanto, o objetivo do Arduino não é ser um hardware de ponta. O Arduino não precisa controlar uma tela de alta resolução ou uma rede complexa. O seu objetivo é controlar e executar tarefas muito mais simples.

Há algo que o Arduino tem e que você não encontrará em um smartphone: pinos de entrada e saída. Esses pinos estabelecem a conexão entre o microcontrolador e o resto da nossa eletrônica. É dessa forma que o Arduino controla coisas.

As entradas podem ler dados tanto digitais (A chave está ligada ou desligada?) quanto analógicos (Qual é a tensão em um pino?). Isso nos possibilita conectar muitos tipos diferentes de sensores de luz, temperatura, som e outros.

As saídas também podem ser analógicas ou digitais. Assim, você pode fazer que um pino esteja ativado ou desativado (0 volts ou 5 volts), permitindo que diodos emissores de luz (LEDs) sejam ligados ou desligados diretamente, ou você pode usar a saída para controlar dispositivos com potências mais elevadas, como um motor. Esses pinos também podem fornecer uma tensão de saída analógica, isto é, você pode fazer que a saída de um pino apresente uma dada tensão em particular, permitindo que você, por exemplo, ajuste a velocidade de um motor ou o brilho de uma lâmpada, em vez de simplesmente ligá-los ou desligá-los.

❯❯ Quais são os componentes de uma placa de Arduino?

A Figura 2-1 mostra nossa placa de Arduino – neste caso, um Arduino Uno. Vamos dar um rápido passeio pelos vários componentes da placa.

Começando na parte superior esquerda, próximo do soquete USB, está o botão de Reset (inicialização). Ao clicar neste botão, um pulso lógico é enviado ao pino Reset do microcontrolador, obrigando o microcontrolador a começar a execução do programa desde o início e a limpar a sua memória. Observe que qualquer programa armazenado no dispositivo será mantido porque ele está armazenado em uma memória flash não volátil, isto é, uma memória que preserva seu conteúdo mesmo quando ela não está energizada.

❯❯ Fonte de alimentação

O Arduino pode ser energizado por meio do conector USB que fica à direita, em cima, ou do soquete (jack) CC que fica mais abaixo. Quando a alimentação é feita com um adaptador CC de tensão ou com baterias, um valor entre 7,5V e 12V CC deve ser fornecido através do jack.

Quando o Arduino está ligado, o LED indicador à direita no Uno (ou à esquerda no Leonardo) estará aceso.

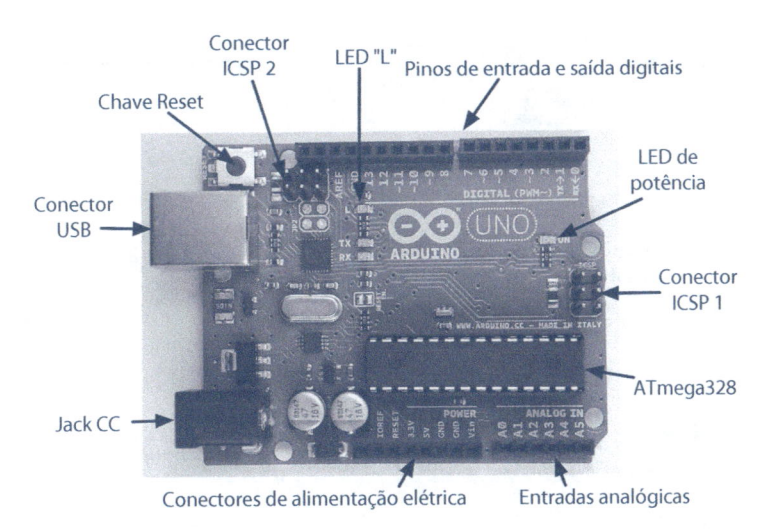

Figura 2-1 Componentes de um Arduino Uno.
Fonte: do autor.

» Conexões de alimentação elétrica

A seguir, vamos examinar os pinos fêmeas de conexão (soquetes) na parte de baixo da Figura 2-1. Fora o primeiro pino, você poderá ler os nomes das conexões próximo aos pinos.

O primeiro pino sem nome está reservado para uso futuro. O próximo pino, IOREF, é usado para indicar a tensão em que o Arduino trabalha. O Uno e o Leonardo trabalham com 5V. Portanto, esse pino sempre estará em 5V, e nós não o usaremos. O seu objetivo é permitir que shields acoplados a Arduinos de 3V, como o Arduino Due, detectem a tensão na qual o Arduino opera.

O próximo pino é o Reset. Ele tem a mesma função do botão Reset (inicializar) do Arduino. Da mesma forma que reinicializamos um computador PC, inicializamos o microcontrolador. Essa inicialização obriga o microcontrolador a começar a execução de seu programa desde o início. O pino Reset permite que você inicialize o microcontrolador aplicando momentaneamente uma tensão de nível lógico alto (+5V) a esse pino.

Os demais pinos dessa seção fornecem diferentes tensões (3,3V, 5V, GND e 9V), como indicado. O pino GND, ou terra (ground), significa simplesmente 0V. É a tensão de referência à qual todas as demais tensões da placa são referidas.

Neste ponto, talvez seja oportuno relembrar o leitor da diferença entre tensão e corrente. Não há analogia perfeita para o comportamento dos elétrons em um fio, mas uma analogia com a água que circula em um encanamento pode ser útil, particularmente em termos de tensão, corrente e resistência. A relação entre essas três coisas é denominada *lei de Ohm*.

A Figura 2-2 resume a relação entre tensão, corrente e resistência. O lado esquerdo do diagrama mostra um circuito de encanamento em que a parte superior do diagrama está mais elevada (em altura) do que a parte inferior. Nesse caso, a tendência natural é a água escoar de cima para baixo no diagrama. Dois fatores determinam o volume de água que está passando por um ponto qualquer do circuito durante um dado intervalo (corrente):

- A altura da água (ou, se preferir, a pressão produzida pela bomba). Em eletrônica, isso equivale à tensão.
- A resistência oferecida ao fluxo em razão do estreitamento do encanamento.

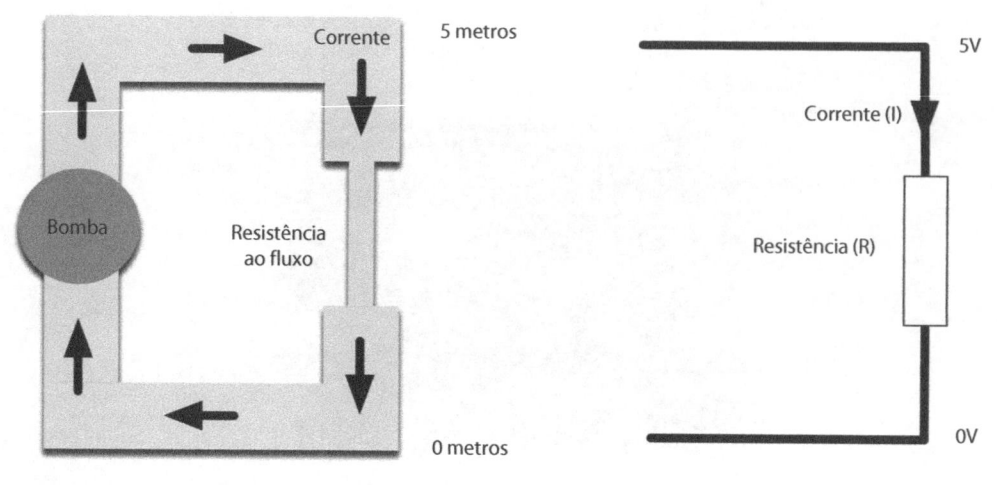

Figura 2-2 A lei de Ohm.
Fonte: do autor.

Quanto mais potente a bomba, maior será a altura alcançada pelo bombeamento da água e maior será a corrente que fluirá no sistema. Por outro lado, quanto maior a resistência oferecida pelo encanamento, maior será a corrente.

No lado direito da Figura 2-2, podemos ver o circuito elétrico equivalente ao nosso encanamento. Nesse caso, a corrente é, na realidade, uma medida de quantos elétrons estão passando por um ponto durante um segundo. E, realmente, a resistência é a resistência ao fluxo de elétrons.

Em vez de altura ou pressão, temos o conceito de tensão. A parte de baixo do diagrama está em 0V, ou terra, e a parte de cima do diagrama mostra o valor de 5V. Desse modo, a corrente (I) que circula é a diferença de tensão (5) dividida pela resistência (R).

A lei de Ohm costuma ser escrita como $V = IR$. Normalmente, conhecemos V e queremos calcular R ou I. Para isso, alteramos a equação e obtemos $I = V/R$ ou $R = V/I$.

Quando conectamos coisas ao Arduino, é muito importante fazer alguns cálculos usando a lei de Ohm. Sem esses cálculos, o Arduino poderá ser danificado se você exigir uma corrente elevada demais. No entanto, geralmente as placas de Arduino são muito tolerantes a algum excesso acidental que venha a ocorrer.

Retornando aos pinos de potência do nosso Arduino, podemos ver que a placa de Arduino fornece tensões úteis de 3,3V e 5V. Se o Arduino for alimentado com uma tensão mais elevada através do jack de alimentação elétrica, então essa tensão também estará disponível no pino Vin (tensão de entrada). Podemos usar qualquer uma dessas fontes para produzir uma corrente, desde que tomemos o cuidado de não fazer um curto-circuito (resistência nula ao fluxo). Se isso ocorresse, uma corrente potencialmente elevada poderia surgir e causar danos. Em outras palavras, é necessário ter certeza de que a resistência de qualquer coisa ligada à fonte de alimentação elétrica tem resistência suficiente para impedir que circule uma corrente demasiadamente elevada. Assim como devemos aplicar corretamente as tensões, cada um desses pinos de tensão admitirá um valor máximo de corrente. Para o pino de 3,3V, essa corrente é 50 mA (milésimos de ampere) e, apesar de não estar declarado na especificação do Arduino, esse valor provavelmente fica em torno de 300 mA para o pino de 5V.

As duas conexões GND são idênticas. É bom dispor de diversos GNDs para ligar coisas. De fato, há outro pino de conexão na parte de cima da placa.

» Entradas analógicas

O próximo conjunto de pinos de conexão é denominado "Analog In 0 to 5" (Entradas analógicas 1 a 5). Esses seis pinos podem ser usados para medir a tensão aplicada em cada um deles, permitindo que esses valores possam ser usados em um sketch. Observe que mediremos uma tensão e não uma corrente. Como essas entradas têm uma resistência interna muito elevada, a corrente que entra e vai para a terra é muito pequena.

Mesmo que sejam entradas analógicas, esses pinos também podem ser usados como entradas ou saídas digitais, mas, por default,* essas entradas são analógicas.

Diferente do Uno, o Leonardo também pode usar os pinos digitais 4, 6, 8, 9, 10 e 12 como entradas analógicas.

» Conexões digitais

Agora passaremos para a barra de conexão da parte de cima, começando pelo lado direito (Figura 2-1). Aqui encontramos pinos denominados "Digital 0 to 13" (Digital 0 a 13). Eles podem ser usados como entradas ou como saídas. Quando usados como saídas, eles se comportam como as tensões de alimentação elétrica, discutidas anteriormente, exceto que agora todas são de 5V e podem ser ligadas ou desligadas a partir de um sketch. Assim, se você ligá-las em seu sketch, elas ficarão com 5V. Se você desligá-las, elas ficarão com 0V. Como no caso das conexões de alimentação elétrica, você deve tomar cuidado para não ultrapassar as correntes máximas permitidas.

---

* N. de T.: *Por default* é uma expressão utilizada para indicar uma situação que será subentendida e adotada se nada houver em contrário. No caso, os pinos serão automaticamente considerados analógicos porque nada foi declarado em contrário, dizendo que os pinos são digitais.

Essas conexões podem fornecer 40 mA com 5V. Isso é mais do que suficiente para acender um LED comum, mas é insuficiente para acionar diretamente um motor elétrico.

Como exemplo, vamos ver como conectar um LED a um desses pinos digitais. Para isso, vamos voltar ao Projeto 1 do Capítulo 1.

Para lembrar, a Figura 2-3 mostra o diagrama esquemático do acionamento do LED que usamos no Capítulo 1. Se o LED não fosse usado com o resistor mas fosse ligado diretamente entre o pino 12 e o pino GND, então, quando você ligasse (5V) o pino digital 12, você queimaria o LED, destruindo-o.

Isso ocorre porque os LEDs têm uma resistência muito baixa. Isso causará uma corrente muito elevada, a não ser que sejam protegidos por meio de um resistor para limitar a corrente.

Um LED precisa em torno de 10 mA para brilhar de forma razoável. O Arduino pode fornecer 40 mA, de modo que não haverá problema desde que escolhamos um valor adequado de resistor.

Independentemente de quanta corrente circula em um LED, ele apresenta a propriedade interessante de sempre haver em torno de 2V entre seus terminais. Podemos usar esse fato e a lei de Ohm

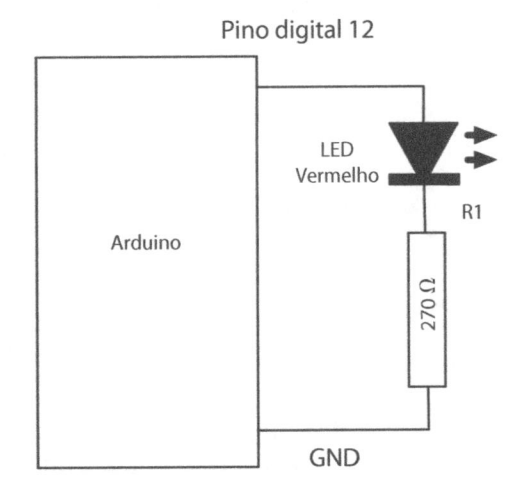

Figura 2-3 LED e resistor em série.
Fonte: do autor.

para calcular o valor correto do resistor que deverá ser usado.

Sabemos que (pelo menos quando está ligado) o pino de saída fornece 5V. Acabamos de dizer que, no LED, a queda de tensão será 2V, sobrando 3V (5 – 2) para o resistor limitador de corrente. Queremos que a corrente no circuito seja 10 mA. Desse modo, o valor do resistor deverá ser

$R = V/I$

$R = 3V/10\ mA$

$R = 3V/0,01\ A$

$R = 300\ ohms$

Os resistores estão disponíveis em valores padronizados. O valor mais próximo de 300 ohms é 270 ohms. Isso significa que, em vez de 10 mA, a corrente será, na realidade,

$I = V/R$

$I = 3/270$

$I = 11,111\ mA$

Esses valores não são cruciais e, provavelmente, o LED estaria igualmente bem com qualquer valor entre 5 e 30 mA. Assim, 270 ohms funcionariam tão bem quanto 220 ou 330 ohms.

Podemos também configurar um desses pinos digitais como entrada. Nesse caso, ele funcionará de forma similar a uma entrada analógica, embora indique apenas se a tensão no pino está acima de um determinado limiar (cerca de 2,5V) ou não.

Alguns dos pinos digitais (3, 5, 6, 9, 10 e 11) são acompanhados pelas letras "PWM". Eles podem ser usados para fornecer uma saída variável em vez de simplesmente 5V ou nada.

Na Figura 2-1, no lado esquerdo da barra de pinos superior, há outro pino de conexão GND e um pino denominado AREF, que pode ser usado para ajustar a faixa de leitura das entradas analógicas. Neste livro, ele não será usado.

O pino digital 13 também está ligado a um LED conhecido como LED L.

» Microcontrolador

Continuando o nosso passeio pela placa do Arduino, o microcontrolador é o dispositivo retangular preto com 28 pinos. Ele é encaixado em um soquete do tipo DIL (dual-in-line), podendo ser substituído facilmente. O microcontrolador de 28 pinos usado em um Arduino Uno é o ATmega328. A maior diferença entre o Uno e o Leonardo (Figura 2-4) é que o Leonardo tem um microcontrolador soldado de forma permanente na superfície da placa. Isso dificulta muito a substituição do microcontrolador quando deixa de funcionar.

O Leonardo funciona com uma versão diferente de microcontrolador. No Leonardo, o circuito de interface USB faz parte do microcontrolador, ao passo que, no Uno, esse circuito é externo.

Assim, a placa do Leonardo tem menos componentes e, por essa razão, custa menos. A Figura 2-5 mostra um diagrama de blocos com as características do microcontrolador ATmega328.

O coração, ou talvez mais adequadamente o cérebro, do dispositivo é a unidade central de processamento (UCP). Ela controla tudo que acontece dentro do dispositivo. A UCP busca as instruções de programa armazenadas na memória flash e as executa. Isso pode significar buscar dados na memória de trabalho (RAM), modificá-los e depois armazená-los de volta. Pode também significar alterar as saídas digitais de 0V para 5V.

A memória programável apenas de leitura eletricamente apagável (EEPROM*) é similar à memória flash por não ser volátil. Isso significa que você pode desligar e ligar o dispositivo sem que ele esqueça o que está armazenado na EEPROM. Se o objetivo da

---

* N. de T.: A sigla EEPROM vem da expressão *Electrically erasable programmable read only memory*.

Figura 2-4 O Arduino Leonardo.
Fonte: do autor.

Figura 2-5 O diagrama de blocos do ATmega328.
Fonte: do autor.

memória flash é armazenar instruções de programa (dos sketches), o da EEPROM é armazenar dados que você não quer perder no caso de ocorrer uma inicialização (Reset) ou falta de energia elétrica.

O microcontrolador do Leonardo é similar, exceto que sua RAM tem 2,5 quilobytes em vez de 2 quilobytes.

» Outros componentes

À esquerda e um pouco acima do microcontrolador há um componente retangular prateado. É um oscilador de cristal de quartzo. Ele oscila 16 milhões de vezes por segundo e, em cada uma dessas oscilações, o microcontrolador pode executar uma operação – como soma, subtração, etc.

À direita e um pouco acima do microcontrolador está o conector de programação serial (conector ICSP). Ele oferece um outro meio de programar o Arduino sem usar a porta USB. Entretanto, como já dispomos de uma conexão USB e software para usá-la de forma conveniente, nós não faremos uso do conector ICSP.

À esquerda na parte de cima da placa, próximo do conector USB, está o circuito integrado de interface USB. Ele converte os níveis dos sinais USB padronizados em níveis que podem ser usados diretamente pela placa do Arduino.

›› A família Arduino

É útil conhecer um pouco as diversas placas de Arduino. Usaremos o Uno ou Leonardo na maioria de nossos projetos. Entretanto, também trabalharemos um pouco com o Arduino Lilypad, uma placa bem interessante.

O Lilypad (Figura 2-6) é uma placa de Arduino de pouca espessura que pode ser costurada nas vestimentas para ser usada em aplicações conhecidas como computação vestível (wearable computing). Como ele não tem uma conexão USB, e você deve usar um adaptador separado para programá-lo. O seu visual é excepcionalmente bonito. Inspirados em sua aparência de relógio, nós o usaremos no Projeto 29 (Relógio com Lilypad).

No outro extremo do espectro está o Arduino Mega. Essa placa tem um processador mais rápido, com mais memória e com um número maior de pinos de entrada e saída.

De forma engenhosa, o Arduino Mega também pode usar shields construídos para o Uno e o Leonardo, os quais são encaixados na frente do Mega de modo tal que permite acesso à sua barra dupla adicional de pinos de conexão. Somente os projetos mais exigentes realmente necessitam de um Arduino Mega.

Prosseguindo, temos o Arduino Due. Essa placa de Arduino tem o mesmo tamanho da placa do Arduino Mega, mas tem um processador muito mais potente, com 96 quilobytes de RAM e com 512 megabytes de memória flash. Seu relógio funciona em 84 MHz em vez de em 16 MHz como no Uno.

›› A linguagem C

Muitas linguagens são usadas para programar os microcontroladores, desde a linguagem Assembly, voltada ao hardware, até as linguagens gráficas de programação, como Flowcode. O Arduino localiza-se em algum lugar entre esses dois extremos e usa a linguagem de programação C. Entretanto, ele faz uma simplificação na linguagem C, ocultando parte de sua complexidade. Isso facilita começar a programar.

A linguagem C, em termos de computação, é uma antiga e venerável linguagem. Ela é bem adequada à programação de microcontrolador porque foi inventada em uma época em que um computador típico, comparado com os monstros atuais, tinha muito poucos recursos.

É fácil aprender a linguagem C. Os programas criados com ela podem ser compilados, obtendo-se um código de máquina eficiente que ocupa um espaço pequeno na memória limitada do nosso Arduino.

Figura 2-6 O Arduino Lilypad.
Fonte: do autor.

» Um exemplo

Agora vamos examinar o sketch do Projeto 1 mais detalhadamente. A listagem desse sketch para fazer piscar um LED é mostrada a seguir. Você pode ignorar todas as linhas que começam com // ou blocos de linhas que começam com /* e terminam com */, porque são linhas de comentário que não têm efeito algum sobre o programa e estão no sketch simplesmente para fornecer informações sobre o programa.

```
int ledPin = 13;
  // LED conectado ao pino digital 13
void setup()
{
  pinMode(ledPin, OUTPUT);
}

void loop()
{
  digitalWrite(ledPin, HIGH);
    // ligar o LED
  delay(1000);
    // esperar um segundo
  digitalWrite(ledPin, LOW);
    // desligar o LED
  delay(1000);
    // esperar um segundo
}
```

Também é uma boa ideia incluir comentários para descrever um trecho complicado de código ou qualquer coisa que exija alguma explicação.

O ambiente de desenvolvimento do Arduino utiliza algo denominado *compilador*, que converte o programa escrito em C para o código de máquina que será executado no microcontrolador.

Na primeira linha de código, temos

```
int ledPin = 13;
```

Essa linha de código dá um nome ao pino de saída digital que usaremos para conectar o LED. Se você examinar com cuidado a placa do Arduino, verá o pino de conexão 13 entre GND e o pino 12 na barra superior de pinos de conexão. A placa do Arduino tem um pequeno LED já soldado e conectado ao pino 13. Para fazer o LED piscar, ficaremos trocando a tensão desse pino entre os valores 0V e 5V.

Daremos um nome para o pino de modo que seja fácil mudá-lo e renomeá-lo. Você pode ver no sketch que nós nos referimos ao pino ledPin. É possível que você tenha preferido usar o pino 12 e o LED externo que foram utilizados com seu protoboard no Capítulo 1. Mas, por enquanto, assumiremos que você está utilizando o LED da placa conectado ao pino 13.

Você pode notar que nós não escrevemos simplesmente (com letras minúsculas)

```
led pin = 13;
```

Isso é assim porque os compiladores são muito exigentes e precisos sobre a forma como os programas são escritos. Qualquer nome usado em um programa não pode conter espaços em branco. Por essa razão, seguimos uma convenção em que todas as palavras iniciam com letra maiúscula (menos a primeira palavra) e sem espaço entre elas. Isso nos dá

```
ledPin = 13;
```

Agora, a palavra ledPin é o que se denomina uma *variável*. Quando você usa uma variável pela primeira vez em um sketch, você deve informar ao computador qual é o tipo dessa variável. Pode ser int, como aqui, ou float, ou algum outro tipo entre diversos que serão descritos mais adiante neste capítulo.

Uma variável int é do tipo *integer* – isto é, um número inteiro –, que é exatamente o que precisamos quando nos referimos a um pino em particular do Arduino. Afinal, não há pino 12,5. Por essa razão, não seria adequado usar um número de ponto flutuante (float).

A sintaxe de uma declaração de variável é

```
type variableName = value;
```

Temos primeiro o tipo (int), em seguida, um espaço em branco e um nome de variável (ledPin), que segue a convenção explicada antes. Depois temos um sinal de igual, seguido de um valor e, finalmente, um ponto e vírgula para indicar o final da linha:

```
int ledPin = 13;
```

Como foi mencionado, o compilador é rigoroso com o modo de escrever um sketch. Por isso, se você esquecer o ponto e vírgula, aparecerá uma mensagem de erro durante a compilação do sketch. Tente remover o ponto e vírgula e clique no botão "Play". Você deverá ver uma mensagem como esta:

```
error: expected unqualified-id before
numeric constant
```

Isso não é exatamente uma mensagem clara do tipo "você esqueceu o ponto e vírgula". As mensagens de erro costumam ser tão confusas como essa.

O compilador é muito mais tolerante em relação a caracteres do tipo "espaços em branco", isto é, espaço, tabulação e caractere de retorno. Assim, se você omitir o espaço antes ou depois do sinal =, a compilação ainda será bem-sucedida. O uso de espaços e tabulações (tabs) facilita a leitura do código e, se você adotar uma convenção e sempre formatar o seu código da mesma forma padronizada, você facilitará muito o entendimento do seu código por outras pessoas.

As linhas seguintes do sketch são

```
void setup()
  // executado uma vez, quando o sketch é
    iniciado
{
  pinMode(ledPin, OUTPUT);
  // configurar o pino digital como sendo de
    saída
}
```

Isso é o que se denomina uma *função*. Nesse caso, a função é denominada "setup" (inicialização). Todo sketch deve conter uma função setup. As linhas de código dentro da função que estão dentro de chaves serão executadas na ordem em que estão escritas. Nesse caso, há apenas a linha que começa com pinMode.

Um bom ponto de partida para um projeto novo é copiar esse exemplo e, então, modificá-lo de acordo com suas necessidades.

Neste momento, não nos preocuparemos muito com funções. É preciso saber apenas que a função setup é executada sempre que o Arduino for inicializado (reset), incluindo quando a alimentação elétrica for ligada na primeira vez. Também será executada sempre que um novo sketch for transferido para o Arduino.

Nesse caso, a única linha de código da função setup é

```
pinMode(ledPin, OUTPUT);
// configurar o pino digital como sendo de
    saída
```

Essa linha deve ser entendida como um comando para o Arduino usar o pino ledPin como uma saída digital. Se tivéssemos uma chave conectada a ledPin, poderíamos configurar o pino como entrada usando

```
pinMode(ledPin, INPUT);
```

Entretanto, poderíamos denominar a variável com algo mais elucidativo, como switchPin (chavePino).

As palavras INPUT e OUTPUT (entrada e saída) são o que denominamos *constantes*. Na realidade, dentro da linguagem C, elas são definidas como números. INPUT pode ser definida como 0 e OUTPUT, como 1, mas você nunca precisa saber qual número é usado, porque você sempre se refere a elas como INPUT e OUTPUT. Mais adiante neste capítulo, veremos mais duas constantes, HIGH e LOW (alto e baixo), que são usadas quando atribuímos níveis alto (+5V) ou baixo (0V) a um pino digital, respectivamente.

A próxima seção de código é outra função que todo sketch de Arduino deve ter, sendo denominada *loop*:

```
void loop()
{
  digitalWrite(ledPin, HIGH);
    // ligar o LED
  delay(1000);
    // esperar um segundo
  digitalWrite(ledPin, LOW);
    // desligar o LED
  delay(1000);
    // esperar um segundo
}
```

A função loop (laço de repetição) será executada repetidas vezes indefinidamente até que o Arduino seja desligado. Em outras palavras, tão logo termine a execução de seus comandos, ela volta a repeti-los. Lembre-se de que uma placa de Arduino pode executar 16 milhões de comandos por segundo. Dessa forma, as coisas dentro do laço ficarão se repetindo indefinidamente se você assim o permitir.

Neste caso, o que queremos que o Arduino faça continuamente é ligar o LED, esperar um segundo, desligar o LED e, então, esperar mais um segundo. Quando terminar de fazer isso, a função repetirá tudo de novo, começando por ligar o LED. Dessa forma, o laço se repetirá para sempre.

Agora a sintaxe dos comandos digitalWrite e delay (escrita digital e retardo) parecerá mais familiar. Embora possamos pensar neles como comandos que são enviados para a placa do Arduino, eles são, na realidade, funções como setup e loop, mas agora eles têm o que se denomina *parâmetros*. Esses parâmetros são colocados dentro de parênteses e separados por vírgulas. No caso de digitalWrite, dizemos que recebe dois parâmetros: o pino do Arduino onde será feita a escrita e o valor que será escrito.

No nosso exemplo, passamos os parâmetros de ledPin e HIGH para ligar o LED e, então, ledPin e LOW para desligá-lo novamente.

» Variáveis e tipos de dados

Já encontramos a variável ledPin e a declaramos como sendo do tipo int. A maioria das variáveis que você usará em seus sketches será provavelmente do tipo int. Uma variável int armazena um número dentro do intervalo de −32.768 a +32.767. Cada número armazenado com esse tipo utiliza apenas 2 bytes dos 1024 disponíveis para armazenamento em um Arduino. Se esse intervalo não for suficiente, você poderá usar uma variável do tipo long (longa), que utiliza 4 bytes para cada número. Uma variável long permite um intervalo de valores de −2.147.483.648 a +2.147.483.647.

Na maioria das vezes, uma variável int estabelece um bom equilíbrio entre precisão e uso de memória.

Se você é iniciante em programação, sugirimos que você use int em quase tudo e que, gradativamente, amplie o seu repertório de tipos de dados à medida que sua experiência crescer.

Outros tipos de dados disponíveis para você estão resumidos na Tabela 2-1.

Algo a ser considerado é que, se os tipos de dados ultrapassarem as suas faixas de valores válidos, coisas estranhas acontecerão. Assim, se você tiver uma variável do tipo byte com o valor 255 e adicionar 1, o resultado será 0. Mais surpreendente, se você tiver uma variável int com o valor 32.767 e adicionar 1, o resultado será o valor negativo −32.768.

Até você conhecer bem esses diferentes tipos de dados, recomendamos que você fique com o tipo int porque funciona com praticamente qualquer coisa.

» Aritmética

Não é comum, em um sketch, precisar fazer operações aritméticas complexas. Ocasionalmente, você precisará ajustar a faixa de leitura de, digamos, uma entrada analógica para convertê-la em tem-

Tabela 2-1 » **Tipos de dados em C**

Tipo	Memória (bytes)	Intervalo	Observações
boolean	1	Verdadeiro ou falso (0 ou 1)	
char	1	−128 até +128	Usado para representar um código de caractere ASCII (por exemplo, A é representado como 65). Normalmente, nesse caso, os números negativos não são usados.
byte	1	0 até 255	
int	2	−32.768 até +32.767	
unsigned int	2	0 até 65.536	Pode ser usado para ter uma precisão extra quando não há necessidade de números negativos. Use com cautela, porque as operações aritméticas com o tipo int podem produzir resultados inesperados.
long	4	−2.147.483.648 até 2.147.483.647	Necessário apenas para representar números muito grandes.
unsigned long	4	0 até 4.294.967.295	Veja unsigned int.
float	4	−3,4028235E+38 até +3,4028235E+38	
double	4	Como float	Normalmente, seriam 8 bytes com uma precisão mais elevada que float e um intervalo de representação maior. No Arduino, entretanto, é o mesmo que float.

Fonte: do autor.

peratura ou, mais comumente, acrescentar 1 a uma variável de contagem.

Quando você realiza um cálculo, você precisa atribuir o resultado desse cálculo a uma variável.

As linhas seguintes de código contêm duas atribuições. A primeira atribui à variável y o valor 50, e a segunda atribui à variável x o valor de y + 100.

```
y = 50;
x = y + 100;
```

» Strings

Quando os programadores falam de *strings*, eles estão se referindo a uma sequência de caracteres, como a frase muito usada "Hello World" (Alô Mundo). No mundo do Arduino, há duas situações em que você pode querer usar strings: quando você está escrevendo mensagens para exibir em um display LCD ou quando você está enviando dados seriais de texto por meio da conexão USB.

Strings são criadas usando a seguinte sintaxe:

```
char* message = "Hello World";
```

A palavra char* indica que a variável message (mensagem) é um apontador de caractere. Por enquanto, não precisamos entender bem como isso funciona. Esse assunto voltará a ser tratado mais adiante neste livro, quando olharmos como fazer interface com displays LCD de texto.

» Comandos condicionais

Os *comandos condicionais* são um meio de tomar decisões em um sketch. Por exemplo, o seu sketch poderá ligar o LED se o valor da variável temperatura cair abaixo de um certo limiar.

O código para isso é:

```
if (temperature < 15)
{
  digitalWrite(ledPort, HIGH);
}
```

A linha ou linhas de código entre as chaves serão executadas apenas se a condição após a palavra-chave "if" (se) for verdadeira.

A condição tem que estar contida dentro de parênteses, e é o que os programadores denominam uma *expressão lógica*. Uma expressão lógica é como uma expressão matemática que sempre deve ter um valor entre dois possíveis: verdadeiro ou falso.

A seguinte expressão será verdadeira se o valor da variável temperatura for menor que 15:

```
(temperature < 15)
```

Assim como <, você tem: >, <= e >=. Para ver se dois números são iguais, você pode usar ==, e para testar se não são iguais, você pode usar !=.

Desse modo, a expressão a seguir retornaria o valor verdadeiro se a variável temperatura tivesse um valor que fosse qualquer coisa exceto 15:

```
(temperature != 15)
```

Você também pode construir condições complexas usando os denominados *operadores lógicos*. Os principais operadores são && (e) e || (ou).

Assim, um exemplo para ligar o LED se a temperatura for menor que 15 ou maior que 20 será:

```
if ((temperature < 15) || (temperature
    > 20))
{
    digitalWrite(ledPort, HIGH);
}
```

Frequentemente, quando usamos o comando if, podemos querer fazer uma coisa se a condição for verdadeira e outra diferente se for falsa. Você pode fazer isso usando a palavra-chave "else" (senão) como mostrado no exemplo a seguir. Observe o uso de parênteses aninhados para expressar claramente os argumentos que participam da operação "ou".

```
if ((temperature < 15) ||
    (temperature > 20))
{
  digitalWrite(ledPort, HIGH);
}
else
{
  digitalWrite(ledPort, LOW);
}
```

» *Resumo*

Neste capítulo, exploramos o hardware do Arduino e revisamos os nossos conhecimentos de eletrônica elementar.

Iniciamos também a nossa exploração da linguagem C de programação. Não se preocupe se você achou um pouco difícil. Quando não se conhece muito a eletrônica, há muito para ser aprendido. Mesmo que tenha sido explicado como tudo funciona, você deve ficar completamente à vontade para começar de imediato a construção dos projetos e deixar a teoria para depois quando você já estiver mais bem preparado.

Se você quiser aprender mais sobre a programação do Arduino em C, consulte o livro *Programação com Arduino: começando com sketches* (publicado pela Bookman Editora), deste autor.

No Capítulo 3, iremos nos deparar com a programação do nosso Arduino e embarcaremos em alguns projetos mais sérios.

capítulo 3

Projetos com LED

Neste capítulo, começaremos a construir alguns projetos baseados em LED. O hardware será bem simples, para que possamos nos concentrar na programação do Arduino. A programação de microcontroladores é um assunto que exige criatividade e um conhecimento profundo de como suas partes (fusíveis, registradores, etc.) funcionam. Em parte, isso decorre de os microcontroladores modernos permitirem configurações quase infinitas. O Arduino padroniza a sua configuração de hardware, o que, à custa de uma pequena perda de flexibilidade, facilita muito sua programação.

Objetivos deste capítulo

» Construir projetos baseados em LED.

» Ensinar a utilizar os comandos loop e array.

» Aplicar LEDs Luxeon de alta potência.

» Propor a montagem de um Shield e acoplá-lo a uma placa Arduino.

Projeto 2
>> Sinalizador de SOS em código Morse

O código Morse era um método vital de comunicação nos séculos XIX e XX. A codificação de letras na forma de uma sequência de pontos e traços significava que o código Morse podia ser enviado através de fios telegráficos, enlaces de rádio e sinalização luminosa. As letras S.O.S (Save Our Souls, ou Salve Nossas Almas)* ainda são reconhecidas como um sinal internacional usado em situações de emergência.

Neste projeto, faremos o nosso LED emitir a sequência S.O.S repetindo-a indefinidamente.

Você precisará dos mesmos componentes do Projeto 1.

COMPONENTES E EQUIPAMENTO		
	Descrição	Apêndice
	Arduino Uno ou Leonardo	m1/m2
D1	LED vermelho de 5 mm	s1
R1	Resistor de 270 Ω e 1/4 W	r3

- Serão adequados um LED qualquer e um resistor de 270 ohms comum.
- Nenhuma ferramenta, exceto um alicate de bico ou de corte, será necessária.

>> Hardware

O hardware é exatamente o mesmo do Projeto 1. Assim, você pode simplesmente inserir o resistor e o LED diretamente nos pinos de conexão do Arduino ou usar um protoboard (veja o Capítulo 1).

>> Software

Em vez de começar a escrever o sketch do zero, usaremos o código do Projeto 1 como ponto de partida. Assim, complete o Projeto 1 antes de começar este projeto.

Se você ainda não o fez, baixe o código do projeto na página do livro em loja.grupoa.com.br. Em seguida, você pode carregar o sketch completo do Projeto 1 que está no Arduino Sketchbook e, em seguida, transferir o Sketch para a placa (veja o Capítulo 1). Entretanto, se modificar o sketch do Projeto 1, como será feito a seguir, você compreenderá melhor o Arduino.

Modifique a função loop do Projeto 1 de modo que ela fique como mostra a seguir. Observe que o uso de cortar e colar é altamente recomendável nesse tipo de situação.

```
void loop()
{
  digitalWrite(ledPin, HIGH);
  // S (...) primeiro ponto
  delay(200);
  digitalWrite(ledPin, LOW);
  delay(200);
  digitalWrite(ledPin, HIGH);
  // segundo ponto
  delay(200);
  digitalWrite(ledPin, LOW);
  delay(200);
  digitalWrite(ledPin, HIGH);
  // terceiro ponto
  delay(200);
  digitalWrite(ledPin, LOW);
  delay(500);
  digitalWrite(ledPin, HIGH);
  // O (---) primeiro traço
  delay(500);
  digitalWrite(ledPin, LOW);
  delay(500);
  digitalWrite(ledPin, HIGH);
  // segundo traço
  delay(500);
  digitalWrite(ledPin, LOW);
  delay(500);
  digitalWrite(ledPin, HIGH);
  // terceiro traço
  delay(500);
  digitalWrite(ledPin, LOW);
  delay(500);
  digitalWrite(ledPin, HIGH);
  // S (...) primeiro ponto
  delay(200);
  digitalWrite(ledPin, LOW);
```

---

* N. de T.: Em código Morse, S = ... e O = ---. Portanto, a sequência ...---... é a codificação de SOS.

```
    delay(200);
    digitalWrite(ledPin, HIGH);
    // segundo ponto
    delay(200);
    digitalWrite(ledPin, LOW);
    delay(200);
    digitalWrite(ledPin, HIGH);
    // terceiro ponto
    delay(200);
    digitalWrite(ledPin, LOW);
    delay(1000);
    // esperar 1 segundo antes de iniciarmos
    //novamente

}
```

Esse sketch funcionará perfeitamente. Fique à vontade para testá-lo e fazer alterações. Não pararemos por aqui. Vamos modificar esse Sketch para melhorá-lo e, ao mesmo tempo, torná-lo mais curto.

Podemos reduzir o tamanho do sketch criando a nossa própria função, que substituirá por uma única linha as quatro linhas de código usadas para fazer piscar o LED.

Após a chave final da função loop, acrescente o seguinte código:

```
void flash(int duration)
{
    digitalWrite(ledPin, HIGH);
    delay(duration);
    digitalWrite(ledPin, LOW);
    delay(duration);
}
```

Agora modifique a função loop de modo que fique como a seguir:

```
void loop()
{
    flash(200); flash(200); flash(200);
    // S
    delay(300);
    // senão os flashes luminosos ocorrerão ao
    // mesmo tempo
    flash(500); flash(500); flash(500);
    // O
    flash(200); flash(200); flash(200);
    // S
    delay(1000);
    // esperar 1 segundo antes de iniciarmos
    // novamente
}
```

LISTAGEM DO PROJETO 2

```
int ledPin = 13;

void setup()                           // executado uma vez quando o sketch é iniciado
{
  pinMode(ledPin, OUTPUT);             // configurar o pino digital como saída
}

void loop()
{
  flash(200); flash(200); flash(200);  // S
  delay(300);                          // senão os flashes luminosos ocorrerão ao mesmo tempo
  flash(500); flash(500); flash(500);  // O
  flash(200); flash(200); flash(200);  // S
  delay(1000);                         // esperar 1 segundo antes de iniciarmos
// novamente
}

void flash(int duration)
```

(continua)

LISTAGEM DO PROJETO 2 *continuação*

```
{
  digitalWrite(ledPin, HIGH);
  delay(duration);
  digitalWrite(ledPin, LOW);
  delay(duration);
}
```

A listagem completa final está mostrada na Listagem do Projeto 2.

Dessa forma, o sketch fica bem menor e mais fácil de ser lido.

» Juntando tudo

Com isso, concluímos o Projeto 2. Agora, examinaremos mais alguns fundamentos de programação do Arduino antes de passarmos para o Projeto 3, em que usaremos o mesmo hardware para escrever um tradutor de código Morse. Assim, poderemos digitar frases no nosso computador e vê-las piscando como código Morse. No Projeto 4, aumentaremos o brilho, substituindo o LED vermelho por um LED Luxeon de alta potência.

Antes, precisamos de mais um pouco de teoria para compreender os Projetos 3 e 4.

» Loops

Um *loop* (laço de repetição) permite que um grupo de comandos seja repetido um certo número de vezes ou até que alguma condição seja atingida. No Projeto 2, para sinalizar um S, queríamos que três pontos fossem exibidos pelo LED. Nesse caso, não dá muito trabalho repetir três vezes o comando de piscar. Entretanto, seria bem mais trabalhoso se tivéssemos que fazer o LED piscar 100 ou 1.000 vezes. Nesse caso, podemos usar o comando for da linguagem C:

```
for (int i = 0; i < 100; i ++)
{
  flash(200);
}
```

O comando for é como uma função loop que recebe três argumentos. Aqui, os argumentos são separados por pontos e vírgulas em vez de por vírgulas comuns. Isso é algo próprio da linguagem C. Se você errar, o compilador logo o alertará.

Após a palavra-chave "for", a primeira coisa dentro dos parênteses é uma declaração de variável. Esse argumento especifica uma variável que será usada como variável de contagem, atribuindo-lhe um valor inicial – no caso, o valor 0.

A segunda parte é uma condição que deve ser verdadeira para permanecermos dentro do "for" repetindo comandos. Nesse caso, ficaremos dentro do "for" enquanto a variável i for menor que 100. Logo que i for igual ou maior que 100, deixaremos de fazer as coisas que estão dentro do "for".

O terceiro argumento mostra o que deve ser feito a cada vez que todos os comandos dentro do "for" forem executados. Nesse caso, a variável deve ser incrementada de 1 de modo que, após 100 vezes, ela deixe de ser menor que 100 fazendo que se saia de dentro do "for".

Outra forma de fazer laços de repetição na linguagem C é usando o comando while (enquanto). Com esse comando, poderíamos obter os mesmos resultados do exemplo anterior, como mostrado a seguir:

```
int i = 0;
while (i < 100)
{
  flash(200);
  i ++;
}
```

A expressão dentro das chaves, após a palavra-chave while, deve ser verdadeira para permanecermos dentro do while. Quando ela deixar de ser verdadeira, o sketch executará os comandos que estão após a chave final.

As chaves são usadas para reunir comandos formando um grupo. Em programação, dizemos que esse grupo forma um *bloco*.

» Arrays

Os *arrays* são uma forma de criar uma lista de valores. As variáveis que encontramos até agora tinham apenas um único valor, usualmente um int. Por outro lado, um array contém um conjunto ou lista de valores. Você pode acessar qualquer um desses valores dando a sua posição dentro da lista.

A linguagem C, como a maioria das linguagens de programação, começa a indexação dessas posições com 0 em vez de 1. Isso significa que o primeiro elemento é, na realidade, o elemento zero.

Para ilustrar o uso de arrays, poderemos modificar o nosso exemplo de código Morse incluindo um array com as durações dos flashes luminosos do LED. Então, poderemos usar um laço de "for" para acessar cada um dos itens do array.

Primeiro, vamos criar um array do tipo int contendo as durações (durations):

```
int durations[] = {200, 200, 200, 500,
   500, 500, 200, 200, 200}
```

Você indica que uma variável contém um array colocando [ ] após o nome da variável. Se você estiver dando valores aos conteúdos do array enquanto você o define, como no exemplo anterior, então você não precisará especificar o tamanho do array. Se você não estiver atribuindo os valores iniciais, então você precisará especificar o tamanho do array colocando-o dentro dos colchetes. Por exemplo,

```
int durations[10];
```

Agora, poderemos modificar o nosso loop incluindo o array:

```
void loop()
  // repetir indefinidamente
{
  for (int i = 0; i < 9; i++)
  {
    flash(durations[i]);
  }
  delay(1000);
  // esperar 1 segundo antes de iniciarmos
  // novamente
}
```

Uma vantagem óbvia dessa abordagem é a facilidade de alterar a mensagem simplesmente modificando o array com as durações. No Projeto 3, daremos um passo adiante no uso de arrays construindo um sinalizador luminoso de código Morse para uso geral.

Projeto 3
» *Tradutor de código Morse*

Neste projeto, usaremos o mesmo hardware dos Projetos 1 e 2, mas escreveremos um novo sketch. Com esse sketch, poderemos digitar uma frase no nosso computador e a placa do Arduino irá convertê-la em uma sequência adequada de pontos e traços em código Morse.

A Figura 3-1 mostra o tradutor de código Morse em ação. Os conteúdos da caixa de mensagem estão sendo sinalizados como pontos e traços no LED.

Para isso, usaremos o que aprendemos sobre arrays e strings e aprenderemos algo sobre o envio de mensagens do nosso computador para a placa de Arduino através do cabo USB.

Para esse projeto, precisaremos dos mesmos componentes dos Projetos 1 e 2. De fato, o hardware é exatamente o mesmo. Iremos simplesmente modificar o sketch do Projeto 1.

Figura 3-1 Tradutor de código Morse.
Fonte: do autor.

COMPONENTES E EQUIPAMENTO		
	Descrição	Apêndice
	Arduino Uno ou Leonardo	m1/m2
D1	LED vermelho de 5 mm	s1
R1	Resistor de 270 Ω e 1/4 W	r3

» Hardware

Em relação à construção deste projeto, consulte Projeto 1 no Capítulo 1.

Você pode simplesmente inserir o resistor e o LED diretamente nos conectores do Arduino ou pode usar o protoboard (veja o Capítulo 1). Você também pode mudar a variável ledPin no sketch para que seja o pino 13. Desse modo, o próprio LED da placa do Arduino será usado e não haverá necessidade de um componente extra.

» Software

As letras em código Morse estão mostradas na Tabela 3-1.

Tabela 3-1 » **Letras em código Morse**

A	.-	N	-.	0	-----
B	-...	O	---	1	.----
C	-.-.	P	.--.	2	..---
D	-..	Q	--.-	3	...--
E	.	R	.-.	4	....-
F	..-.	S	...	5	.....
G	--.	T	-	6	-....
H	....	U	..-	7	--...
I	..	V	...-	8	---..
J	.---	W	.--	9	----.
K	-.-	X	-..-		
L	.-..	Y	-.--		
M	--	Z	--..		

Fonte: do autor.

Algumas das regras do código Morse postulam que a duração de um traço é igual a três vezes a duração de um ponto, que a duração do intervalo entre traços e/ou pontos é igual à duração de um ponto, que a duração do intervalo entre duas letras tem a mesma duração de um traço e, finalmente, que a duração do intervalo entre duas palavras tem a mesma duração de sete pontos.

Neste projeto, não vamos nos preocupar com a pontuação, embora seja um exercício interessante tentar incluí-la no sketch. Para uma lista mais completa dos caracteres do código Morse, veja en.wikipedia.org/wiki/Morse_code.

O sketch para isso está mostrado na Listagem do Projeto 3. Uma explicação de seu funcionamento será dada a seguir.

LISTAGEM DO PROJETO 3

```
int ledPin = 12;

char* letters[] =                         // array de letras
{
  ".-", "-...", "-.-.", "-..", ".", "..-.", "--.", "....", "..",    // A-I
  ".---", "-.-", ".-..", "--", "-.", "---", ".--.", "--.-", ".-.",  // J-R
  "...", "-", "..-", "...-", ".--", "-..-", "-.--", "--.."          // S-Z
};

char* numbers[] =                         // array de números
{
  "-----", ".----", "..---", "...--", "....-", ".....", "-....",    // 0-6
  "--...", "---..", "----."                                         // 7-9
};

int dotDelay = 200;                       // duração de um ponto

void setup()
{
  pinMode(ledPin, OUTPUT);
  Serial.begin(9600);
}

void loop()
{
  char ch;
  if (Serial.available())                 // há algo para ser lido pela USB?
  {
    ch = Serial.read();                   // ler uma letra
    if (ch >= 'a' && ch <= 'z')
    {
      flashSequence(letters[ch - 'a']);
    }
    else if (ch >= 'A' && ch <= 'Z')
    {
      flashSequence(letters[ch - 'A']);
    }
    else if (ch >= '0' && ch <= '9')
    {
      flashSequence(numbers[ch - '0']);
    }
    else if (ch == ' ')
    {
      delay(dotDelay * 4);                // espaço entre palavras
```

(continua)

LISTAGEM DO PROJETO 3 *continuação*

```
    }
  }
}

void flashSequence(char* sequence)
{
  int i = 0;
  while (sequence[i] != NULL)
  {
      flashDotOrDash(sequence[i]);
      i++;
  }
  delay(dotDelay * 3);                  // espaço entre letras
}

void flashDotOrDash(char dotOrDash)
{
  digitalWrite(ledPin, HIGH);
  if (dotOrDash == '.')
  {
    delay(dotDelay);
  }
  else                                  // deve ser um traço -
  {
    delay(dotDelay * 3);
  }
  digitalWrite(ledPin, LOW);
  delay(dotDelay);                      // espaço entre flashes de luz
}
```

Para gerar os pontos e traços, usaremos arrays de strings. Temos dois arrays, um para as letras e outro para os números. Assim, para sabermos o código, em pontos e traços, da primeira letra (A) do alfabeto, consultaremos a string letters[0] – lembre-se de que o primeiro elemento de um array é o elemento 0, não o elemento 1.

A variável dotDelay (pontoRetardo, ou seja, duração de um ponto) deve ser definida. Desse modo, se quisermos fazer o nosso tradutor de código Morse piscar mais rápida ou lentamente, deveremos alterar esse valor, porque todas as durações são definidas como múltiplos da duração de um ponto.

A função setup é muito similar às de nossos projetos anteriores. Entretanto, desta vez, usaremos a porta USB para fazer a comunicação com o computador. Por isso, acrescentamos o comando

```
Serial.begin(9600);
```

Esse comando faz a placa do Arduino configurar a velocidade de comunicação através da conexão USB para ser 9600 bauds. Isso não é muito rápido, mas é suficientemente rápido para as nossas mensagens em código Morse. Também é uma boa velocidade porque é a velocidade que o software do Arduino já tem definida no computador.

Na função loop, verificamos repetidamente se alguma letra foi enviada através da conexão USB e se ela deve ser processada. A função Serial.available() (serial disponível) do Arduino será verdadeira se houver um caractere que deve ser convertido em código Morse, e a função Serial.read() (ler serial) fornecerá o caractere, que é atribuído a uma variável denominada ch (de character, em inglês). Essa variável foi definida dentro do loop.

A seguir, temos uma série de comandos if que determinam se o caractere é uma letra maiúscula, uma letra minúscula ou um espaço separando duas palavras. Examinando o primeiro comando if, testamos se o valor do caractere é maior ou igual ao valor de um "a" e menor ou igual ao valor de um "z". Se isso for verdadeiro, poderemos achar a sequência de traços e pontos que deve ser sinalizada usando o array "letters" de letras. Esse array foi definido no início do sketch. Para determinar a posição dessa sequência no array, subtraímos o valor de "a" do valor do caractere que está na variável ch.

Em um primeiro momento, pode parecer estranho subtrair uma letra de outra, mas isso é perfeitamente aceitável na linguagem C. Assim, por exemplo, a – a é 0, ao passo que d – a é 3. Portanto, se a letra que chegar por meio da conexão USB for "f", deveremos calcular f – a, que resultará 5. Esse valor dará a posição no array "letters". Acessando a posição letters[5], temos a string ..-.. que será repassada para uma função denominada flashSequence.

A função flashSequence trabalhará com cada uma das partes da sequência, fazendo o LED piscar sinalizando os pontos e traços. Strings na linguagem C têm um código especial no final para indicar o seu final. Esse código é denominado NULL. Assim, a primeira coisa que flashSequence faz é definir uma variável denominada i. Ela indicará a posição corrente na string que contém os pontos e traços, começando pela posição 0. O laço while ficará repetindo o processo até chegar ao fim da string.

Dentro do laço while, primeiro fazemos piscar o ponto ou traço corrente usando uma função que será discutida logo em seguida. Então, somamos 1 a i e voltamos ao início do while, repetindo a cada vez o processo, para um ponto ou traço, até chegarmos ao fim da string.

A última função definida é flashDotOrDash (flashPontoOuTraço). Ela simplesmente acende o LED e, antes de desligá-lo, usa um comando if para aguardar o tempo necessário correspondente a um ponto simples, se o caractere for um ponto, ou três vezes essa duração, se o caractere for um traço.

» Juntando tudo

Carregue o sketch completo do Projeto 3, que está no Sketchbook do software do Arduino, e baixe-o para a sua placa (veja o Capítulo 1).

Para usar o tradutor de código Morse, precisamos usar uma parte do software do Arduino denominada *Serial Monitor* (Monitor Serial). Essa janela permite que você digite mensagens que serão enviadas à placa do Arduino e que você possa ver qualquer mensagem que a placa do Arduino decida enviar como resposta.

A execução do Serial Monitor é iniciada clicando o ícone que está bem à direita na Figura 3-2.

O Serial Monitor (veja Figura 3-3) tem duas partes. Em cima, há um campo no qual uma linha de

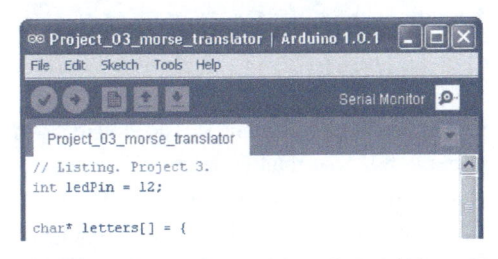

Figura 3-2 Iniciando a execução do Serial Monitor.
Fonte: do autor.

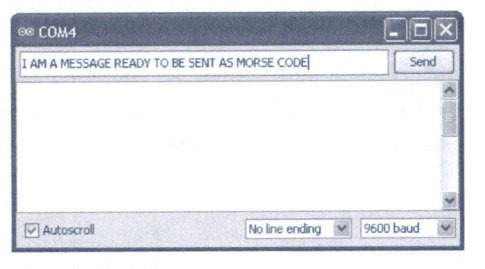

Figura 3-3 A janela do Serial Monitor.
Fonte: do autor.

texto pode ser digitada e enviada à placa quando você clicar em Send (enviar) ou apertar Return (ou Enter).

Abaixo, há uma área maior na qual são exibidas as mensagens vindas da placa do Arduino. À direita, na parte de baixo, há uma janela na qual você pode escolher, em uma lista, a velocidade com a qual os dados serão enviados. O que você selecionar aqui deve corresponder à taxa de bauds que você especificou no início do sketch que está na placa do Arduino. Usamos 9600, que é o valor default. Portanto, não há necessidade de modificar aqui.

Portanto, tudo que precisamos fazer é iniciar a execução do Serial Monitor, digitar um texto no campo de envio de mensagem e clicar no botão Send ou apertar Return (ou Enter). Então, deveremos ver a nossa mensagem sendo sinalizada em código Morse por meio de flashes luminosos no LED.

Projeto 4
›› *Tradutor de código Morse de alto brilho*

É improvável que o pequeno LED do Projeto 3 seja visto de distâncias muito grandes. Neste projeto, aumentaremos a potência luminosa do LED usando um LED Luxeon de 1W. Esses LEDs têm uma luminosidade extremamente elevada que é emitida de uma área muito pequena no centro. Por essa razão, para evitar qualquer dano à retina, não olhe diretamente para eles.

Com algumas soldas, veremos também como transformar esse projeto em um shield que pode ser encaixado em nossa placa de Arduino.

COMPONENTES E EQUIPAMENTO

	Descrição	Apêndice
	Arduino Uno ou Leonardo	m1/m2
D1	LED Luxeon de 1W	s10
R1	Resistor de 270 Ω e 1/4 W	r3
R2	Resistor de 4,7 Ω e 1/4 W	r1
T1	BD139 transistor de potência	s17
	Protoboard	h1
	Fios de conexão (jumpers)	h2
	Kit para Protoshield (opcional)	m4

›› Hardware

O LED que usamos no Projeto 3 consumia em torno de 10 mA com 2V. Esses valores podem ser usados para calcular a potência com a fórmula

$$P = IV$$

A potência é igual à tensão aplicada em alguma coisa vezes a corrente que circula através dela. A unidade de potência é o watt (W). Portanto, o LED consome aproximadamente 20 mW, ou cinquenta avos da potência do nosso LED Luxeon de 1W. Se, por um lado, um Arduino pode lidar muito bem com um LED de 20 mW, por outro ele não consegue acionar diretamente um LED de 1W.

Esse é um problema comum em eletrônica e pode ser resumido em fazer uma corrente pequena controlar uma corrente maior. Esse processo é conhecido como *amplificação*. O componente eletrônico mais comumente utilizado em amplificação é o transistor. Nós o utilizaremos para ligar e desligar o nosso LED Luxeon.

O funcionamento básico de um transistor está mostrado na Figura 3-4. Há muitos tipos diferentes de transistor e provavelmente o mais comum é denominado *transistor bipolar NPN*. É o que usaremos aqui.

Esse transistor tem três terminais (pernas): emissor, coletor e base. O princípio básico é que uma pequena corrente circulando pela base permitirá que

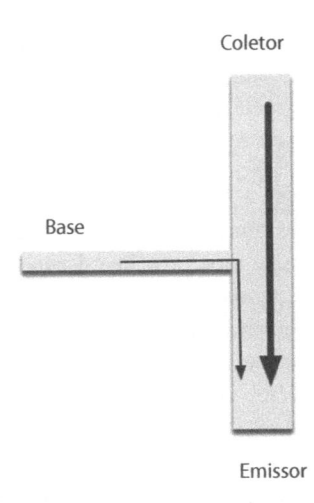

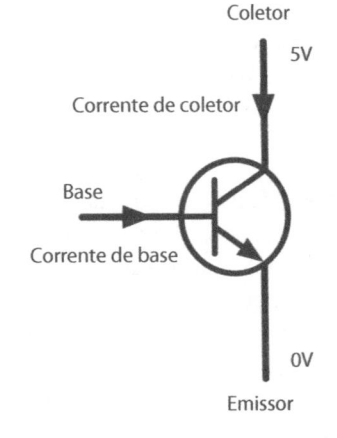

Figura 3-4 Funcionamento de um transistor bipolar NPN.
Fonte: do autor.

uma corrente muito maior circule entre o coletor e o emissor.

O quanto maior será essa corrente dependerá do transistor, mas o valor típico é em torno de 100. Assim, uma corrente de 10 mA circulando pela base poderia fazer passar uma corrente de até 1A pelo coletor. Desse modo, se continuarmos usando o resistor de 270 ohms, acionando o LED com 10 mA, poderemos esperar que isso seja suficiente para que circule no transistor a corrente de centenas de miliamperes necessária ao LED Luxeon.

O diagrama esquemático do nosso circuito de controle está mostrado na Figura 3-5.

O resistor de 270 ohms (R1) limita a corrente que circula pela base. Essa corrente pode ser calculada usando a fórmula I = V/R. O valor de V será 4,4V em vez de 5V porque os transistores normalmente funcionam com uma tensão de 0,6V entre a base e o emissor. Como a tensão mais elevada que um Arduino pode fornecer em um pino de saída é 5V, a corrente será 4,4/270= 16 mA.

As especificações desse LED postulam que a sua corrente direta máxima é 350 mA e a tensão direta é 3,4V. Assim, vamos escolher em torno de 200 mA para que o LED funcione bem sem encurtar a sua vida útil.

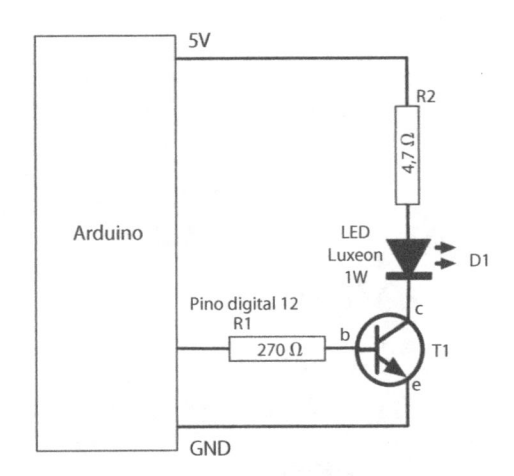

Figura 3-5 Diagrama esquemático do acionamento de um LED de alta potência.
Fonte: do autor.

O resistor R2 limita a corrente que circula no LED a 200 mA. Usando a fórmula R = V/I, obtemos 4,7 ohms. A tensão V será aproximadamente 5 − 3,4 − 0,6 = 1,0V. O valor 5V é a tensão de alimentação, a queda de tensão no LED é 3,4V e, no transistor, é 0,6V. Portanto, a resistência deve ser 1,0V/200 mA = 5 ohms. Os resistores estão disponíveis em valores padronizados. O que mais se aproxima do valor encontrado é um resistor de 4,7 ohms. O resistor também deve suportar essa corrente relativamente elevada. A potência com a qual um resistor queima devido ao calor excessivo é igual à sua tensão multiplicada pela corrente que circula nele. Nesse caso, temos 200 mA × 1,0V, o que é 200 mW. Isso significa que um resistor comum de 1/2 W ou mesmo 1/4 W funcionará bem.

Da mesma forma, quando escolhemos um transistor, devemos nos assegurar de que ele poderá suportar a potência. Quando está ativo, o transistor consome uma potência igual à corrente vezes a tensão. Nesse caso, a corrente de base é suficientemente pequena para ser ignorada. Portanto, a potência será simplesmente 0,6V × 200 mA, ou 120 mW. Sempre é uma boa ideia escolher um transistor que pode facilmente suportar a potência. Nesse caso, usaremos um BD139, que tem a especificação nominal de potência de 12W. No Capítulo 10, você poderá encontrar uma tabela de transistores comumente usados.

Agora, precisamos dispor os nossos componentes no protoboard, como está mostrado na Figura 3-6 e na fotografia da Figura 3-8. É crucial identificar corretamente os terminais (pernas) do transistor e do LED. O lado metálico do transistor deve estar voltado para a placa do Arduino. O LED tem um pequeno símbolo + junto ao terminal positivo.

Mais adiante neste projeto, mostraremos como transportar o projeto do protoboard para uma placa definitiva usando o Protoshield do Arduino. Para isso, serão necessárias algumas soldas. Portanto, se você pretender construir um shield e tem ferramentas para fazer soldas, você poderá soldar alguns terminais no LED Luxeon. Solde fios rígidos curtos em dois dos seis terminais do LED. Devem ser os que têm as marcas + e – na borda. É uma boa ideia usar fios coloridos: vermelho para o terminal positivo e azul ou preto para o negativo.

Se você não quiser soldar, basta enrolar cuidadosamente o fio rígido em torno das conexões, como está mostrado na Figura 3-7.

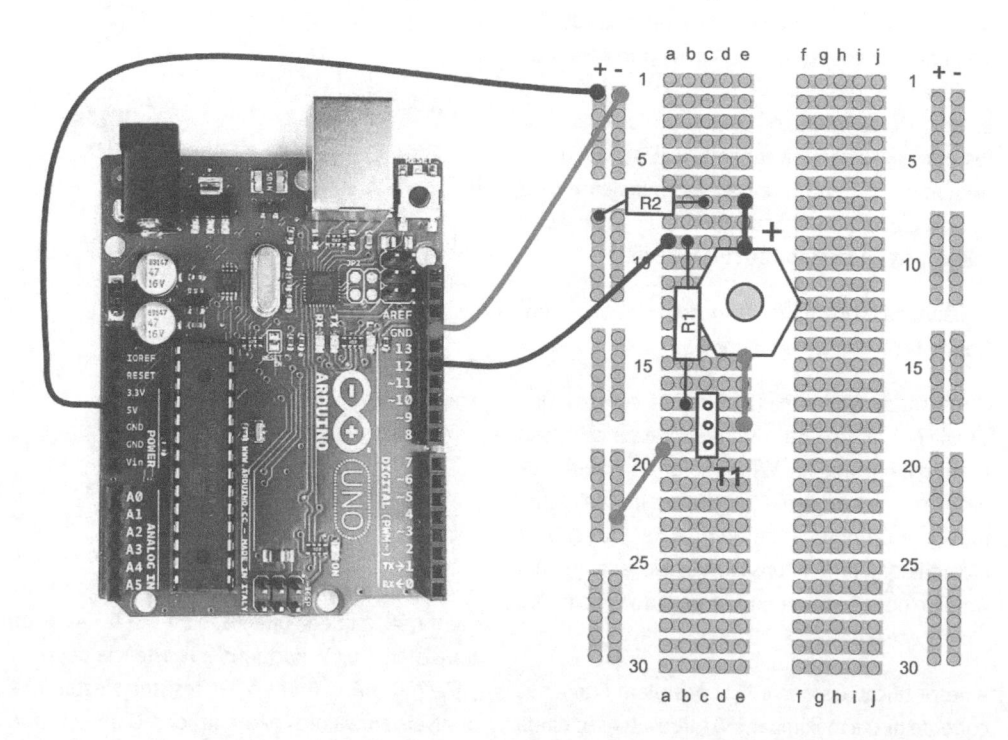

T1- Face metálica para a esquerda, triângulo para a direita.

Figura 3-6 Projeto 4 com a disposição dos componentes no protoboard.
Fonte: do autor.

Figura 3-7 Colocando terminais no LED Luxeon sem fazer soldas.
Fonte: do autor.

A Figura 3-8 mostra o protoboard com a montagem completa.

» Software

O Projeto 4 usa exatamente o mesmo sketch do Projeto 3.

» Juntando tudo

Se você ainda não carregou o sketch do Projeto 3, então carregue-o a partir do Sketchbook do software de Arduino e, em seguida, transfira-o para a sua placa (veja o Capítulo 1).

Novamente, para testar o projeto, faça o mesmo que no Projeto 3. Você precisa abrir a janela do Serial Monitor e simplesmente começar a digitar.

Na realidade, o LED tem um ângulo bem grande de visão. Uma variação deste projeto seria adaptar uma lanterna de LED, na qual o LED tem um refletor para focar o feixe luminoso.

» Como construir um shield

Este é o primeiro projeto feito por nós em que há um número suficiente de componentes para justificar a construção de uma placa própria com os circuitos na

Figura 3-8 Fotografia do protoboard completo do Projeto 4.
Fonte: do autor.

forma de um shield. Esse shield poderá ser acoplado a qualquer placa de Arduino. No Projeto 6 mais adiante, também usaremos esse hardware com algumas pequenas alterações. Portanto, talvez seja o momento de construirmos um Shield LED Luxeon.

A construção de suas próprias placas de circuito em casa é perfeitamente possível, mas requer o uso de produtos químicos corrosivos e de uma boa quantidade de ferramentas. No entanto, há um outro componente de hardware, relacionado com o Arduino, denominado *Arduino Protoshield*. Se você fizer uma pesquisa, poderá encontrá-lo por US$ 10 ou menos. Esses kits fornecem tudo que você precisa para construir um shield básico, incluindo a própria placa, as barras de pinos de conexão para encaixar no Arduino, além de alguns LEDs, chaves e resistores. Como há diversos tipos de placas Protoshield, possivelmente você deverá adaptar as orientações seguintes para o caso particular da sua placa, se ela for um pouco diferente.

Os componentes de um kit de Protoshield estão mostrados na Figura 3-9, sendo a parte mais importante a placa de circuito Protoshield (PCB). É possível comprar só a PCB, o que, em muitos projetos, é tudo que você precisa.

Na placa, não soldaremos todos os componentes incluídos no kit. Acrescentaremos apenas o LED de potência e seu resistor. Como esse shield não terá outros shields encaixados por cima, soldaremos apenas os pinos inferiores de conexão para fazer o encaixe com a placa do Arduino.

Uma boa maneira de montar placas de circuito é começar soldando primeiro os componentes de perfil baixo. Assim, neste caso, soldaremos os resistores, o LED, a chave de reset e então os pinos inferiores de conexão (pinos machos).

O resistor de 1K, o LED e a chave são todos inseridos pela parte de cima da placa e então soldados por baixo (Figura 3-10). A parte curta dos pinos de conexão é inserida por baixo da placa e então soldada na parte de cima.

Quando soldar os pinos de conexão, verifique se eles estão alinhados corretamente, porque há duas filas paralelas de conectores: uma para os pinos machos na parte de baixo e uma para os pinos fêmeas (soquetes) na parte de cima, que não usaremos. Os pinos fêmeas são usados para acoplar outros shields.

Uma boa maneira de assegurar que os pinos estão no local correto é encaixá-los primeiro em uma placa de Arduino e, então, colocar o shield por cima e soldar os pinos enquanto eles ainda estão encaixados na placa do Arduino. Isso assegura que os pinos fiquem alinhados.

Quando todos os componentes estiverem soldados, você terá uma placa como a da Figura 3-11.

Figura 3-9 Protoshield na forma de um kit.
Fonte: do autor.

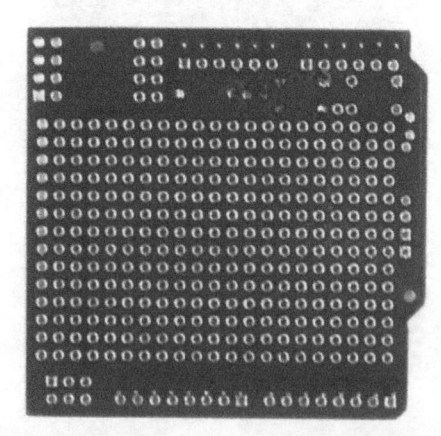

Figura 3-10 A parte de baixo do Protoshield.
Fonte: do autor.

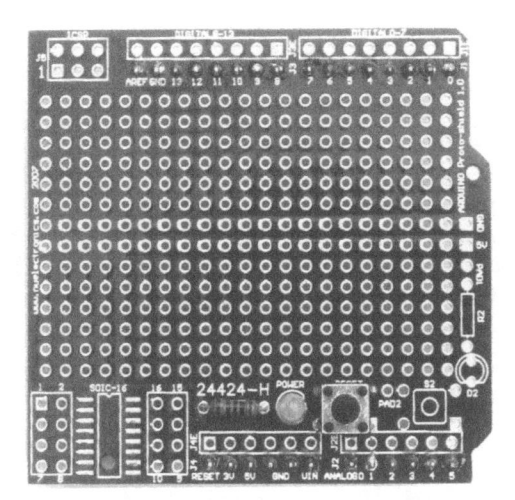

Figura 3-11 Protoshield básico montado.
Fonte: do autor.

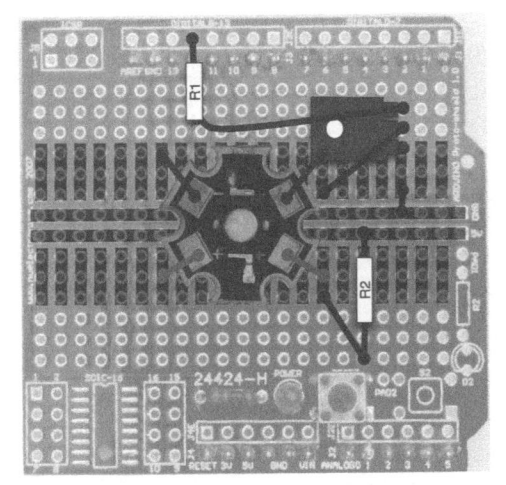

Figura 3-12 Disposição dos componentes do Projeto 4.
Fonte: do autor.

Agora poderemos soldar os componentes desse projeto, retirando-os do protoboard. Primeiro, coloque todos os componentes em seus lugares de acordo com a disposição mostrada na Figura 3-12 para garantir que tudo caberá dentro do espaço disponível.

Esse tipo de placa é de dupla face – isto é, você pode fazer soldas nas partes de baixo e de cima da placa. Como você pode ver na Figura 3-12, algumas das conexões formam trilhas como em um protoboard.

Nós montaremos todos os componentes na parte de cima, com os terminais inseridos nos furos e soldados por baixo onde eles emergem. Os terminais dos componentes podem ser conectados entre si e os excessos podem ser cortados com um alicate. Se necessário, o comprimento dos terminais poderá ser aumentado com pedaços de fio rígido.

A Figura 3-13 mostra o shield completo. Energize a sua placa e teste-a. Se não funcionar logo em

Figura 3-13 Shield Luxeon completo acoplado a uma placa de Arduino.
Fonte: do autor.

seguida, desconecte-a imediatamente da alimentação elétrica e, usando um multímetro, verifique cuidadosamente se há curtos-circuitos ou ligações rompidas.

Parabéns! Você criou o seu primeiro shield de Arduino, o qual poderá ser utilizado em outros projetos mais adiante.

>> Resumo

Neste capítulo, iniciamos alguns projetos simples usando LEDs e vimos como usar LEDs Luxeon de alta potência. Aprendemos também mais coisas sobre a programação da nossa placa de Arduino usando a linguagem C.

No Capítulo 4, iremos mais longe. Veremos outros projetos baseados em LED, incluindo um modelo de sinalização para semáforo e uma luz estroboscópica de alta potência.

capítulo 4

Mais projetos com LED

Neste capítulo, continuaremos com projetos baseados nestes pequenos componentes versáteis, os LEDs. Aprenderemos mais sobre entradas e saídas digitais, incluindo o uso de chaves de contato momentâneo. Ainda construiremos um modelo de sinalização para semáforo, dois projetos com luz estroboscópica e um módulo de luz de alto brilho utilizando os LEDs Luxeon de alta potência.

Objetivos deste capítulo

» Auxiliar no reconhecimento das entradas e saídas do Arduino.

» Identificar outros tipos de LEDs.

» Desenvolver projetos que utilizam técnicas de software para controlar LEDs.

» Relacionar números aleatórios com o Arduino.

≫ Entradas e saídas digitais

Os pinos digitais 0 a 12 podem ser usados como entrada ou saída. Isso é configurado no seu sketch. Visto que circuitos eletrônicos serão ligados a esses pinos, provavelmente você não vai querer modificar o modo de um pino. Isso significa que, quando um pino for configurado como saída, você não irá mais modificá-lo configurando-o como entrada durante a execução do sketch.

Por essa razão, em qualquer sketch e por convenção, o sentido dos dados (entrada ou saída) de um pino digital é configurado na função setup.

Por exemplo, no código a seguir, o pino digital 10 é configurado como saída e o 11, como entrada. Observe que usamos uma declaração de variável no nosso sketch para podermos alterar facilmente os pinos que usamos se quisermos modificar a finalidade do sketch.

No sketch do Projeto 5, ligaremos o pino 5 a uma chave que fará a conexão com o GND quando for pressionada. A variável pinMode do pino 5 está configurada para ser INPUT_PULLUP em vez de simplesmente INPUT. Isso significa que a entrada está "puxada para cima" (pulled up) para o nível HIGH (alto). Uma outra maneira de pensar é que a entrada por default está em nível HIGH (alto) a menos que seja "puxada" para LOW (baixo).

```
int ledPin = 10;
int switchPin = 11;

void setup()
{
  pinMode(ledPin, OUTPUT);
  pinMode(switchPin, INPUT);
}
```

Projeto 5
≫ Modelo de sinalização para semáforo

Agora que sabemos como configurar um pino digital para que seja uma entrada, poderemos construir um modelo de sinalização de semáforo usando LEDs para os sinais vermelho, amarelo e verde. Sempre que pressionarmos o botão, o semáforo passará para o próximo sinal da sequência. No Reino Unido, a sequência desses sinais é vermelho, vermelho e amarelo juntos, verde, amarelo e então vermelho novamente.

Além disso, se mantivermos o botão pressionado, os sinais mudarão dentro da sequência por si mesmos, com um retardo entre eles.

Os componentes do Projeto 5 estão listados a seguir. Para obter um efeito visual melhor, procure escolher LEDs com brilhos semelhantes.

COMPONENTES E EQUIPAMENTO		
	Descrição	Apêndice
	Arduino Uno ou Leonardo	m1/m2
D1	LED vermelho de 5 mm	s1
D2	LED amarelo de 5 mm	s3
D3	LED verde de 5 mm	s2
R1-R3	Resistor de 270 Ω e 1/4 W	r3
S1	Chave miniatura de contato momentâneo	h3
	Protoboard	h1
	Fios de conexão (jumpers)	h2

≫ Hardware

O diagrama esquemático do projeto está mostrado na Figura 4-1.

Os LEDs são conectados do mesmo modo que no nosso projeto anterior, cada um com um resistor limitador de corrente. Quando se aperta o botão da chave, o pino digital 5 é conectado ao GND.

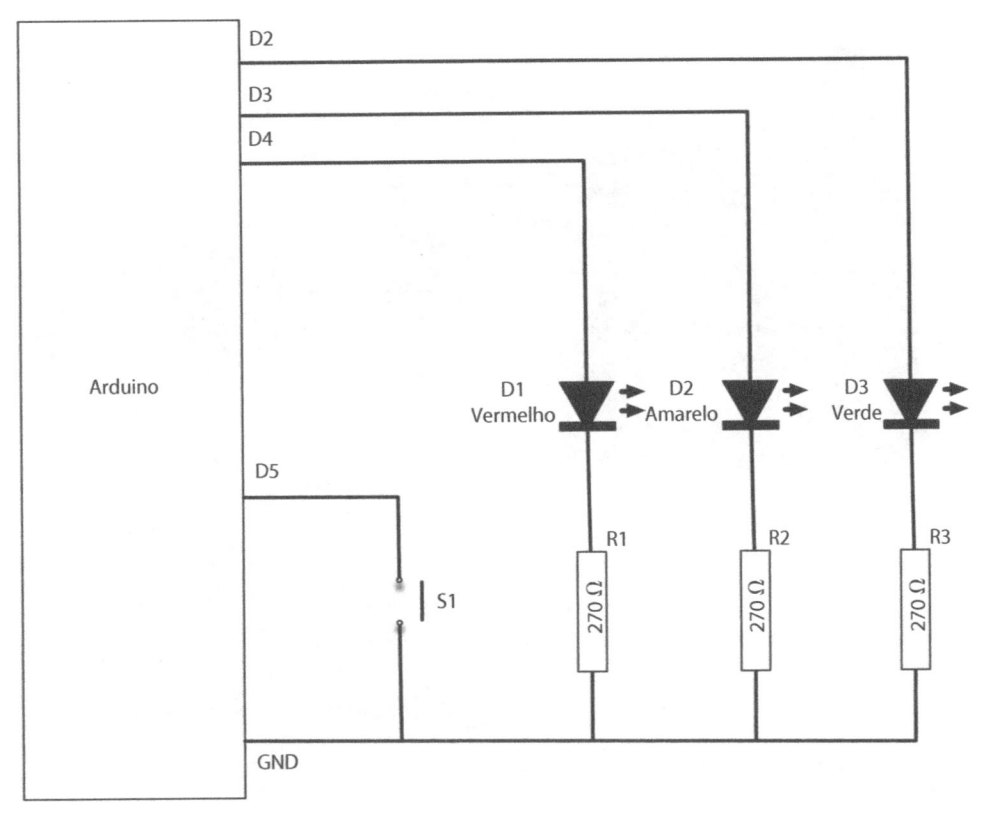

Figura 4-1 Diagrama esquemático do Projeto 5.
Fonte: do autor.

Uma fotografia do projeto é mostrada na Figura 4-2, e a disposição dos componentes pode ser vista na Figura 4-3.

>> Software

O sketch do Projeto 5 está mostrado na Listagem do Projeto 5.

O sketch é bem autoexplicativo. Precisamos apenas verificar uma vez por segundo se a chave está pressionada. Dessa forma, se a chave for pressionada rapidamente, a sequência de sinais não avançará na mesma rapidez. Entretanto, se mantivermos a chave apertada, as luzes irão avançar automaticamente passo a passo.

O comando delay(1000) evita que os LEDs acendam e apaguem tão rapidamente de forma a se tornarem um borrão luminoso.

Usamos uma função separada denominada setLights (configuraLuzes) para controlar o estado de cada LED, reduzindo três linhas de código a apenas uma.

>> Juntando tudo

Carregue o sketch completo do Projeto 5, que está no Sketchbook do software de Arduino (veja o Capítulo 1).

Teste o projeto apertando o botão e verificando se todos os LEDs acendem na sequência correta.

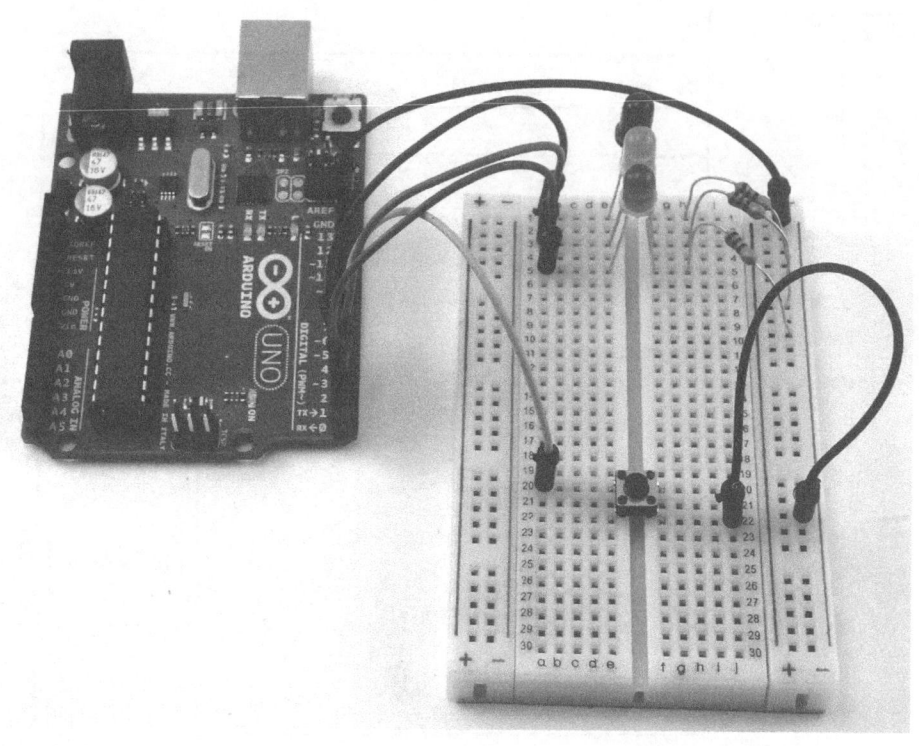

Figura 4-2 Projeto 5: modelo de sinalização para semáforo.
Fonte: do autor.

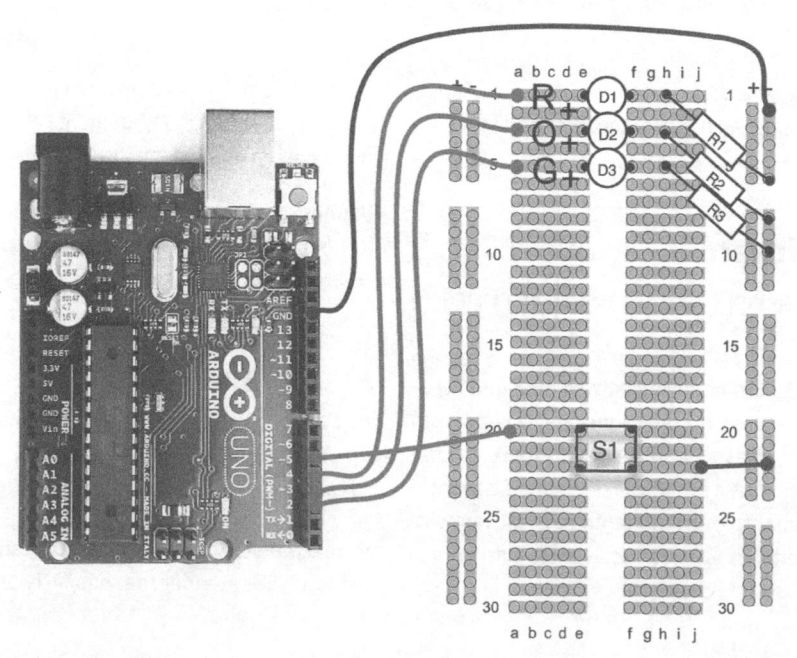

Figura 4-3 Disposição dos componentes no protoboard para o Projeto 5.
Fonte: do autor.

Projeto 6
>> Luz estroboscópica

Este projeto usa o mesmo LED Luxeon de alta potência usado no tradutor de código Morse. Acrescentaremos um resistor variável, também denominado *potenciômetro*. Com isso teremos um controle que, ao ser girado, varia a frequência de pisca-pisca da luz estroboscópica.

> **ALERTA**
> Essa luz é estroboscópica, piscando com brilho intenso. Se você tiver alguma condição de saúde, como epilepsia, você deve pular este projeto e passar diretamente para o próximo.

LISTAGEM DO PROJETO 5

```
int redPin = 4;
int yellowPin = 3;
int greenPin = 2;
int buttonPin = 5;

int state = 0;

void setup()
{
  pinMode(redPin, OUTPUT);
  pinMode(yellowPin, OUTPUT);
  pinMode(greenPin, OUTPUT);
  pinMode(buttonPin, INPUT_PULLUP);
}

void loop()
{
  if (digitalRead(buttonPin))
  {
    if (state == 0)
    {
      setLights(HIGH, LOW, LOW);
      state = 1;
    }
    else if (state == 1)
    {
      setLights(HIGH, HIGH, LOW);
      state = 2;
    }
    else if (state == 2)
    {
```

LISTAGEM DO PROJETO 5

```
      setLights(LOW, LOW, HIGH);
      state = 3;
    }
    else if (state == 3)
    {
      setLights(LOW, HIGH, LOW);
      state = 0;
    }
    delay(1000);
  }
}

void setLights(int red, int yellow,
               int green)
{
  digitalWrite(redPin, red);
  digitalWrite(yellowPin, yellow);
  digitalWrite(greenPin, green);
}
```

COMPONENTES E EQUIPAMENTO

	Descrição	Apêndice
	Arduino Uno ou Leonardo	m1/m2
D1	LED Luxeon de 1W	s10
R1	Resistor de 270 Ω e 1/4 W	r3
R2	Resistor de 4,7 Ω e 1/4 W	r1
T1	BD139 transistor de potência	s17
R3	Potenciômetro linear de 10K (trimpot)	r11
	Kit de Protoshield (opcional)	m4
	Jack CC de alimentação elétrica de 2,1 mm (opcional)	h4
	Clip de bateria de 9V (opcional)	h5

>> Hardware

O hardware deste projeto é basicamente o mesmo do Projeto 4, com o acréscimo de um resistor variável, ou potenciômetro (Figura 4-4).

O Arduino apresenta seis entradas analógicas numeradas de Analog 0 até Analog 5. Elas medem a tensão em seus pinos de entrada produzindo um valor entre 0 (0V) e 1023 (5V).

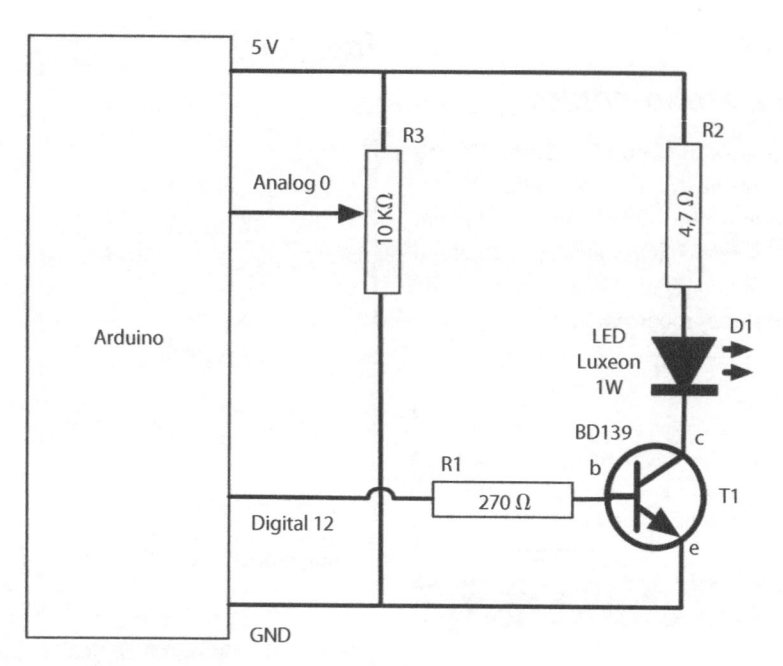

Figura 4-4 Diagrama esquemático do Projeto 6.
Fonte: do autor.

Isso pode ser usado para detectar a posição de um botão de controle com o uso de um resistor variável. Esse resistor atua como um divisor de tensão ligado na nossa entrada analógica. A Figura 4-5 mostra a estrutura interna de um resistor variável.

O resistor variável é um componente muito usado para controlar o volume de som. É construído com uma trilha circular condutiva interrompida e terminais de conexão em ambas as extremidades. Um braço deslizante fornece um terceiro terminal móvel que gira acoplado a um eixo.

Você pode usar um resistor variável para fornecer uma tensão ajustável. Para isso, você conecta um dos terminais do resistor a 0V e o outro a 5V. Então, a tensão lida no terminal móvel irá variar entre 0V e 5V à medida que você girar o eixo.

Como seria de esperar, a disposição dos componentes no protoboard (Figura 4-6) é similar à do Projeto 4.

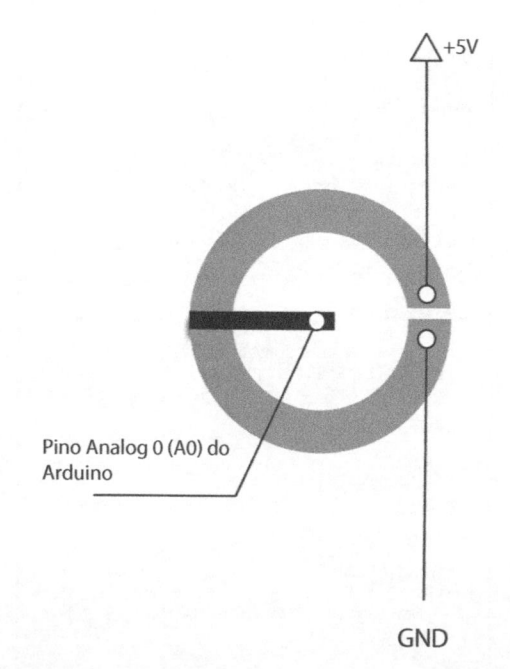

Figura 4-5 O mecanismo interno de um resistor variável.
Fonte: do autor.

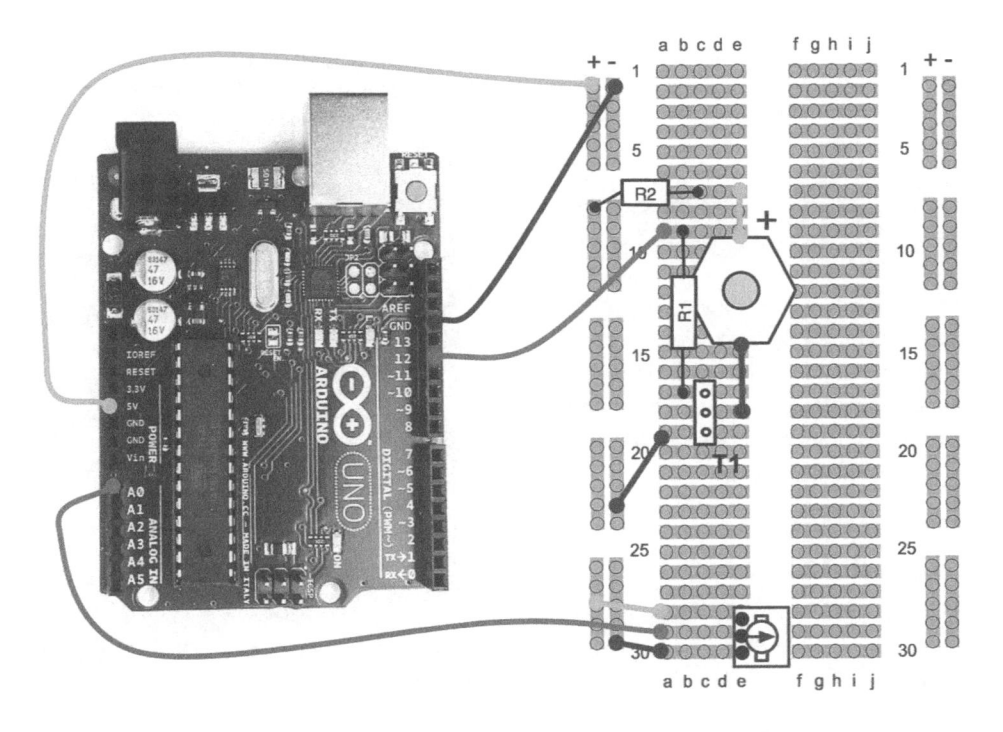

T1- Face metálica para a esquerda, triângulo para a direita.

Figura 4-6 Disposição dos componentes no protoboard para o Projeto 6.
Fonte: do autor.

>> Software

A listagem deste projeto está mostrada aqui. As partes interessantes são: a que faz a leitura do valor na entrada analógica e a que controla a frequência de pisca-pisca.

Para as entradas analógicas, não é necessário usar a função pinMode. Por isso, nada precisamos acrescentar à função setup.

Digamos que queremos variar a frequência de pisca-pisca (flash) entre 1 e 20 vezes por segundo. Os retardos (delays) entre ligar e desligar o LED deverão variar entre 500 e 25 milissegundos, respectivamente.

LISTAGEM DO PROJETO 6

```
int ledPin = 12;
int analogPin = 0;

void setup()
{
  pinMode(ledPin, OUTPUT);
}

void loop()
{
  int period = (1023 -
     analogRead(analogPin)) / 2 + 25;
  digitalWrite(ledPin, HIGH);
  delay(period);
  digitalWrite(ledPin, LOW);
  delay(period);
}
```

Desse modo, se a nossa entrada analógica variar entre 0 e 1023, então o cálculo que precisamos fazer para determinar o retardo do pisca-pisca (flash_delay) é aproximadamente

```
flash_delay = (1023 - analog_value)
              / 2 + 25
```

Assim, um analog_value (valor analógico) de 0 dá um flash_delay de 536 e um analog_value de 1023 dá um flash_delay de 25. Na realidade, deveríamos dividir por um valor ligeiramente maior do que 2, mas as coisas ficam mais fáceis se trabalharmos apenas com números inteiros.

» Juntando tudo

Carregue o sketch completo, que está no Sketchbook do Arduino, e transfira-o para a placa (veja o Capítulo 1).

Você descobrirá que, ao girar o controle do resistor variável no sentido horário, a velocidade do pisca-pisca aumentará, já que a tensão na entrada analógica sobe. Girando no sentido anti-horário, a velocidade diminui.

Construindo um shield

Se você quiser construir um shield para este projeto, você pode fazer uma adaptação no shield do Projeto 4 ou criar um novo shield partindo do zero.

A disposição dos componentes no Protoshield é mostrada na Figura 4-7.

Basicamente, são os mesmos componentes do Projeto 4, exceto que acrescentamos o resistor variável. Os pinos de um resistor variável são espessos demais para encaixarem nos furos do Protoshield. Por isso, você pode montar o resistor usando fios ou, como fizemos aqui, soldar cuidadosamente os terminais nos locais em que encostam na superfície da placa. Para ter alguma resistência mecânica, o resistor variável pode ser primeiro colado no lugar com uma gota de alguma cola adequada. A fiação do resistor variável até 5V, GND e Analog 0

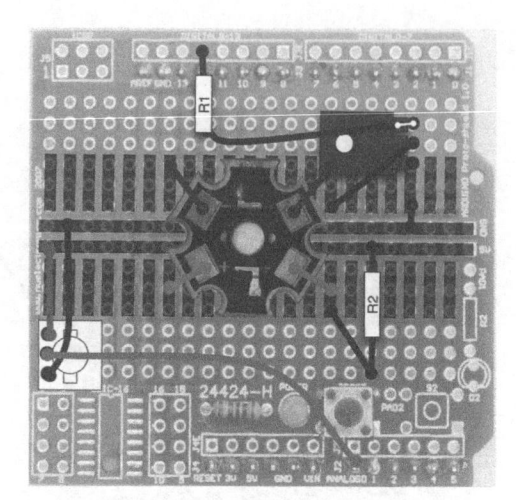

Figura 4-7 Disposição dos componentes do Projeto 6.
Fonte: do autor.

(A0) do Arduino pode ser feita abaixo da superfície, ficando fora da vista.

Após construir o shield, o projeto poderá funcionar sem o computador se o alimentarmos com uma bateria de 9V.

Para alimentar o projeto com uma bateria, precisamos construir um pequeno cabo que tem um clip de bateria PP3 em uma extremidade e um plugue de alimentação elétrica de 2,1 mm na outra extremidade. A Figura 4-8 mostra o cabo sendo montado. Você também pode comprar esses cabos já montados da Sparkfun ou Adafruit e de outros fornecedores.

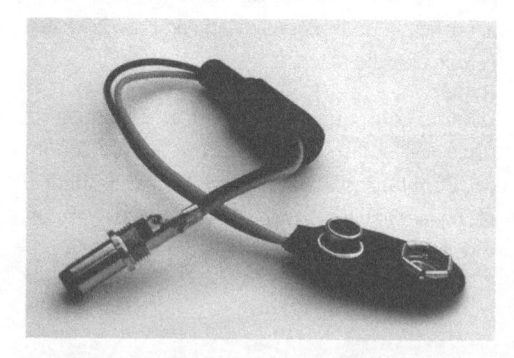

Figura 4-8 Construindo um cabo de bateria.
Fonte: do autor.

Projeto 7
>> Luz para desordem afetiva sazonal (SAD)

A desordem afetiva sazonal (SAD, de *seasonal affective disorder*) atinge um grande número de pessoas, e pesquisas mostraram que a exposição a uma luz branca de alta intensidade, imitando a luz solar, durante 10 a 20 minutos tem efeito benéfico. Para usar este projeto com esse objetivo, sugerimos utilizar um tipo de difusor parecido com um vidro leitoso, porque você não deve olhar diretamente para as fontes luminosas pontuais dos LEDs.

Este é outro projeto baseado em LEDs Luxeon de alto brilho. Usaremos uma entrada analógica conectada a um resistor variável que funcionará como controle de um marcador de tempo. O LED ficará aceso durante um período que pode ser ajustado girando o eixo do resistor variável. Usaremos também uma saída analógica para aumentar, aos poucos, o brilho dos LEDs quando são ligados e, depois, diminuir o brilho quando são desligados.

COMPONENTES E EQUIPAMENTO		
	Descrição	Apêndice
	Arduino Uno ou Leonardo	m1/m2
D1-6	LED Luxeon de 1W	s10
R1-3	Resistor de 1 kohms e 1/4 W	r5
R4-5	Resistor de 4,7 ohms e 1/4 W	r1
R6	Potenciômetro linear de 100K	r12
CI1-2	LM317 Regulador de tensão	s18
T1-2	2N7000 FET	s15
	Fonte de tensão regulada 15V 1A	h8
	Placa perfurada	h9
	Conector KRE triplo	h10

- Observe que este é um dos projetos deste livro em que é necessário fazer soldas.
- Você precisará de seis LEDs Luxeon neste projeto. Se você quiser economizar, acesse sites de leilão online, em que 10 LEDs Luxeon poderão ser adquiridos por um valor entre 10 e 20 dólares.

Para que a luz seja suficientemente intensa para ser usada como luz SAD, utilizaremos seis LEDs Luxeon em vez de apenas um.

No Projeto 8, voltaremos a usar este mesmo hardware para construir uma luz estroboscópica de alta potência.

>> Hardware

Alguns dos pinos digitais – pinos 5, 6, 9, 10 e 11 no Uno, e mais alguns no Leonardo – podem fornecer uma saída variável em vez de 5V ou nada. Esses pinos estão indicados com "PWM" na placa.

PWM significa *pulse-width modulation* (modulação por largura de pulso). É uma forma de controlar o valor da potência em uma saída. Isso é feito ligando e desligando rapidamente a saída.

Os pulsos produzidos sempre são entregues na mesma velocidade (aproximadamente 500 por segundo), mas a sua duração é variada. Se o pulso for longo, o nosso LED estará sempre ligado. Se, entretanto, os pulsos forem curtos, o LED estará aceso apenas durante um período muito curto. Isso acontece rápido demais para que o observador possa perceber que o LED está piscando. O que ele percebe é o LED brilhando com maior ou menor intensidade.

Nós voltaremos a encontrar PWM no Projeto 19, em que será usado para gerar sons.

O valor de saída pode ser ajustado usando a função analogWrite, a qual requer um valor de saída entre 0 e 255, em que 0 significa desligado e 255, potência máxima.

Como você pode ver no diagrama esquemático mostrado na Figura 4-9, os LEDs estão dispostos em duas colunas de três. A alimentação dos LEDs é feita com uma fonte externa de 15V em vez de 5V como havíamos feito antes. Como cada LED consome cerca de 300 mA, cada coluna consumirá em torno de 300 mA, de modo que a fonte deve poder fornecer 0,6A (ou 1A para ter uma margem de segurança).

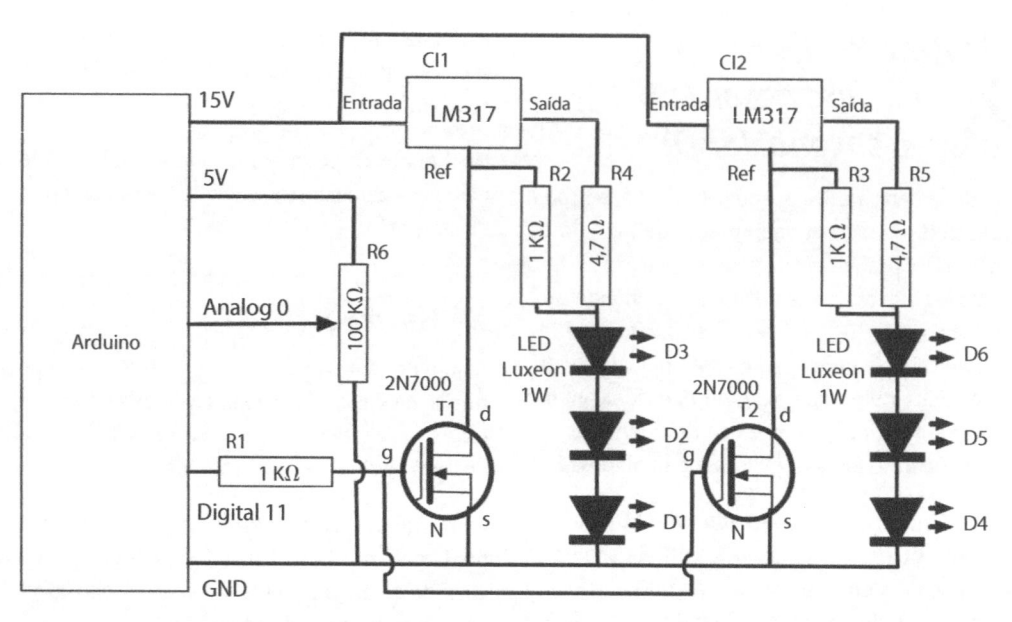

Figura 4-9 Diagrama esquemático do Projeto 7.
Fonte: do autor.

Esse é o diagrama esquemático mais complexo até agora. Estamos utilizando dois circuitos integrados (CIs) reguladores de tensão variável para limiar a corrente que circula nos LEDs. A saída dos reguladores de tensão será normalmente 1,25V mais elevada que a tensão que, está no pino Ref do chip. Isso significa que, se acionarmos os nossos LEDs através de um resistor de 4 ohms, haverá uma corrente de aproximadamente I = V/R, ou 1,25/4 = 312 mA, circulando no resistor (o que está correto).

O transistor de efeito de campo (FET, de *field – effect transistor*) é como o nosso transistor bipolar. Ele atua como uma chave, mas tem uma resistência de saída muito elevada quando está desativado. Assim, quando não está ativado por uma tensão em sua porta, é como se ele não existisse no circuito. Entretanto, quando está ativado, ele faz a tensão do pino Ref do regulador baixar até uma tensão suficientemente baixa para impedir que qualquer corrente circule nos LEDs, desligando-os. Ambos os FETs são controlados a partir do mesmo pino digital 11.

O módulo completo dos LEDs é mostrado na Figura 4-10, e a disposição dos componentes na placa perfurada está na Figura 4-11.

O módulo é construído em uma placa perfurada. Essa placa é simplesmente uma placa com furos. Não há conexões. Assim, ela funciona como uma estrutura na qual você monta os componentes e faz a fiação entre eles na parte de baixo da placa. Isso é feito soldando os seus terminais ou incluindo fios.

Fica mais fácil se você soldar dois fios em cada LED antes de montá-los na placa. É uma boa ideia usar fios coloridos – vermelho para positivo e preto ou

Figura 4-10 Projeto 7: módulo de luzes de alto brilho.
Fonte: do autor.

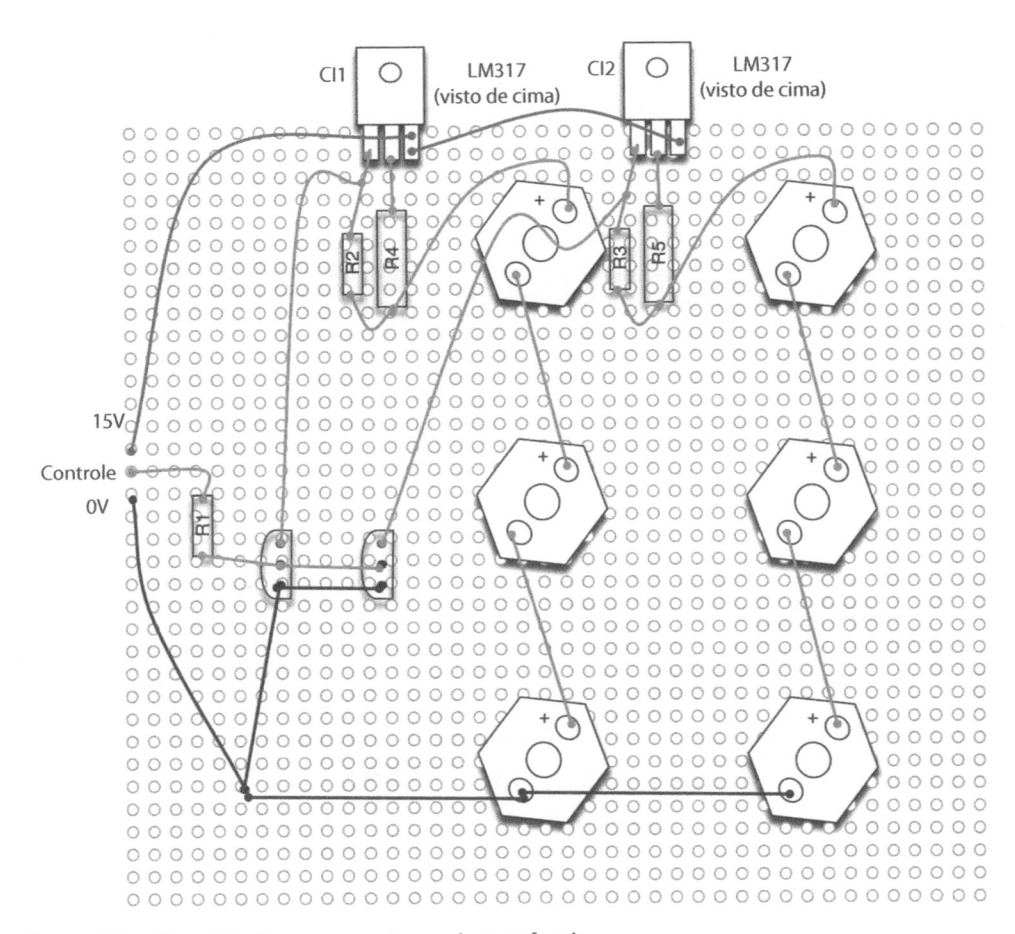

Figura 4-11 Disposição dos componentes na placa perfurada.
Fonte: do autor.

azul para negativo – pois assim você facilmente coloca os LEDs na ordem correta.

Os LEDs aquecerão, de modo que é bom deixar um espaço entre eles e a placa perfurada usando o isolamento do fio como espaçador. O regulador de tensão também aquecerá, mas não haverá problema, mesmo que você não use um dissipador de calor. Na realidade, os circuitos integrados (CIs) do regulador de tensão têm uma proteção térmica interna e automaticamente reduzirão a corrente se começarem a aquecer demais.

O conector KRE triplo da placa é para GND, para 15V e para a entrada de controle da fonte de alimentação. Quando o conector KRE triplo for conectado à placa de Arduino, a tensão de 15V virá do pino Vin do Arduino. Por sua vez, a tensão do pino Vin será fornecida por uma fonte de alimentação.

O nosso módulo de LEDs de alta potência será utilizado em outros projetos. Por isso, vamos encaixar o resistor variável diretamente na barra Analog In de pinos de conexão da placa do Arduino. O espaçamento dos terminais de um resistor variável tem um quinto de polegada. Isso significa que, se o terminal central for inserido em Analog 2, os outros dois terminais estarão em Analog 0 e Analog 4. Esse arranjo pode ser visto na Figura 4-12.

Para ter 5V em um dos terminais do nosso resistor variável e 0V no outro terminal, vamos ajustar as saídas dos pinos analógicos 0 e 4 para 0V e 5V, respectivamente.

» Software

No início do sketch, após as variáveis usadas para os pinos, temos mais quatro variáveis: startupSeconds, turnOffSeconds, minOnSeconds e maxOnSeconds. Essa é uma prática comum em programação. Atribuindo a variáveis os valores que queremos modificar e tornando-as visíveis no início do sketch, poderemos alterá-las facilmente.

LISTAGEM DO PROJETO 7

```
int ledPin = 11;
int analogPin = A2;

int startupSeconds = 20;
int turnOffSeconds = 10;
int minOnSeconds = 300;
int maxOnSeconds = 1800;

int brightness = 0;

void setup()
{
  pinMode(ledPin, OUTPUT);
  digitalWrite(ledPin, HIGH);
  pinMode(A0, OUTPUT);                                    // usar os pinos Analog 0 e 4 para
  pinMode(A4, OUTPUT);                                    // o resistor variável
  digitalWrite(A4, HIGH);
  int analogIn = analogRead(analogPin);
  int onTime = map(analogIn, 0, 1023, minOnSeconds, maxOnSeconds);
  turnOn();
  delay(onTime * 1000);
  turnOff();
}

void turnOn()
{
  brightness = 0;
  int period = startupSeconds * 1000 / 256;
  while (brightness < 255)
  {
    analogWrite(ledPin, 255 - brightness);
    delay(period);
    brightness ++;
  }
}

void turnOff()
  {
    int period = turnOffSeconds * 1000 / 256;
    while (brightness >= 0)
    {
      analogWrite(ledPin, 255 - brightness);
      delay(period);
      brightness -;
    }
  }
void loop()
{}
```

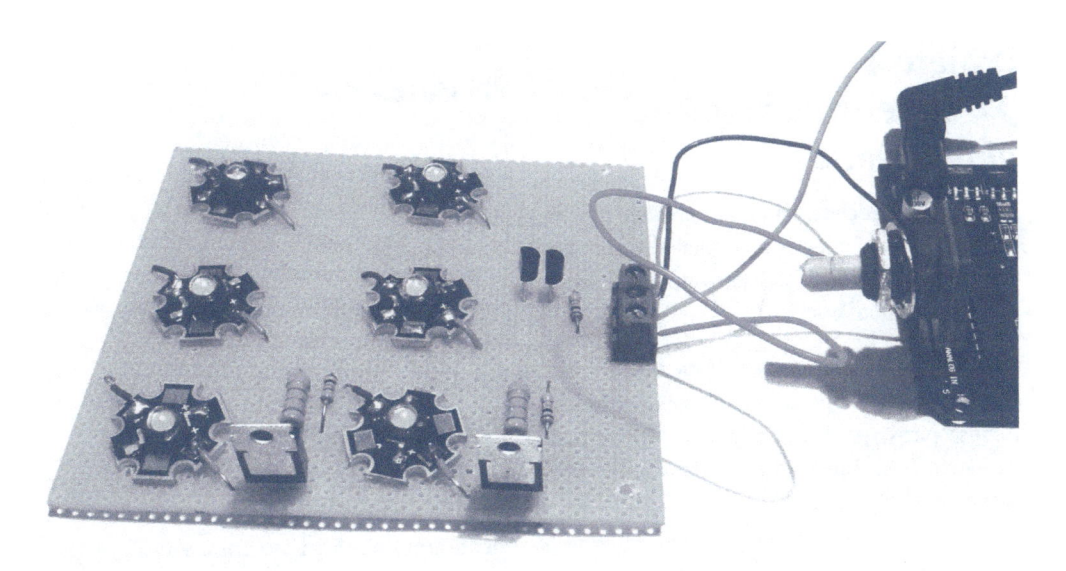

Figura 4-12 Projeto 7: luz SAD.
Fonte: do autor.

A variável startupSeconds define a duração do período inicial em que o brilho dos LEDs é aumentado gradativamente até alcançar o máximo. De modo similar, a variável turnOffSeconds define o período final em que o brilho dos LEDs diminui. As variáveis minOnSeconds e maxOnSeconds determinam o intervalo dos tempos que podem ser ajustados pelo resistor variável.

Nesse sketch, nada há na função loop. Em vez disso, todo o código está em setup. Assim, as luzes começarão imediatamente a acender quando a energia elétrica for ligada. Quando terminar o ciclo, as luzes permanecerão desligadas até que o botão Reset seja pressionado.

O período inicial de aumento lento do brilho é obtido aumentando gradualmente o valor da saída analógica de 1 em 1. Isso é realizado em um laço while, em que o retardo é ajustado para 1/255 do período inicial, de modo que, após 255 passos, o brilho máximo é atingido. O período final de diminuição lenta do brilho funciona de modo similar.

A duração do período em que os LEDs permanecem com o brilho máximo é ajustada pela entrada analógica. Assumindo que desejamos um intervalo de tempo que vai de 5 até 30 minutos, precisamos converter o valor de 0 a 1023 em um número de segundos entre 300 e 1800. Felizmente, existe uma função útil no Arduino que pode fazer isso. A função map recebe cinco argumentos: o valor que você deseja converter, o valor de entrada mínimo (0, neste caso), o valor de entrada máximo (1023), o valor de saída mínimo (300) e o valor de saída máximo (1800).

» Juntando tudo

Carregue o sketch completo do Projeto 7, que está no Sketchbook do Arduino, e transfira-o para a placa (veja o Capítulo 1).

Em seguida, você precisa fazer as conexões entre Vin, GND e o pino digital 11 do Arduino com o conector KRE triplo do módulo de LEDs (Figura 4-12). Insira o plugue de 15V no jack de alimentação elétrica da placa do Arduino. Agora, você está pronto para fazer os testes.

Para iniciar novamente a sequência, clique no botão Reset.

Projeto 8
» Luz estroboscópica de alta potência

Neste projeto, você poderá usar o módulo de seis LEDs Luxeon do Projeto 7 ou o shield Luxeon que construímos no Projeto 4. O software será quase o mesmo em ambos os casos.

Nesta versão de luz estroboscópica, utilizaremos comandos para controlar os efeitos luminosos estroboscópicos a partir do computador. Enviaremos os seguintes comandos através da conexão USB usando o Serial Monitor:

0-9	Ajusta a velocidade com os seguintes comandos: de 0 - desligado até 9 - muito rápido.
w	Efeito ondulatório (wave). O brilho varia gradualmente entre nulo e máximo.
s	Efeito estroboscópico.

» Hardware

Em relação a componentes e detalhes de construção, veja o Projeto 4 (tradutor de código Morse usando um shield de LEDs Luxeon) ou o Projeto 7 (conjunto de seis LEDs Luxeon). Observe que, se optar por usar novamente o Projeto 7, você precisará modificar ledPin no sketch para que seja usado o pino 11 em vez do 12.

» Software

Este sketch usa a função trigonométrica sin (seno) para produzir um efeito bonito com brilho lentamente crescente. Fora isso, em sua maior parte, as técnicas usadas neste sketch são as dos projetos anteriores.

LISTAGEM DO PROJETO 8

```
int ledPin = 12;

int period = 100;

char mode = 'o'; // o-desligado, s-strobe, w-ondulatório

void setup()
{
  pinMode(ledPin, OUTPUT);
  analogWrite(ledPin, 255);
  Serial.begin(9600);
}

void loop()
{
  if (Serial.available())
  {
    char ch = Serial.read();
    if (ch == '0')
    {
      mode = 0;
      analogWrite(ledPin, 255);
    }
    else if (ch > '0' && ch <= '9')
```

LISTAGEM DO PROJETO 8

```
    {
      setPeriod(ch);
    }
    else if (ch == 'w' || ch == 's')
    {
      mode = ch;
    }
  }
  if (mode == 'w')
  {
    waveLoop();
  }
  else if (mode == 's')
  {
    strobeLoop();
  }
}

void setPeriod(char ch)
{
  int period1to9 = 9 - (ch - '0');
  period = map(period1to9, 0, 9, 50, 500);
}

void waveLoop()
{
  static float angle = 0.0;
  angle = angle + 0.01;
  if (angle > 3.142)
  {
    angle = 0;
  }
  // analogWrite(ledPin, 255 - (int)255 * sin(angle));    // com protoboard
  analogWrite(ledPin, (int)255 * sin(angle));             // com shield
  delay(period / 100);
}

void strobeLoop()
{
  //analogWrite(ledPin, 0);         // com protoboard
  analogWrite(ledPin, 255);         // com shield
  delay(10);
  //analogWrite(ledPin, 255);       // com protoboard
  analogWrite(ledPin, 0);           // com shield
  delay(period);
}
```

❯❯ Juntando tudo

Carregue o sketch completo, que está no Sketchbook do Arduino, e transfira-o para a placa (veja o Capítulo 1).

Inicialmente, quando você instalar o sketch e colocar o shield Luxeon ou conectar o painel Luxeon com seis LEDs de alto brilho, os LEDs estarão desligados. Abra a janela do Serial Monitor, digite **s** e pressione RETURN. Com isso, os LEDs começarão a piscar. Experimente os comandos de velocidade de 1 a 9. A seguir, digite o comando **w** para entrar em modo ondulatório.

❯❯ Geração de números aleatórios

Os computadores são determinísticos. Se você fizer a mesma pergunta duas vezes, você obterá a mesma resposta. Entretanto, algumas vezes você gostaria que não fosse assim.

Isso pode ser útil em algumas circunstâncias – por exemplo, um "passeio aleatório", no qual um robô gira aleatoriamente e, em seguida, anda para frente uma distância aleatória ou até que colida com alguma coisa, quando então dá marcha ré e gira novamente. Esse modo aleatório de deslocamento garante que o robô cubra totalmente a área de uma sala. Isso poderá não ocorrer com um algoritmo determinístico, que pode levar o robô a ficar preso dentro de um padrão repetitivo de deslocamento.

A biblioteca do Arduino inclui uma função que cria números aleatórios. É a função random.

Há dois tipos de função random. Uma que recebe dois argumentos (mínimo e máximo) e outra que recebe um único argumento (máximo). Neste caso, assume-se que o mínimo é 0.

Entretanto, tenha cuidado porque o argumento máximo pode confundir. O maior número aleatório que você pode obter é, na realidade, o máximo menos um.

Assim, a linha seguinte atribuirá a *x* um valor entre 1 e 6:

```
int x = random(1, 7);
```

E a linha a seguir atribuirá a *x* um valor entre 0 e 9:

```
int x = random(10);
```

Como dissemos no início desta seção, os computadores são determinísticos e, na realidade, os nossos números aleatórios não são aleatórios, mas sim um conjunto de números com uma distribuição aleatória. Na verdade, você sempre obtém a mesma sequência de números quando executa o sketch.

Uma segunda função, denominada randomSeed (semente aleatória) permite que isso seja controlado. A função randomSeed determina em que ponto da sequência de números pseudoaleatórios o gerador de números aleatórios iniciará.

Uma boa maneira de definir esse valor inicial (semente) é usando o valor de uma entrada analógica desconectada, porque ela estará "flutuando" com diversos valores e dará no mínimo 1.000 valores iniciais diferentes para a nossa sequência aleatória. Isso não funcionaria na loteria, mas é aceitável para nossas aplicações. Números realmente aleatórios são difíceis de ser produzidos e necessitam de hardware especial.

Projeto 9
❯❯ *Dado com LEDs*

Este projeto usa o que acabamos de aprender sobre números aleatórios. Construiremos um dado eletrônico com seis LEDs e um botão. Sempre que você apertar o botão, os LEDs mostrarão diversos valores durante algum tempo antes de parar e, piscando, exibirão um valor final.

COMPONENTES E EQUIPAMENTO		
	Descrição	Apêndice
	Arduino Uno ou Leonardo	m1/m2
D1-7	LED comum de qualquer cor	s1-s6
R1-7	Resistor de 270 Ω e 1/4 W	r3
S1	Chave miniatura normalmente aberta	h3
	Protoboard	h1
	Fios de conexão (jumpers)	h2

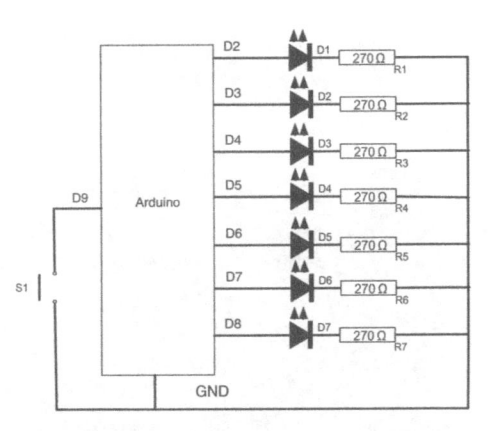

Figura 4-13 Diagrama esquemático do Projeto 9.
Fonte: do autor.

» Hardware

O diagrama esquemático do Projeto 9 está mostrado na Figura 4-13. Cada LED é acionado por uma saída digital própria através de um resistor limitador de corrente. Os dois outros componentes são a chave e o seu respectivo resistor interno de pull-up. Todos os resistores e LEDs são os mesmos. Por essa razão, não receberam rótulos individuais.

Embora um dado só tenha uma face com um máximo de seis pontos, ainda assim precisaremos de sete LEDs para dispor do ponto central, que é usado quando são mostradas as faces com um número ímpar de pontos.

A Figura 4-14 mostra a disposição dos componentes no protoboard, e a Figura 4-15, o protoboard pronto.

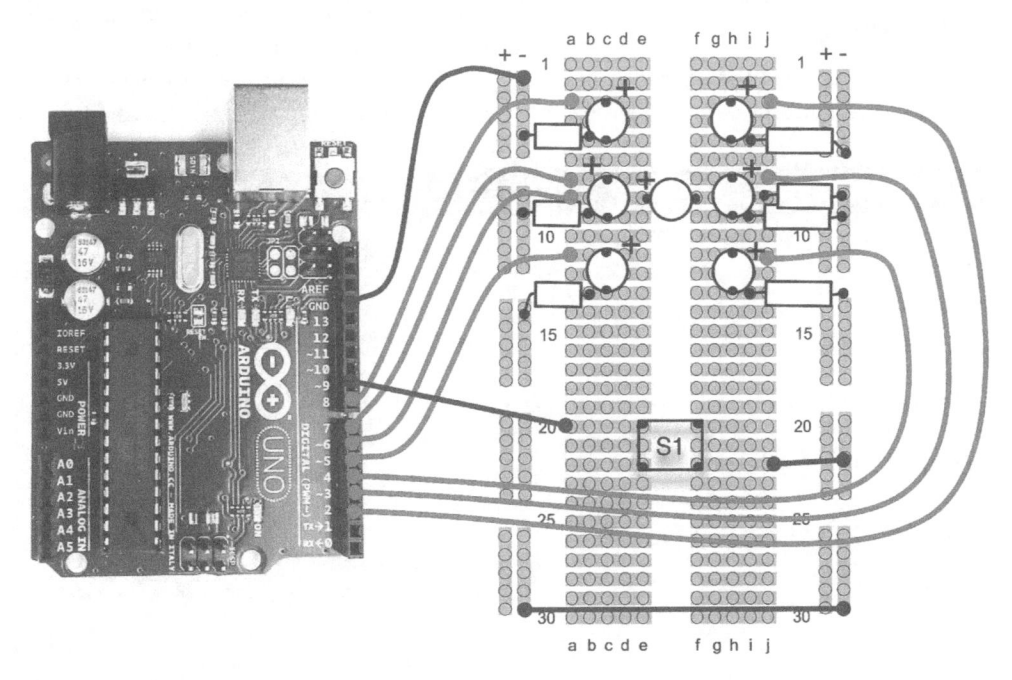

Figura 4-14 Protoboard pronto do Projeto 9.
Fonte: do autor.

Figura 4-15 Projeto 9: dado com LEDs.
Fonte: do autor.

» Software

Este sketch é bem simples e há alguns detalhes que fazem o dado se comportar de modo semelhante a um dado real. Por exemplo, à medida que o dado rola, o número vai mudando, cada vez mais lentamente. Além disso, o intervalo de tempo durante o qual o dado fica rolando também é aleatório.

LISTAGEM DO PROJETO 9

```
int ledPins[7] = { 2, 3, 4, 5, 7, 8, 6 };
int dicePatterns[7][7] =                // array com as configurações de pontos (LEDs)
{
  {0, 0, 0, 0, 0, 0, 1},                // 1
  {0, 0, 1, 1, 0, 0, 0},                // 2
  {0, 0, 1, 1, 0, 0, 1},                // 3
  {1, 0, 1, 1, 0, 1, 0},                // 4
  {1, 0, 1, 1, 0, 1, 1},                // 5
  {1, 1, 1, 1, 1, 1, 0},                // 6
  {0, 0, 0, 0, 0, 0, 0}                 // APAGADO
};

int switchPin = 9;                      // definição do pino da chave
int blank = 6;                          // variável correspondente a todos LEDs apagados

void setup()
{
  for (int i = 0; i < 7; i++)           // inicialização dos LEDs (saída e apagados)
```

LISTAGEM DO PROJETO 9

```
  {
    pinMode(ledPins[i], OUTPUT);
    digitalWrite(ledPins[i], LOW);
  }
  pinMode(switchPin, INPUT_PULLUP);       // modo do pino da chave (entrada com pull-up)
  randomSeed(analogRead(0));              // obtenção da "semente" aleatória
}


void loop()
{
  if (digitalRead(switchPin))
  {
    rollTheDice();                        // fazer lançamento do dado
  }
  delay(100);
}

void rollTheDice()                        // função de lançamento do dado
{
  int result = 0;
  int lengthOfRoll = random(15, 25);      //duração do lançamento do dado
  for (int i = 0; i < lengthOfRoll; i++)
  {
    result = random(0, 6);                // o resultado será 0 a 5, não 1 a 6
    show(result);                         // exibir o dado
    delay(50 + i * 10);                   // período variável de espera
  }
  for (int j = 0; j < 3; j++)
  {
    show(blank);                          // exibir o dado com todos LEDs apagados
    delay(500);                           // período de meio segundo de espera
    show(result);                         // exibir o dado com LEDs acesos
    delay(500);                           // período de meio segundo de espera
  }
}

void show(int result)                     // função de exibição do dado
{

  for (int i = 0; i < 7; i++)
  {
  digitalWrite(ledPins[i], dicePatterns[result][i]);
  }
}
```

Neste projeto, como temos sete LEDs para serem inicializados, vale a pena colocá-los em um array e usar um laço de repetição (for) para inicializar cada pino. Dentro de setup, temos também uma chamada para a função randomSeed (semente aleatória). Se ela não estivesse aqui, sempre que inicializássemos a placa, teríamos as mesmas sequências de lançamento de dado. Como teste, você pode desativar esse comando, colocando // na frente da respectiva linha no sketch. Observe como, após cada reset, as sequências repetem-se. Se omitir essa linha e estiver jogando com alguém, você poderá prever o resultado de cada lançamento do dado.

O array dicePatterns (configurações ou padrões do dado) define quais LEDs devem estar acesos ou apagados em cada lançamento de dado. Assim, cada linha do array é, na realidade, ela própria um array de sete elementos, cada um em nível HIGH (alto, ou 1) ou LOW (baixo, ou 0). Quando temos que exibir um lançamento do dado em particular, precisamos simplesmente exibir a linha correspondente ao lançamento, ligando ou desligando apropriadamente cada LED.

>> Juntando tudo

Carregue o sketch completo do Projeto 9, que está no Sketchbook do Arduino, e transfira-o para a placa (veja o Capítulo 1).

>> *Resumo*

Neste capítulo, conhecemos diversos tipos de LEDs e utilizamos algumas técnicas de software para controlá-los. No Capítulo 5, investigaremos alguns tipos diferentes de sensores, usando-os como entradas em nossos projetos.

capítulo 5

Projetos com sensores

Os sensores convertem medidas feitas no mundo real em sinais eletrônicos que podem ser utilizados em nossas placas de Arduino. Todos os projetos deste capítulo envolvem luz e temperatura. Veremos como construir interfaces com teclados e com encoders rotativos.

Objetivos deste capítulo

- » Identificar diversos tipos de sensores.
- » Utilizar uma interface com teclado.
- » Empregar encoders rotativos.
- » Explicar como funcionam os sensores luminosos.
- » Construir um medidor de batimentos cardíacos.
- » Construir um medidor de temperatura utilizando um termistor.
- » Listar os dados lidos por um Sketch em uma planilha.

Projeto 10
>> *Código secreto com teclado numérico*

Este é um projeto que merece estar na residência de qualquer projetista criativo. Um código secreto deve ser digitado no teclado e, se estiver correto, um LED verde acenderá. Em caso contrário, um LED vermelho permanecerá aceso. No Projeto 27, voltaremos a este projeto e mostraremos como, além de acender o LED apropriado, poderemos também controlar uma fechadura.

COMPONENTES E EQUIPAMENTO		
	Descrição	Apêndice
	Arduino Uno ou Leonardo	m1/m2
D1	LED vermelho de 5 mm	s1
D2	LED verde de 5 mm	s2
R1-2	Resistor de 270 ohms e 1/4 W	r3
K1	Teclado numérico 4 por 3	h11
	Barra de pinos machos de 0,1 polegada	h12
	Protoboard	h1
	Fios de conexão (jumpers)	h2

Infelizmente, os teclados numéricos não costumam ter pinos acoplados. Por essa razão, teremos de incluí-los, e a única maneira de fazer isso é soldando-os. Desse modo, este será mais um de nossos projetos em que você terá que fazer algumas soldas.

>> Hardware

O diagrama esquemático do Projeto 10 está mostrado na Figura 5-1. Agora, você já conhece os LEDs, e o novo componente será o teclado.

Normalmente, os teclados são estruturados na forma de uma grade, de modo que, quando uma tecla é pressionada, uma linha é conectada a uma coluna. A Figura 5-2 mostra uma configuração típica de um teclado de 12 teclas com números de 0 a 9 e teclas * e #.

As chaves das teclas estão dispostas na intersecção dos fios das filas e colunas. Quando uma tecla é pressionada, a sua chave conecta uma dada fila com uma coluna em particular.

Desse modo, dispor as chaves em uma grade significa que precisamos usar apenas 7 (4 linhas + 3 colunas) de nossos pinos digitais em vez de 12 (um para cada chave).

Entretanto, isso também significa que o software terá que trabalhar mais para determinar quais são as chaves que estão sendo pressionadas. A abordagem básica que devemos adotar consiste em conectar uma linha a uma saída digital, e cada coluna a uma entrada digital. A seguir, colocamos cada saída, uma de cada vez, em nível alto e verificamos qual das entradas está em nível alto.

A Figura 5-3 mostra como você pode soldar sete pinos de uma barra de pinos machos no teclado. Os pinos machos são comprados em barras, de modo que você pode cortá-las no tamanho que contém o número adequado de pinos.

Agora, precisamos descobrir qual pino do teclado corresponde a qual linha ou coluna. Se tivermos sorte, o teclado já virá com uma folha de especificações mostrando essas conexões. Se não, teremos que fazer um trabalho de detetive com auxílio de um multímetro. Coloque-o no modo de teste de continuidade. Se o multímetro dispuser de indicação sonora (bipe), ele também a produzirá quando as ponteiras entrarem em contato. A seguir, pegue uma folha de papel e desenhe um diagrama das conexões do teclado, indicando cada pino com uma letra – de **a** até **g**. Faça também uma lista de todas as teclas. Agora, mantendo pressionada uma tecla de cada vez, encontre o par de pinos que faz o multímetro emitir um bipe, mostrando uma conexão (Figura 5-4). Solte a tecla para verificar se você realmente encontrou o par correto. Depois de algum tempo, você verá surgir um padrão mostrando como os pinos conectam-se às filas e colunas. A Figura 5-4 mostra a configuração do teclado utilizado aqui.

O protoboard com a disposição completa dos componentes e as ligações está mostrado na Figura 5-5, e o protoboard já montado está na Figura 5-6.

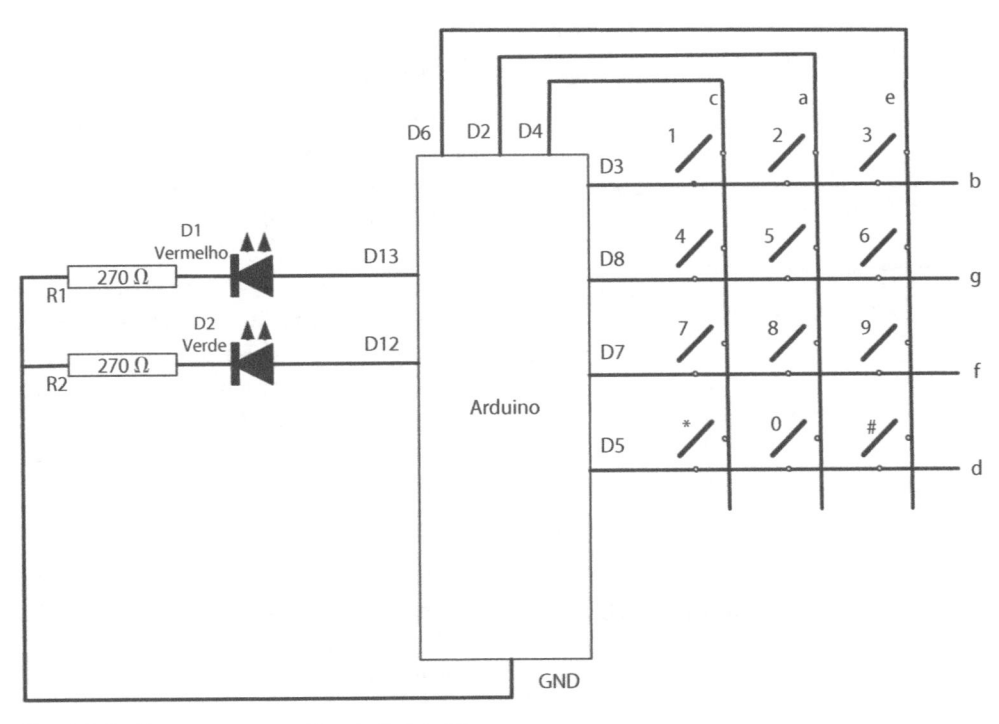

Figura 5-1 Diagrama esquemático do Projeto 10.
Fonte: do autor.

Observe que seu teclado pode ter uma conexão diferente de pinos. Se for o caso, você deverá alterar as ligações adequadamente.

Você talvez tenha notado que, próximo dos pinos digitais 0 e 1, há duas indicações: "TX" e "RX". Esses pinos também podem ser usados pela placa do Arduino para realizar comunicações seriais, incluindo a conexão USB. Costuma-se evitar o uso desses pinos em tarefas comuns de entrada e saída, de modo que as comunicações seriais, incluindo a

Figura 5-2 Um teclado de 12 teclas.
Fonte: do autor.

Figura 5-3 Soldando os pinos ao teclado.
Fonte: do autor.

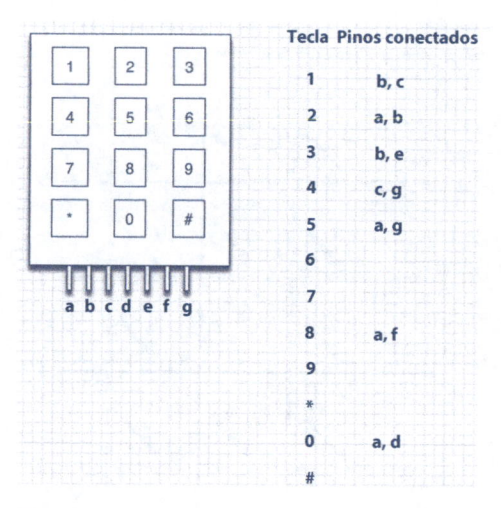

Tecla	Pinos conectados
1	b, c
2	a, b
3	b, e
4	c, g
5	a, g
6	
7	
8	a, f
9	
*	
0	a, d
#	

Figura 5-4 Pesquisando as conexões do teclado.
Fonte: do autor.

programação do Arduino, possam ser feitas sem a necessidade de desconectar fios.

» Software

Você poderia simplesmente escrever um sketch que põe em nível alto (HIGH) cada uma das saídas das linhas e que lê as entradas para obter as coordenadas de uma tecla pressionada. Na realidade, essa leitura é bem mais complexa porque, quando você pressiona as chaves, elas nem sempre se comportam de forma ideal. É muito provável que, ao serem pressionados, os teclados e as chaves de contato momentâneo realizem o que se denominada "bouncing". Isso ocorre quando uma chave não passa diretamente da condição de chave aberta para a de chave fechada. Quando se pressiona um botão, a chave pode abrir e fechar diversas vezes até finalmente ficar fechada.

Felizmente, Mark Stanley e Alexander Brevig criaram uma biblioteca denominada Keypad (teclado). Ela contém funções que podem ser utilizadas com teclados e tratam da questão do bouncing das chaves.

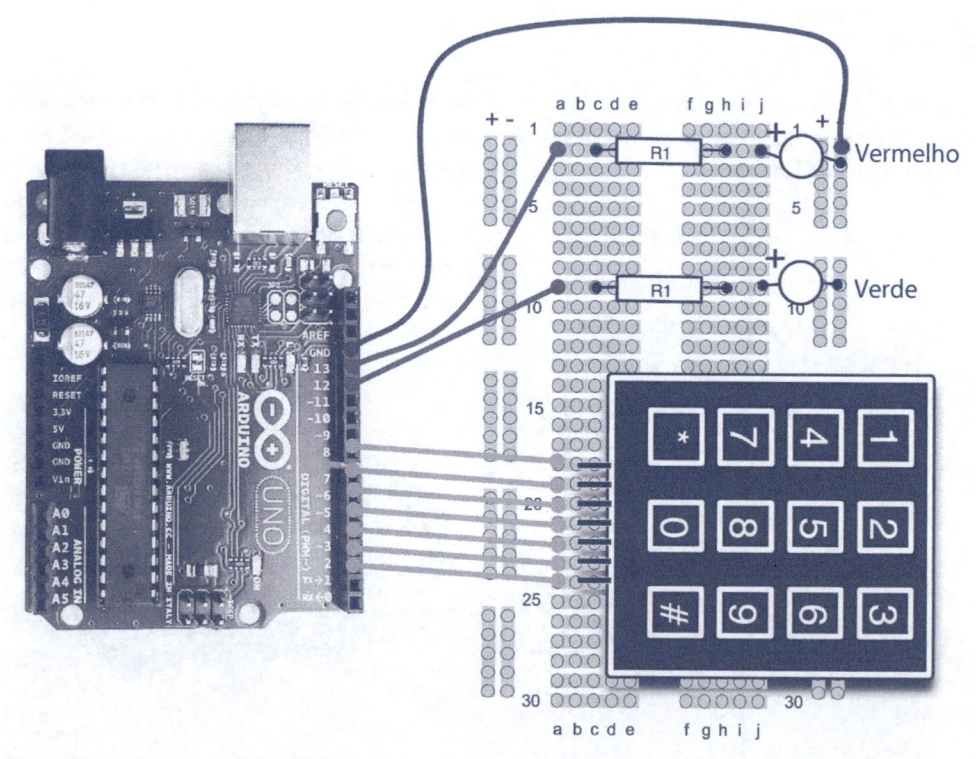

Figura 5-5 Disposição dos componentes no protoboard do Projeto 10.
Fonte: do autor.

Figura 5-6 Projeto 10: Código Secreto com Teclado Numérico.
Fonte: do autor.

Essa é uma boa oportunidade para demonstrar como instalar uma biblioteca no software do Arduino.

Além das bibliotecas que acompanham o Arduino, muitas pessoas desenvolvem as suas próprias bibliotecas e prestam um favor divulgando-as na comunidade do Arduino.

Para utilizar a biblioteca Keypad, primeiro precisamos baixá-la do site do Arduino em: www.arduino.cc/playground/Code/Keypad.

A seguir, descreveremos como fazer o download de keypad.zip e a instalação da biblioteca Keypad (teclado).

Se você estiver usando Windows, Mac ou Linux, você verá que o software do Arduino criou uma pasta denominada "Arduino" no diretório "Meus Documentos" do Desktop. Todas as bibliotecas que você baixa devem ser instaladas em uma pasta "libraries" (bibliotecas) que está dentro dessa pasta "Arduino". Se esta é a primeira vez que você instala uma biblioteca, você deverá primeiro criar a pasta "libraries" dentro de "Arduino".

A Figura 5-7 mostra como, dento de "libraries", você pode fazer unzip para instalar a pasta Keypad a partir do arquivo Zip baixado.

Quando essa pasta estiver corretamente instalada, você poderá usá-la em qualquer sketch que escrever.

Você poderá verificar se a biblioteca está instalada corretamente executando o software do Arduino e selecionando a opção "Examples" (exemplos) do menu File (arquivo). Agora você verá que há uma nova opção indicando a biblioteca Keypad (Figura 5-8).

O sketch da aplicação está mostrado na Listagem do Projeto 10. Você talvez tenha que alterar os conteúdos dos arrays rowPins (pinos das linhas) e colPins (pinos das colunas) de suas chaves, de modo que estejam de acordo com a disposição no seu teclado, como já discutimos na seção de hardware.*

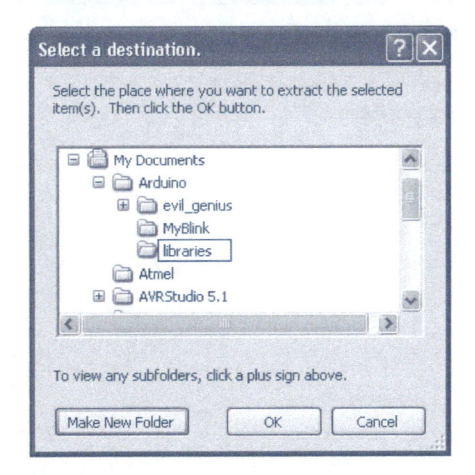

Figura 5-7 Fazendo unzip para instalar a biblioteca Keypad em Windows.
Fonte: do autor.

---

* N. de T.: Observe a primeira linha do sketch, em que a biblioteca Keypad é incluída. Observe também, ao longo do sketch, o uso de recursos dessa biblioteca na forma de chamadas como keypad.getKey() e outras. Para mais detalhes, acesse www.arduino.cc/playground/Code/Keypad e http://playground.arduino.cc//Main/KeypadTutorial.

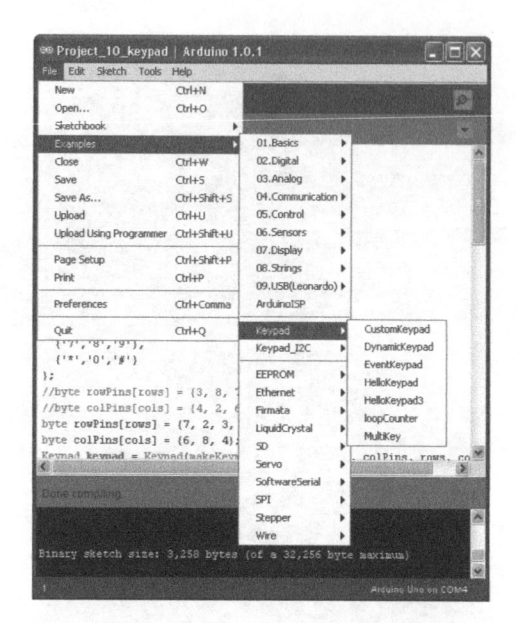

Figura 5-8 Verificando a instalação.
Fonte: do autor.

LISTAGEM DO PROJETO 10

```
#include <Keypad.h>

char* secretCode = "1234";              // código secreto
int position = 0;                        // variável auxiliar de posição

const byte rows = 4;                     // número de linhas
const byte cols = 3;                     // número de colunas
char keys[rows][cols] =                  // array com a definição das teclas
{
  {'1','2','3'},
  {'4','5','6'},
  {'7','8','9'},
  {'*','0','#'}
};
byte rowPins[rows] = {7, 2, 3, 5};       // array com os pinos das linhas
byte colPins[cols] = {6, 8, 4};          // array com os pinos das colunas
Keypad keypad =
Keypad(makeKeymap(keys), rowPins, colPins, rows, cols); // criação do teclado

int redPin = 13;                         // pino do LED vermelho (fechadura trancada)
int greenPin = 12;                       // pino do LED verde (libera)

void setup()
{
  pinMode(redPin, OUTPUT);
  pinMode(greenPin, OUTPUT);
  setLocked(true);                       // o LED vermelho é ligado indicando que o sistema
}                                        // está trancado (locked)
```

LISTAGEM DO PROJETO 10

```
void loop()                                 // laço que verifica se uma tecla foi pressionada
{                                           // e se seu valor coincide com um dígito do código
  char key = keypad.getKey();               // secreto. Isso é repetido para cada dígito do
  if (key == '*' || key == '#')             // código até liberar o sistema ou mantê-lo
  {                                         // trancado.
    position = 0;
    setLocked(true);
  }
  if (key == secretCode[position])
  {
    position ++;
  }
  if (position == 4)
  {
    setLocked(false);
  }
  delay(100);
}

void setLocked(int locked)                  // definição da função que acende o LED vermelho
{                                           // indicando que o sistema está trancado (locked)
  if (locked)                               // ou o LED verde indicando que foi liberado.
  {
    digitalWrite(redPin, HIGH);
    digitalWrite(greenPin, LOW);
  }
  else
  {
    digitalWrite(redPin, LOW);
    digitalWrite(greenPin, HIGH);
  }
}
```

Esse sketch é bem simples. A função loop verifica se uma tecla foi pressionada. Se a tecla pressionada for # ou *, o valor da variável position (posição) retorna a 0. Por outro lado, se a tecla pressionada for uma das numéricas, a função loop verifica se o próximo dígito que está sendo esperado do código secreto (secretCode[position]) é igual à tecla recém-pressionada. Em caso afirmativo, a variável position é incrementada em 1 pela função loop. Finalmente, a função loop verifica se a variável position chegou a 4. Se for o caso, a função loop liga o LED verde, indicando que o sistema foi liberado – por exemplo, destrancando uma fechadura elétrica que estava fechada.

» Juntando tudo

Carregue o sketch completo do Projeto 10, que está no Sketchbook do Arduino, e transfira-o para a placa (veja o Capítulo 1).

Se você encontrar dificuldades para fazê-lo funcionar, então pode ser que haja um problema com a disposição dos pinos do seu teclado. Nesse caso, usando o multímetro, confira o mapeamento das conexões dos pinos.

≫ Encoders rotativos

Já nos deparamos com resistores variáveis, os quais mudam sua resistência quando giramos o botão. Esses componentes costumam estar por trás da maioria dos botões que você controla em um equipamento eletrônico. Contudo, há uma alternativa: o encoder rotativo. Se você tiver algum equipamento de áudio ou vídeo no qual algum botão pode ser girado indefinidamente, então provavelmente há um encoder rotativo por trás.

Alguns encoders rotativos, ou simplesmente encoders, também dispõem de um botão de pressão (P) tal que, após girar o encoder, pode ser pressionado acionando uma chave interna de contato momentâneo (push-buttom). Isso é particularmente útil para fazer uma escolha de um menu utilizando uma tela de display de cristal líquido (LCD).

Um encoder rotativo é um dispositivo digital que tem duas saídas ou canais (A e B). Quando você gira o botão, ocorrem alterações na saída de modo tal que é possível determinar se o botão está girando em sentido horário ou anti-horário.

A Figura 5-9 mostra como os sinais modificam-se quando o botão do encoder é girado. No sentido horário, os pulsos irão se modificar como se estivéssemos em deslocamento da esquerda para a direita no diagrama. No sentido anti-horário, os pulsos irão se modificar como se nos deslocássemos da direita para a esquerda no diagrama.

Desse modo, se A e B estiverem em nível baixo e, em seguida, B tornar-se alto (indo da fase 1 para a 2), isso indicará que estamos girando o botão no sentido horário. Um giro no sentido horário também será indicado por A em nível baixo, B em nível alto, e então A tornando-se alto (indo da fase 2 para a 3), etc. Entretanto, se A estiver alto e B estiver baixo e, em seguida, B ficar alto, teremos nos deslocado da fase 4 para a 3 e, portanto, estaremos girando no sentido anti-horário.

Projeto 11
≫ Modelo de sinalização para semáforo com encoder

Este projeto usa um encoder, com botão de pressão, para controlar a sequência de luzes de um semáforo e baseia-se no Projeto 5. É uma versão muito mais realística de um controlador de semáforo e, na realidade, não está muito distante da lógica que você encontra em um controlador de semáforo real.

Ao girar o encoder, você modificará a velocidade do sequenciamento das luzes. Para testar as luzes, você deve pressionar o botão. Todas as luzes permanecem acesas enquanto você mantém pressionado o botão.

COMPONENTES E EQUIPAMENTO		
	Descrição	Apêndice
	Arduino Uno ou Leonardo	m1/m2
D1	LED vermelho de 5 mm	s1
D2	LED amarelo de 5 mm	s3
D3	LED verde de 5 mm	s2
R1-R3	Resistor de 270 ohms e 1/4 W	r3
S1	Encoder rotativo com chave	h13
	Protoboard	h1
	Fios de conexão (jumpers)	h2

≫ Hardware

O diagrama esquemático do Projeto 11 está mostrado na Figura 5-10. A maior parte do circuito é igual ao Projeto 5, exceto que agora temos um encoder.

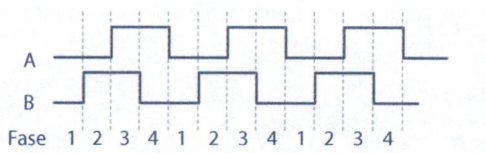

Figura 5-9 Pulsos de um encoder.
Fonte: do autor.

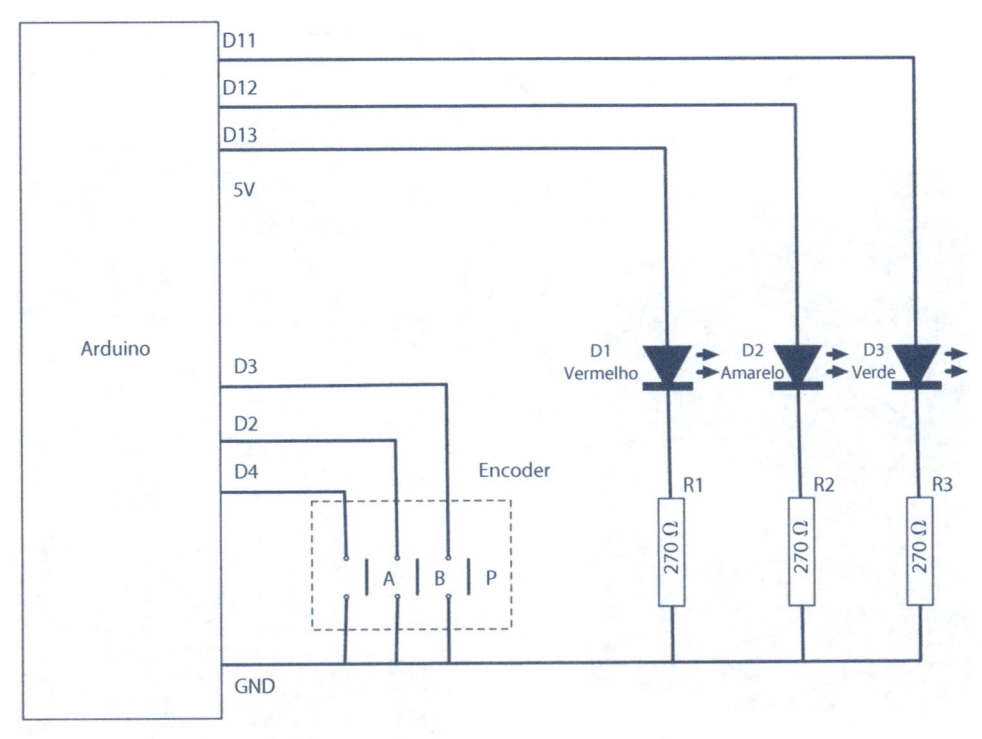

Figura 5-10 Diagrama esquemático do Projeto 11.
Fonte: do autor.

O encoder funciona como se houvesse três chaves: duas para os canais A e B e uma para o botão de pressão P.*

Como o diagrama esquemático é muito semelhante ao do Projeto 5, não é surpresa ver também que a disposição dos componentes no protoboard (Figura 5-11) é semelhante em ambos os projetos.

» Software

Como ponto de partida, vamos começar com o sketch do Projeto 5. Acrescentamos ao sketch um trecho que lê os terminais do encoder e acende todas os LEDs quando o botão é pressionado. Também aproveitamos para melhorar a lógica que está por trás das luzes. Queremos que elas se comportem de modo mais realístico, mudando automaticamente. No Projeto 5, quando você mantinha o botão pressionado, as luzes mudavam aproximadamente uma vez a cada segundo. Normalmente, um semáforo comum fica verde ou vermelho durante um período bem mais longo do que quando está amarelo. Por isso, agora o nosso sketch tem dois períodos: "shortPeriod" (período curto), que não se altera, sendo usado quando o semáforo está mudando, e "longPeriod" (período longo), que define quanto tempo os sinais verde e vermelho ficam acesos. O valor de longPeriod pode ser modificado girando o botão do encoder rotativo.

O elemento-chave para lidar com o encoder é a função getEncoderTurn. Sempre que for chamada, essa função compara o estado anterior de A e B com o estado atual. Se alguma coisa mudou, ela

---

* N. de T.: O encoder rotativo costuma ter cinco terminais: dois para os canais A e B, um para o botão de pressão P, um GND comum para os canais A e B, e um GND para o botão de pressão. Quando instalar o seu encoder, você deverá conferir a folha de especificações e, se for o caso, fazer as adaptações necessárias na fiação. Se não dispuser da folha de especificações, poderá usar o multímetro para fazer um levantamento dos terminais.

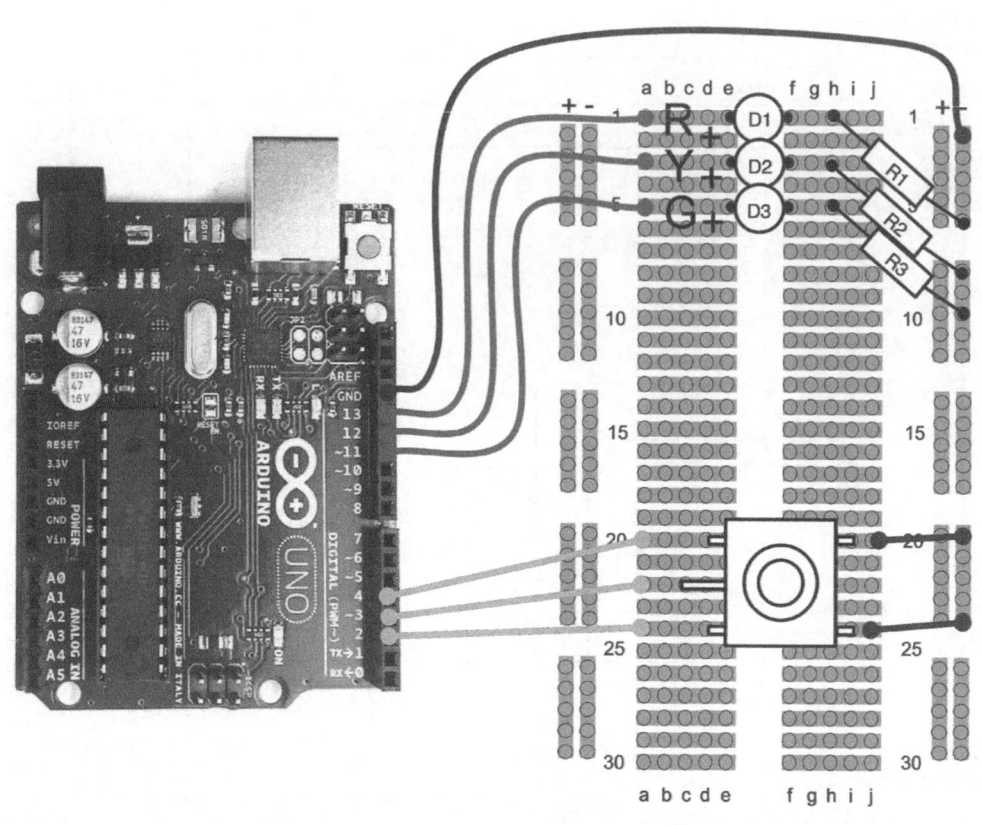

Figura 5-11 Disposição dos componentes do Projeto 11 no protoboard.
Fonte: do autor.

determina se o giro foi horário ou anti-horário e retorna um −1 ou 1 respectivamente. Se não houver modificação (o botão não foi girado), ela retornará o valor 0. Essa função deve ser chamada frequentemente porque, se isso não for feito, algumas mudanças não serão reconhecidas corretamente quando o botão for girado rapidamente.

Se você quiser usar um encoder em outros projetos, você poderá copiar essa função. A função usa "static" para modificar as variáveis oldA (A antigo) e oldB (B antigo). Essa técnica é útil para manter os valores entre uma chamada da função e a próxima. Normalmente, os valores das variáveis são inicializados a cada vez que a função é chamada.

LISTAGEM DO PROJETO 11

```
int redPin = 13;
int yellowPin = 12;
int greenPin = 11;
int aPin = 4;
int bPin = 2;
int buttonPin = 3;

int state = 0;
int longPeriod = 5000;          // período de tempo durante vermelho ou verde
int shortPeriod = 700;          // período de tempo durante uma mudança
```

LISTAGEM DO PROJETO 11

```
int targetCount = shortPeriod;
int count = 0;

void setup()

{
  pinMode(aPin, INPUT_PULLUP);              // configuração dos modos dos pinos
  pinMode(bPin, INPUT_PULLUP);
  pinMode(buttonPin, INPUT_PULLUP);
  pinMode(redPin, OUTPUT);
  pinMode(yellowPin, OUTPUT);
  pinMode(greenPin, OUTPUT);
}

void loop()
{
  count++;
  if (digitalRead(buttonPin) == LOW)
  {
    setLights(HIGH, HIGH, HIGH);
  }
  else
  {
    int change = getEncoderTurn();
    int newPeriod = longPeriod + (change * 1000);
    if (newPeriod >= 1000 && newPeriod <= 10000)
    {
      longPeriod = newPeriod;
    }
    if (count > targetCount)
    {
      setState();
      count = 0;
    }
  }
  delay(1);
}

int getEncoderTurn()
{
  // retorna -1, 0, ou +1
  static int oldA = LOW;
  static int oldB = LOW;
  int result = 0;
  int newA = digitalRead(aPin);
  int newB = digitalRead(bPin);
  if (newA != oldA || newB != oldB)
  {
    // algo mudou
    if (oldA == LOW && newA == HIGH)
    {
      result = -(oldB * 2 - 1);
    }
```

(continua)

LISTAGEM DO PROJETO 11 *continuação*

```
  }
  oldA = newA;
  oldB = newB;
  return result;
}

int setState()
  {
    if (state == 0)
    {
      setLights(HIGH, LOW, LOW);
      targetCount = longPeriod;
      state = 1;
    }
    else if (state == 1)
    {
      setLights(HIGH, HIGH, LOW);
      targetCount = shortPeriod;
      state = 2;
    }
    else if (state == 2)
    {
      setLights(LOW, LOW, HIGH);
      targetCount = longPeriod;
      state = 3;
    }
    else if (state == 3)
    {
      setLights(LOW, HIGH, LOW);
      targetCount = shortPeriod;
      state = 0;
    }
  }

void setLights(int red, int yellow, int green)
{
  digitalWrite(redPin, red);
  digitalWrite(yellowPin, yellow);
  digitalWrite(greenPin, green);
}
```

Esse sketch ilustra uma técnica útil que permite medir a duração de eventos (por exemplo, deixar um LED aceso por determinados segundos) e, ao mesmo tempo, verificar se o encoder girou ou se o botão foi pressionado. Se simplesmente usássemos a função delay (retardo) com, digamos, o valor 20.000, então, durante 20 segundos nada mais poderíamos fazer como, por exemplo, verificar o estado do encoder ou da chave durante esse período.

Por isso, o que faremos é utilizar um período muito curto (1 milissegundo) e um contador que é incrementado a cada execução do loop. Assim, se quisermos um retardo de 20 segundos, basta interromper o processo quando o contador atingir 20.000. Não é tão exato quanto chamar uma única vez a função delay porque, na realidade, esse 1 milissegundo é 1 milissegundo mais o tempo de processamento dos demais comandos que são executados dentro do loop.

» Juntando tudo

Carregue o sketch completo do Projeto 11, que está no Sketchbook do Arduino, e transfira-o para a placa (veja o Capítulo 1).

Você pode pressionar o botão do encoder para testar os LEDs e girá-lo para mudar o período em que os LEDs permanecerão ligados.

» Sensor luminoso

Um dispositivo comum e de fácil utilização para medir a intensidade luminosa é o resistor dependente de luz (LDR, de *Light Dependent Resistor*). Algumas vezes também é denominado *fotorresistor*.

Quanto mais intensa a luz que bate na superfície do LDR, menor é a resistência. Um LDR típico tem uma resistência no escuro de aproximadamente 2 MΩ e, sob iluminação intensa, em torno de 20 kΩ.

Podemos converter essa variação de resistência em uma variação de tensão. Para isso, usaremos o LDR em série com um resistor como divisor de tensão, conectado a uma entrada analógica. O diagrama esquemático está mostrado na Figura 5-12.

Com um resistor fixo de 100K, podemos fazer uma estimativa grosseira dos valores de tensão que podem ser esperados na entrada analógica.

Na escuridão, o LDR terá uma resistência de 2 MΩ. Nesse caso, com um resistor fixo de 100K, haverá uma razão de tensão de 20:1, com a maior parte da tensão aplicada no LDR. Isso resulta em uma tensão em torno de 4,8V no LDR e 0,2V no pino analógico.

Por outro lado, se o LDR estiver sob luz intensa, sua resistência cairá para cerca de 20 kΩ. A razão de tensão, então, será de aproximadamente 4:1 a favor do resistor fixo, dando uma tensão na entrada analógica em torno de 4V.

Um fotossensor mais sensível é o fototransistor. Ele funciona como um transistor comum, no qual normalmente não existe o terminal da base. Em vez disso, a corrente de coletor é controlada pela quantidade de luz que incide no fototransistor.

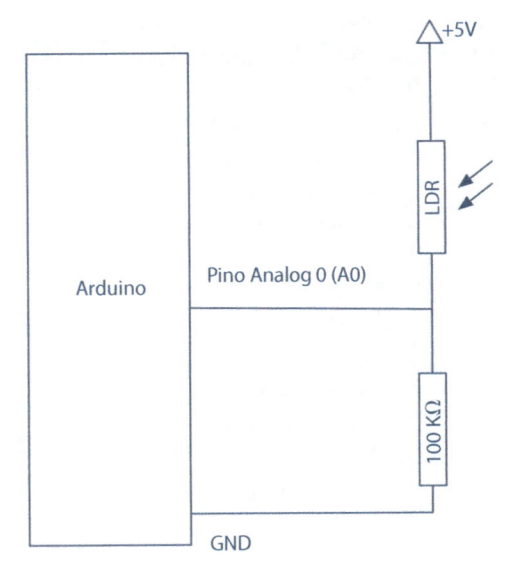

Figura 5-12 Utilização de um LDR para medir luz.
Fonte: do autor.

Projeto 12
» Monitor de pulsação arterial

Este projeto utiliza um LED infravermelho (IR, de *infrared*) de alta potência e um fototransistor para detectar a pulsação no seu dedo. Ao mesmo tempo, um LED vermelho pisca acompanhando a pulsação.

COMPONENTES E EQUIPAMENTO		
	Descrição	**Apêndice**
	Arduino Uno ou Leonardo	m1/m2
D1	LED vermelho de 5 mm	s1
D2	LED IR de 5 mm, transmissor de comprimento de onda de 940nm	s20
R1	Resistor de 56 kΩ e 1/4 W	r7
R2	Resistor de 270 Ω e 1/4 W	r3'
R3	Resistor de 100 Ω e 1/4 W	r2'
T1	Fotorresistor IR (mesmo comprimento de onda de D2)	s19
	Protoboard	h1
	Fios de conexão (jumpers)	h2

cia do fototransistor muda ligeiramente quando o sangue pulsa no dedo.

O diagrama esquemático está mostrado na Figura 5-13 e a disposição dos componentes, na Figura 5-15. Escolhemos um valor bem elevado para a resistência R1 porque a maior parte da luz que passa através do dedo será absorvida e queremos que o fototransistor seja bem sensível. Talvez você deva testar diversos valores de resistência para obter o melhor resultado.

É importante blindar o fototransistor impedindo ao máximo a interferência de outras luzes. Isso é particularmente importante com luzes domésticas, cuja luminosidade flutua ligeiramente 50 ou 60 vezes por segundo (frequência da rede elétrica). Isso acrescenta uma quantidade considerável de ruído ao nosso sinal fraco de pulsação arterial.

›› Hardware

O monitor de pulsação arterial funciona da seguinte forma: faz o LED incidir o feixe de luz IR em um dos lados do seu dedo enquanto o fototransistor capta a luz transmitida no outro lado. A resistên-

Por essa razão, o fototransistor e o LED são alojados em um tubo de plástico ou são feitos de cartão corrugado e fita adesiva.* A construção está mostrada na Figura 5-14.

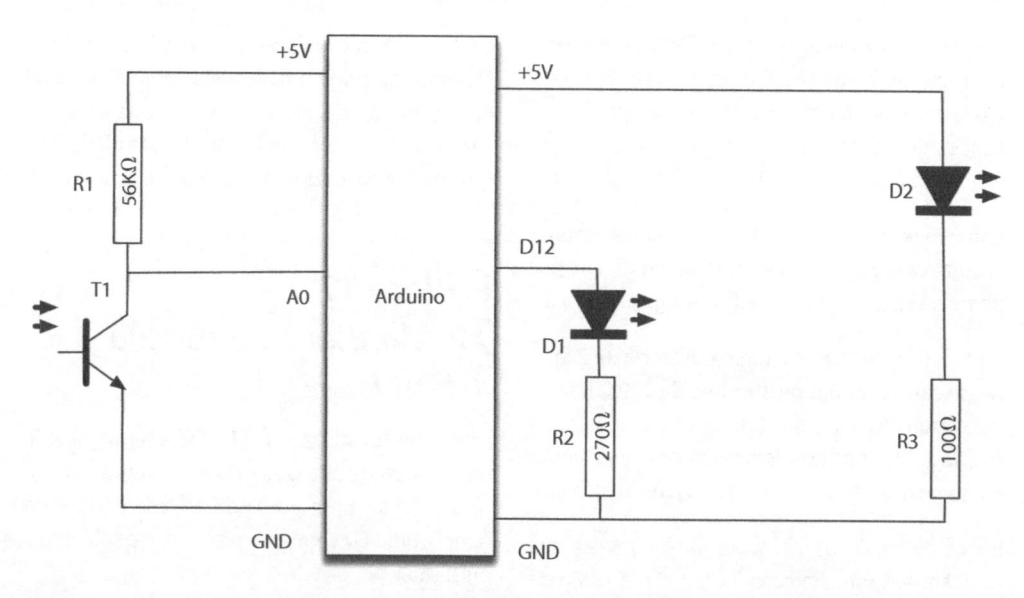

Figura 5-13 Diagrama esquemático do Projeto 12.
Fonte: do autor.

---

* N. de T.: O diâmetro deve ser suficiente para alojar o dedo, o LED e o fototransistor. Leia o próximo parágrafo antes de providenciar o tubo.

Figura 5-14 Tubo do sensor para o monitor de pulsação arterial.
Fonte: do autor.

Dois furos de 5 mm são feitos, frente a frente, em lados opostos do tubo. O LED e o fototransistor são inseridos em cada um deles. Pequenos pedaços coloridos de fio rígido são soldados nos terminais do LED e do fototransistor. A seguir, os fios são dobrados e fita adesiva é aplicada por cima para mantê-los no lugar. Anote que cor de fio corresponde a cada terminal antes de passar a fita por cima.

Para reduzir as interferências, é bom usar fio blindado com o fototransistor. É preciso levar em conta que, nos LEDs IR, o terminal mais comprido é o negativo, em vez de ser o positivo. Assim, consulte a folha de especificações do LED antes de montá-lo.

A disposição dos componentes deste projeto no protoboard (Figura 5-15) é bem simples.

O tubo já completo pode ser visto na Figura 5-16.

>> Software

O software deste projeto é um tanto engenhoso. Na verdade, não instalaremos imediatamente o sketch final completo. Começaremos executando um sketch de teste que levantará alguns dados. Em seguida, poderemos "colar" esses dados em uma planilha eletrônica, produzindo um gráfico que permitirá testar o algoritmo de suavização (essa questão será aprofundada mais adiante).

O sketch de teste está na Listagem do Projeto 12.

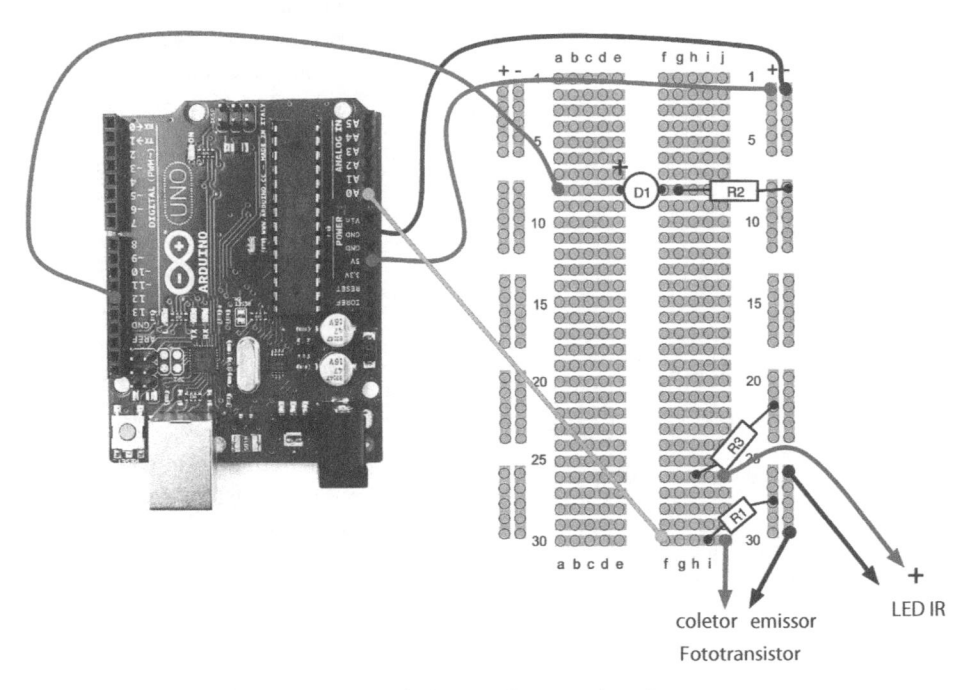

Figura 5-15 Disposição dos componentes do Projeto 12 no protoboard.
Fonte: do autor.

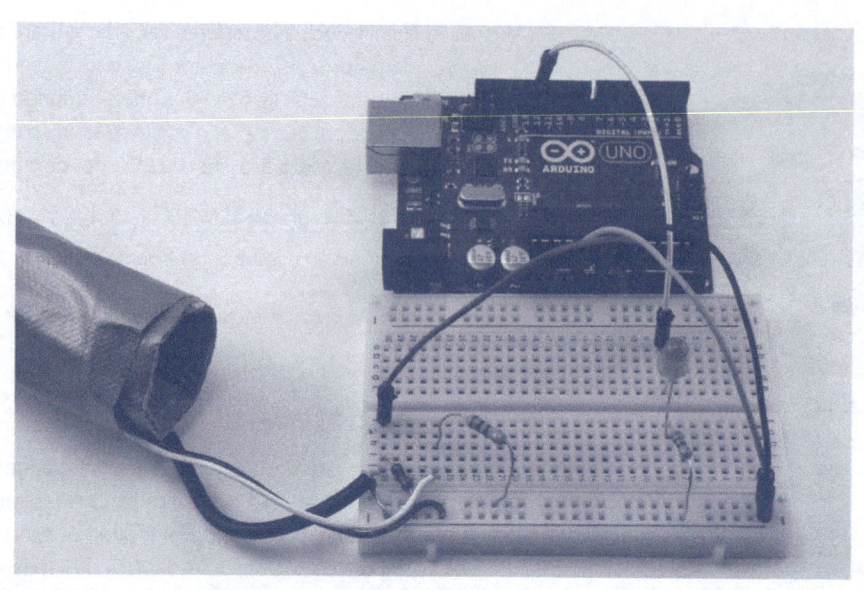

Figura 5-16   Projeto 12: monitor de pulsação arterial.
Fonte: do autor.

LISTAGEM DO PROJETO 12 – SKETCH DE TESTE

```
int ledPin = 12;
int sensorPin = 0;

double alpha = 0.75;
int period = 20;
double change = 0.0;

void setup()
{
  pinMode(ledPin, OUTPUT);
  Serial.begin(115200);
}

void loop()
{
   static double oldValue = 0;
   static double oldChange = 0;
   int rawValue =
   analogRead(sensorPin);
   double value = alpha * oldValue
      + (1 - alpha) * rawValue;

   Serial.print(rawValue);
   Serial.print(",");
   Serial.println(value);

   oldValue = value;
   delay(period);
}
```

Esse sketch (ou script) lê o sinal bruto (raw) da entrada analógica, aplica a função de suavização ao sinal e, em seguida, envia ambos os valores ao Serial Monitor, que os exibirá na tela, de onde nós poderemos copiá-los e então colá-los em uma planilha eletrônica. Observe que a comunicação com o Serial Monitor está configurada para a velocidade máxima. Com isso, poderemos minimizar os efeitos de retardo causados pelo envio dos dados. Quando você iniciar a execução do Serial Monitor, você deverá ajustar a velocidade serial para 115.200 bauds.

A função de suavização utiliza uma técnica especial em que o valor corrente é resultado de uma soma ponderada de todas as leituras anteriores com pesos cada vez menores. O local, no código, em que realizamos essa suavização é nas linhas

```
double value = alpha * oldValue
+ (1 - alpha) * rawValue;
```

A variável alpha é um número maior que 0 e menor que 1. Ela determina o grau de suavização.

Coloque seu dedo no tubo sensor, inicie o Serial Monitor e espere 3 ou 4 segundos para capturar alguns pulsos.

A seguir, copie e cole o texto capturado em uma planilha eletrônica. Provavelmente, será feita uma pergunta a respeito do caractere delimitador de coluna que está sendo usado. Nesse caso, é uma vírgula. Os dados resultantes e um gráfico desenhado a partir das duas colunas estão mostrados na Figura 5-17.

A linha mais irregular é a dos dados brutos (raw), lidos da porta analógica. Na linha mais suave, vemos claramente que a maior parte do ruído foi removida. Se, na linha suave, aparecer ruído significativo – particularmente, picos falsos que podem causar confusão –, então aumente o grau de suavização aumentando o valor de alpha.

Logo que você descobrir o valor correto de alpha para o caso do seu sensor, você poderá transferi-lo para o sketch real (ou script), passando a usá-lo no lugar do sketch de teste. O sketch real está na listagem a seguir.

LISTAGEM DO PROJETO 12

```
int ledPin = 12;
int sensorPin = 0;

double alpha = 0.75;
int period = 20;
double change = 0.0;

void setup()
{
  pinMode(ledPin, OUTPUT);
}

void loop()
{
    static double oldValue = 0;
    static double oldChange = 0;
    int rawValue =
    analogRead(sensorPin);
    double value = alpha * oldValue
       + (1 - alpha) * rawValue;
    change = value - oldValue;

    digitalWrite(ledPin, (change <
       0.0 && oldChange > 0.0));

    oldValue = value;
    oldChange = change;
    delay(period);
}
```

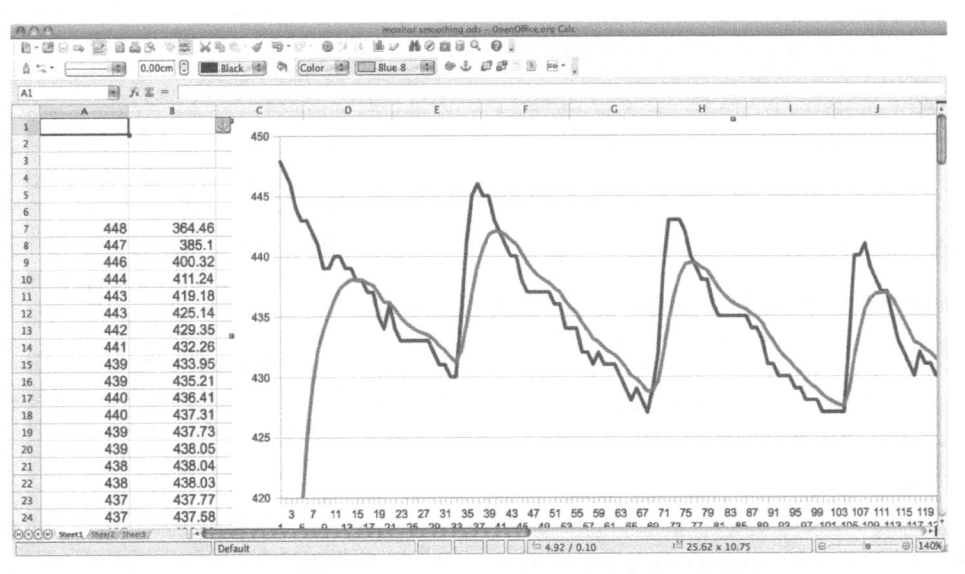

Figura 5-17 Dados de teste do monitor de pulsação arterial passados para uma planilha.
Fonte: do autor.

Agora resta o problema de detecção dos picos. Examinando a Figura 5-17, vemos que as leituras crescem gradativamente até que mudam de sentido e começam a diminuir. Se guardarmos a leitura anterior (oldValue) e a compararmos com a leitura corrente (value), poderemos calcular a variação (change) de valor. Quando os valores estão crescendo, a variação é positiva e, quando estão diminuindo, a variação é negativa. Assim, se acendermos o LED sempre que a variação anterior (oldChange) for positiva e a nova variação for negativa, então o LED piscará por um breve momento no pico de cada batimento cardíaco.

>> Juntando tudo

Tanto o sketch de teste quanto o sketch real do Projeto 12 estão no Sketchbook do Arduino. Instruções de como transferi-los para a placa podem ser vistas no Capítulo 1.

Como foi mencionado antes, este projeto exige engenhosidade para colocá-lo em funcionamento. Provavelmente, você descobrirá que dentro do tubo há um lugar melhor para colocar o dedo e conseguir que pulsos sejam detectados. Se houver dificuldades, execute o sketch de teste como foi descrito antes. Verifique se o sensor está obtendo pulsos e se o fator alpha é suficientemente baixo.

É preciso enfatizar que este dispositivo não deve ser utilizado em qualquer tipo de aplicação médica real.

>> Medição de temperatura

A medição de temperatura é um problema similar ao da medição da intensidade luminosa. Em vez de um LDR, usaremos um dispositivo denominado *termistor*. À medida que a temperatura se eleva, a resistência também aumenta.

Quando você compra um termistor, ele tem uma resistência nominal. Neste caso, o termistor é de 33 kΩ. Essa é a resistência do dispositivo na temperatura de 25°C.

Para uma dada temperatura, a fórmula de cálculo da resistência é dada por

$$R = R_o \exp(-beta/(T + 273) - beta/(T_o + 273))$$

Você pode fazer o cálculo se quiser, mas um modo bem mais simples de medir temperatura é usando um circuito integrado especial que mede temperatura, como o chip TMP36. Esse dispositivo de três terminais tem dois pinos para a alimentação elétrica (5V) e um terceiro pino de saída (out), cuja temperatura T, em graus célsius C, relaciona-se com a tensão de saída V através da equação

$$T = (V - 0,5) \times 100$$

Assim, se a tensão de saída for 1V, a temperatura será 50°C.

Projeto 13
>> *Registrador de temperatura USB*

Este projeto é controlado por um computador. No entanto, após receber as instruções para o registro (logging) das temperaturas, o dispositivo pode ser desconectado, funcionando com as baterias enquanto faz o registro. Primeiro, durante o registro, os dados são armazenados. Depois, quando o registrador volta a ser conectado, os dados são transferidos para o computador por meio da conexão USB. No computador, os dados podem ser copiados e colados em uma planilha eletrônica. Por default, o registrador lê e grava uma amostra a cada 5 minutos e pode registrar até 1.000 amostras.

Para instruir o registrador de temperatura, usaremos comandos a partir do computador. A Tabela 5-1 mostra as definições desses comandos e seus significados.

Este projeto requer apenas um circuito integrado TMP36, que pode ser inserido diretamente nos pinos de conexão do Arduino.

Tabela 5-1 » Comandos para o registrador de temperatura

R	Lê os dados armazenados pelo registrador
X	Limpa todos os dados do registrador
C	Modo Celsius
F	Modo Fahrenheit
1–9	Ajusta o período de amostragem em minutos de 1 a 9
G	Começa a registrar as temperaturas
?	Faz um relatório do estado do dispositivo, número de amostras registradas, etc.

Fonte: do autor.

COMPONENTES E EQUIPAMENTO

	Descrição	Apêndice
	Arduino Uno ou Leonardo	m1/m2
CI1	TMP36	s22

» Hardware

O diagrama esquemático do Projeto 13 está mostrado na Figura 5-18.

O circuito é tão simples que podemos simplesmente inserir os terminais do TMP36 na placa do Arduino, como mostrado na Figura 5-19. Observe que o lado curvo do TMP36 deve estar voltado para fora da placa do Arduino. Fazendo uma pequena dobra nos terminais com a ajuda de um alicate, conseguiremos um contato melhor.

Dois dos pinos analógicos (A0 e A2) serão utilizados como conexões de GND e 5V do TMP36. A corrente consumida é tão baixa que as saídas analógicas conseguem fornecer potência suficiente se colocarmos um dos pinos em nível alto (HIGH) e o outro em nível baixo (LOW).

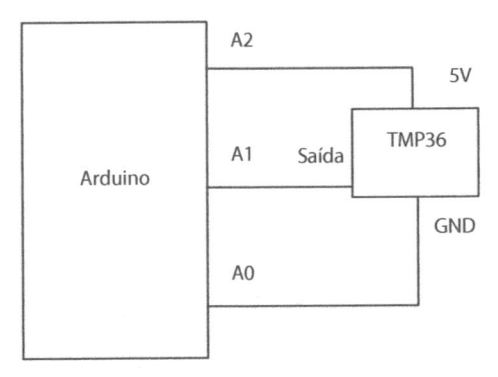

Figura 5-18 Diagrama esquemático do Projeto 13.
Fonte: do autor.

» Software

O software deste projeto é mais complexo do que os anteriores (veja a Listagem do Projeto 13). Todas as variáveis usadas nos sketches até agora eram apagadas quando a placa do Arduino era inicializada (reset) ou desconectada da alimentação elétrica. Algumas vezes, no entanto, gostaríamos de manter os dados armazenados de forma permanente pois, assim, estarão disponíveis quando voltarmos a energizar ou inicializar a placa. Isso pode ser feito se utilizarmos um tipo de memória especial que está disponível no Arduino: é a *EEPROM*, que significa *memória programável apenas de leitura eletricamente apagável*. Tanto o Arduino Uno quanto o Leonardo têm 1024 bytes de EEPROM.

Para que o registrador seja útil, é necessário que ele se lembre das leituras já feitas, mesmo quando ele é desconectado do computador e alimentado com baterias. Também é necessário que ele se lembre do período de registro (logging period).

Este é o primeiro projeto em que utilizamos a EEPROM do Arduino para armazenar valores de forma que esses dados não se percam quando a placa for inicializada (reset) ou desligada da alimentação elétrica. Isso significa que, após ajustar as configurações de operação do registrador, poderemos desconectar o cabo USB e deixá-lo funcionando com baterias. Mesmo que a carga das baterias acabe, os dados ainda estarão lá na próxima vez que o Arduino for energizado.

Figura 5-19 Projeto 13: registrador de temperatura.
Fonte: do autor.

LISTAGEM DO PROJETO 13

```
#include <EEPROM.h>

#define analogPin 1
#define gndPin 0
#define plusPin 2
#define maxReadings 1000

int lastReading = 0;

boolean loggingOn;
//long period = 300;
long period = 10000;   // 10 segundos
long lastLoggingTime = 0;
char mode = 'C';

void setup()
{
  pinMode(gndPin, OUTPUT);
  pinMode(plusPin, OUTPUT);
  digitalWrite(gndPin, LOW);
  digitalWrite(plusPin, HIGH);

  Serial.begin(9600);
```

LISTAGEM DO PROJETO 13

```
  Serial.println("Ready");

  lastReading = EEPROM.read(0);            // o primeiro byte é a posição da leitura
  char sampleCh = (char)EEPROM.read(1);    // o segundo é o período de registro '0' a '9'
  if (sampleCh > '0' && sampleCh <= '9')
  {
    setPeriod(sampleCh);
  }
  loggingOn = true;          // a variável loggingOn torna-se verdadeira, ativando o registro
}

void loop()
{
  if (Serial.available())
  {
    char ch = Serial.read();
    if (ch == 'r' || ch == 'R')
    {
      sendBackdata();
    }
    else if (ch == 'x' || ch == 'X')
    {
      lastReading = 0;
      EEPROM.write(0, 0);
      Serial.println("Data cleared");
    }
    else if (ch == 'g' || ch == 'G')
    {
      loggingOn = true;
      Serial.println("Logging started");
    }
    else if (ch > '0' && ch <= '9')
    {
      setPeriod(ch);
    }
    else if (ch == 'c' or ch == 'C')
    {
      Serial.println("Mode set to deg C");
      mode = 'C';
    }
    else if (ch == 'f' or ch == 'F')
    {
      Serial.println("Mode set to deg F");
      mode = 'F';
    }
    else if (ch == '?')
    {
      reportStatus();
    }
  }
  long now = millis();
  if (loggingOn && (now > lastLoggingTime + period))
```

(continua)

LISTAGEM DO PROJETO 13 *continuação*

```
  {
    logReading();
    lastLoggingTime = now;
  }
}

void sendBackdata()
{
  loggingOn = false;
  Serial.println("Logging stopped");
  Serial.println("------ cut here ---------");
  Serial.print("Time (min)\tTemp (");
  Serial.print(mode);
  Serial.println(")");
  for (int i = 0; i < lastReading + 2; i++)
  {
     Serial.print((period * i) / 60000);
     Serial.print("\t");
     float temp = getReading(i);
     if (mode == 'F')
     {
       temp = (temp * 9) / 5 + 32;
     }
     Serial.println(temp);
  }
  Serial.println("------ cut here ---------");
}

void setPeriod(char ch)
{
  EEPROM.write(1, ch);
  int periodMins = ch - '0';
  Serial.print("Sample period set to: ");
  Serial.print(periodMins);
  Serial.println(" mins");
  period = periodMins * 60000;
}

void logReading()
{
  if (lastReading < maxReadings)
  {
    storeReading(temp, lastReading);
    lastReading++;
  }
  else
  {
    Serial.println("Full! logging stopped");
    loggingOn = false;
  }
}

float measureTemp()
```

LISTAGEM DO PROJETO 13

```
{
  int a = analogRead(analogPin);
  float volts = a / 205.0;
  float temp = (volts - 0.5) * 100;
  return temp;
}

void storeReading(float reading, int index)
{
  EEPROM.write(0, (byte)index);              // armazenar o número de amostras no byte 0
  byte compressedReading = (byte)((reading + 20.0) * 4);
  EEPROM.write(index + 2, compressedReading);
  reportStatus();
}

float getReading(int index)
{
  lastReading = EEPROM.read(0);
  byte compressedReading = EEPROM.read(index + 2);
  float uncompressesReading = (compressedReading / 4.0) - 20.0;
  return uncompressesReading;
}

void reportStatus()
{
  Serial.println("----------------");
  Serial.println("Status");
  Serial.print("Current Temp C");
  Serial.println(measureTemp());
  Serial.print("Sample period (s)\t");
  Serial.println(period / 1000);
  Serial.print("Num readings\t");
  Serial.println(lastReading);
  Serial.print("Mode degrees\t");
  Serial.println(mode);
  Serial.println("----------------");
}
```

Você verá que, no início desse sketch, usamos o comando #define para fazer o que antes fazíamos usando variáveis. Na verdade, essa é uma forma mais eficiente de definir constantes, isto é, valores que não se modificam durante a execução do sketch. É ideal para definição de pinos e constantes, como beta. O comando #define é o que denominamos *diretiva de pré-processamento*. Acontece que, antes da compilação do sketch, todas as ocorrências de seu nome, em qualquer lugar do sketch, são substituídas por seu valor. É uma questão de gosto pessoal usar "#define" ou uma variável.

Felizmente, a leitura e a escrita na EEPROM são feitas com 1 byte a cada vez. Assim, se quisermos escrever uma variável do tipo byte ou char, poderemos usar as funções EEPROM.write e EEPROM.read, como mostrado a seguir:

```
char letterToWrite = 'A';         // letra a ser
                                       escrita
EEPROM.write(0, letterToWrite);

char letterToRead;
letterToRead = EEPROM.read(0); // letra a ser
                                       lida
```

O 0 que aparece na leitura e escrita é o endereço utilizado na EEPROM. Pode ser qualquer valor entre 0 e 1023. Cada endereço é uma posição de memória em que 1 byte é armazenado.

Neste projeto, queremos armazenar o valor da posição ou endereço na memória em que se encontra a última leitura de temperatura realizada. O valor dessa posição é obtido da variável lastReading (última leitura). Além disso, queremos armazenar também todas as leituras de temperatura já realizadas. Assim, no primeiro byte da EEPROM armazenaremos o valor de lastReading, no segundo byte armazenaremos o período de registro como um caractere de 1 a 9 e, a partir dessa posição, os dados das leituras realizadas serão armazenados nos bytes que se seguem.

Cada leitura de temperatura é guardada em uma variável do tipo float. Como vimos no Capítulo 2, uma variável float ocupa 4 bytes de dados. Aqui temos uma opção: podemos armazenar todos os 4 bytes ou encontrar um modo de codificar a temperatura armazenando-a em um único byte. Escolhemos esta última opção para armazenarmos o máximo de leituras na EEPROM.

O modo de codificar a temperatura utilizando um único byte começa com algumas suposições a respeito de nossas temperaturas. Primeiro, assumiremos que qualquer temperatura em graus célsius estará entre –20 e +40. Provavelmente, qualquer coisa maior ou menor danificaria a nossa placa de Arduino. Segundo, assumiremos que precisamos conhecer a temperatura com uma aproximação de um quarto de grau.

Com essas duas suposições, podemos tomar qualquer valor de temperatura lido na entrada analógica, somar 20, multiplicar por 4 e ainda estarmos seguros de que sempre teremos um número entre 0 e 240. Como um byte pode armazenar um valor entre 0 e 255, então esse processo de codificação funciona bem.

Quando lemos nossos números da EEPROM, precisamos convertê-los de volta para o tipo float. Para isso, invertemos o processo, ou seja, dividimos por 4 e, então, subtraímos 20.

Tanto a codificação como a decodificação estão embutidas nas funções storeReading (armazena leitura) e getReading (obtenha leitura). Assim, se decidirmos usar um modo diferente de armazenar os dados, precisaremos apenas modificar essas duas funções.

» Juntando tudo

Carregue o sketch completo do Projeto 13, que está no Sketchbook do Arduino, e transfira-o para a placa (veja o Capítulo 1).

Agora abra o Serial Monitor (Figura 5-20) e, como teste, ajuste o registrador de temperatura para fazer uma leitura de temperatura a cada minuto. Para isso, digite um "1" no Serial Monitor. A placa responderá com a mensagem "Sample period set to: 1 min" (Período de amostragem ajustado para: 1 min). Para usar o modo Fahrenheit, digitamos "F" no Serial Monitor. Também poderemos verificar o estado do registrador se digitarmos "?" (Figura 5-21).

Para desconectar o cabo USB, precisamos de uma alternativa para a alimentação elétrica, como o cabo de bateria que fizemos no Projeto 6. Se você quiser que o registrador continue fazendo leituras após desconectar o cabo USB, então você deverá inserir o cabo da bateria ao mesmo tempo em que desconecta o cabo USB.

Finalmente, podemos digitar o comando "G" (go) para iniciar o registro das temperaturas. Em seguida, podemos desconectar o cabo USB e deixar nos-

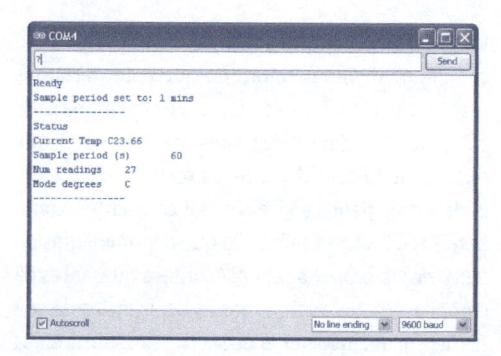

Figura 5-20 Enviando comandos pelo Serial Monitor.
Fonte: do autor.

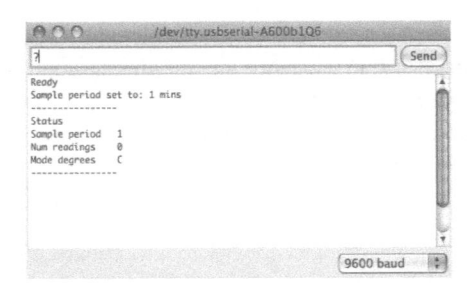

Figura 5-21 Exibindo o estado do registrador de temperatura.
Fonte: do autor.

so registrador funcionando com baterias. Após 10 ou 15 minutos, podemos conectá-lo de novo para ver que dados temos. Para isso, abra o Serial Monitor e digite o comando R. Os resultados estão mostrados na Figura 5-22. Selecione todos os dados, incluindo os cabeçalhos "Time" (tempo) e "Temp" (temperatura) no topo.

Copie os dados passando-os para a área de transferência (aperte CTRL-C no Windows e no Linux ou ALT-C em Macs). A seguir, abra uma planilha em um programa como o Excel da Microsoft e, finalmente, cole o conteúdo nessa planilha (Figura 5-23).

Quando os dados estiverem na planilha, você poderá desenhar um gráfico usando os nossos dados.

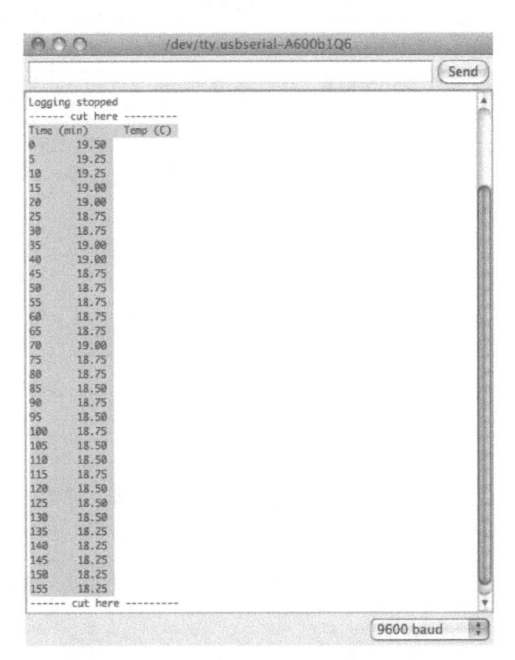

Figura 5-22 Dados para copiar e colar em uma planilha eletrônica.
Fonte: do autor.

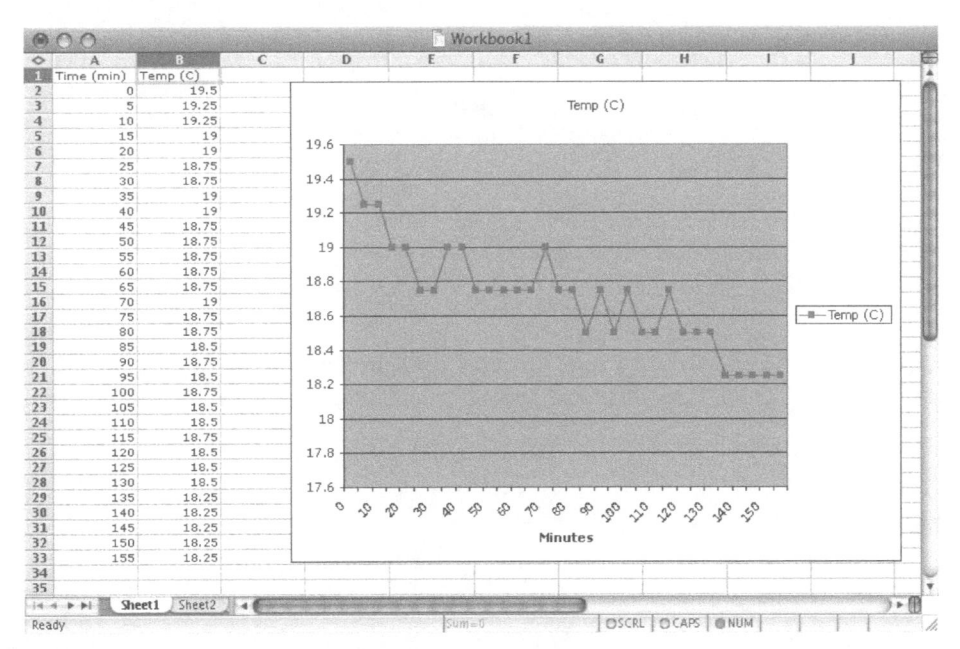

Figura 5-23 Dados de temperatura transferidos para uma planilha.
Fonte: do autor.

>> Resumo

Agora sabemos como utilizar diversos tipos de sensor e dispositivos de entrada. Com isso, podemos continuar no nosso conhecimento de LEDs. Na próxima seção, examinaremos alguns projetos que utilizam a luz sob diversas formas. Veremos tecnologias mais avançadas de display como, por exemplo, painéis de texto LCD e LEDs de sete segmentos.

capítulo 6

Projetos com LEDs multicores

Neste capítulo, examinaremos mais alguns projetos baseados em LEDs e displays. Em particular, examinaremos o uso de LEDs de diversas cores, de LEDs de sete segmentos, de displays com matriz de LEDs e de painéis LCD.

Objetivos deste capítulo

>> Apresentar dispositivos de exibição mais complexos.

>> Utilizar um display luminoso multicor.

>> Mostrar o que são LEDs de sete segmentos.

>> Demonstrar como funciona um array de LEDs.

>> Demonstrar como funciona um display LCD.

>> Ensinar como exibir uma mensagem em um painel LCD a partir de um computador.

Projeto 14
›› Display luminoso multicor

Este projeto usa um LED composto tricolor de alto brilho com um encoder rotativo. Girando o encoder, a cor exibida no LED muda.

Esse LED tricolor é interessante porque tem três LEDs simples montados em um suporte de quatro terminais ou pernas. O LED composto tem uma configuração de catodo comum, ou seja, os catodos negativos de cada LED estão ligados em comum e correspondem a um único terminal externo.

Se você não conseguir um LED de quatro terminais (vermelho, verde, azul e comum), você poderá usar um dispositivo de seis terminais. Simplesmente junte todos os catodos, tomando como referência a folha de especificação.

COMPONENTES E EQUIPAMENTO		
	Descrição	Apêndice
	Arduino Uno ou Leonardo	m1/m2
D1	LED RGB tricolor	s7
R1-3	Resistor de 270 Ω e 1/4 W	r3
S1	Encoder rotativo com chave	h13
	Protoboard	h1
	Fios de conexão (jumpers)	h2

›› Hardware

A Figura 6-1 mostra o diagrama esquemático* do Projeto 14, e a Figura 6-2, a disposição dos componentes no protoboard.

---

* N. de T.: O encoder rotativo costuma ter cinco terminais: dois para os canais A e B, um para o botão de pressão P, um GND comum para os canais A e B, e um GND para o botão de pressão. Quando instalar o seu encoder, você deverá conferir a folha de especificações e, se for o caso, fazer as adaptações necessárias na fiação. Se não dispuser da folha de especificações, você poderá usar o multímetro para fazer um levantamento dos terminais.

Cada LED tem o seu próprio resistor que limita a corrente a 30 mA por LED.

O LED tricolor é ligeiramente plano em um dos lados e, na Figura 6-2, esse lado está orientado para cima. O terminal 2 é o mais longo e corresponde ao catodo comum.

O projeto completo está mostrado na Figura 6-3.

Cada LED (vermelho, verde e azul) é acionado por uma saída da placa do Arduino, sendo modulada por largura de pulso (PWM). Desse modo, podemos alterar a saída de cada LED produzindo um espectro completo de cores visíveis.

O encoder rotativo está conectado do mesmo modo que no Projeto 11. Ao girá-lo, a cor muda e, ao pressioná-lo, o LED é ligado ou desligado.

›› Software

Este sketch (Listagem do Projeto 14) utiliza um array para representar as diferentes cores que serão exibidas pelo LED. Cada um dos elementos do array é um número do tipo long de 32 bits. Três dos quatro bytes do número long são usados para representar as componentes vermelha, verde e azul da cor. Cada componente corresponde à intensidade luminosa de cada um dos LEDs vermelho, verde e azul. Os números do array estão em hexadecimal e correspondem aos números em formato hex que são usados para representar as cores de 24 bits em páginas da web. Se você quiser criar alguma cor em particular, procure uma tabela de cores digitando "*web color chart*" em seu site de busca favorito e consulte o valor hex da cor que deseja.

As 48 cores do array são escolhidas nessa tabela e constituem uma faixa de cores que abrange mais ou menos o espectro desde o vermelho até o violeta.

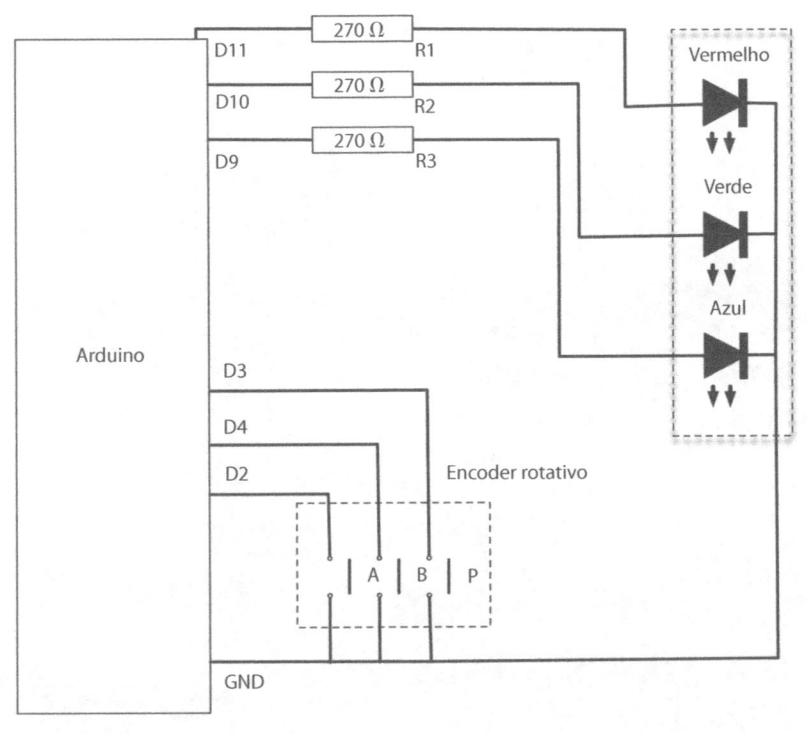

Figura 6-1 Diagrama esquemático do Projeto 14.
Fonte: do autor.

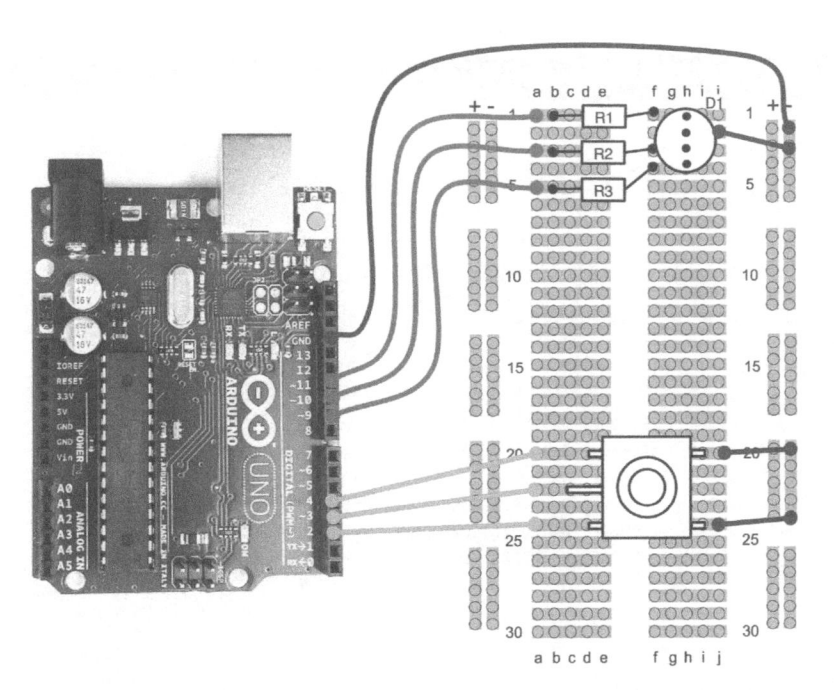

Figura 6-2 Disposição dos componentes do Projeto 14 no protoboard.
Fonte: do autor.

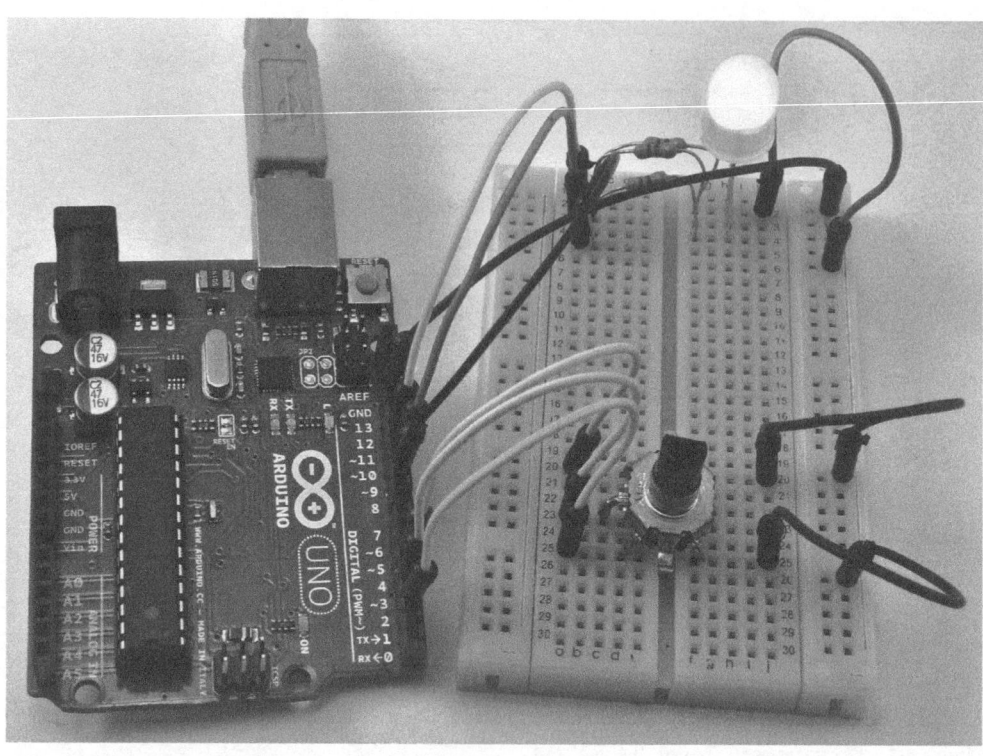

Figura 6-3 Projeto 14: display luminoso multicor.
Fonte: do autor.

LISTAGEM DO PROJETO 14

```
int redPin = 11;
int greenPin = 10;
int bluePin = 9;
int aPin = 2;
int bPin = 4;
int buttonPin = 3;

boolean isOn = true;
int color = 0;
long colors[48]=
{
  0xFF2000, 0xFF4000, 0xFF6000, 0xFF8000, 0xFFA000, 0xFFC000, 0xFFE000, 0xFFFF00,
  0xE0FF00, 0xC0FF00, 0xA0FF00, 0x80FF00, 0x60FF00, 0x40FF00, 0x20FF00, 0x00FF00,
  0x00FF20, 0x00FF40, 0x00FF60, 0x00FF80, 0x00FFA0, 0x00FFC0, 0x00FFE0, 0x00FFFF,
  0x00E0FF, 0x00C0FF, 0x00A0FF, 0x0080FF, 0x0060FF, 0x0040FF, 0x0020FF, 0x0000FF,
  0x2000FF, 0x4000FF, 0x6000FF, 0x8000FF, 0xA000FF, 0xC000FF, 0xE000FF, 0xFF00FF,
  0xFF00E0, 0xFF00C0, 0xFF00A0, 0xFF0080, 0xFF0060, 0xFF0040, 0xFF0020, 0xFF0000
};

void setup()
{
  pinMode(aPin, INPUT_PULLUP);
```

LISTAGEM DO PROJETO 14

```
  pinMode(bPin, INPUT_PULLUP);
  pinMode(buttonPin, INPUT_PULLUP);
  pinMode(redPin, OUTPUT);
  pinMode(greenPin, OUTPUT);
  pinMode(bluePin, OUTPUT);
}

void loop()
{
  if (digitalRead(buttonPin) == LOW)
  {
    isOn = ! isOn;
    delay(200);              // debounce
  }
  if (isOn)
  {
    int change = getEncoderTurn();
    color = color + change;
    if (color < 0)
    {
      color = 47;
    }
    else if (color > 47)
    {
      color = 0;
    }
    setColor(colors[color]);
  }
  else
  {
   setColor(0);
  }
}

int getEncoderTurn()
{
  // retorna -1, 0, ou +1
  static int oldA = LOW;
  static int oldB = LOW;
  int result = 0;
  int newA = digitalRead(aPin);
  int newB = digitalRead(bPin);
  if (newA != oldA || newB != oldB)
  {
    // algo mudou
    if (oldA == LOW && newA == HIGH)
    {
      result = -(oldB * 2 - 1);
    }
  }
  oldA = newA;
  oldB = newB;
```

(continua)

> **LISTAGEM DO PROJETO 14** *continuação*

```
  return result;
}
void setColor(long rgb)
{
  int red = rgb >> 16;
  int green = (rgb >> 8) & 0xFF;
  int blue = rgb & 0xFF;
  analogWrite(redPin, red);
  analogWrite(greenPin, green);
  analogWrite(bluePin, blue);
}
```

» Juntando tudo

Carregue o sketch completo do Projeto 14, que está no Sketchbook do Arduino, e transfira-o para a placa (veja o Capítulo 1).

» LEDs de sete segmentos

Houve uma época em que a moda era possuir um relógio com display de LEDs. A pessoa apertava um botão do relógio e as horas surgiam magicamente como quatro brilhantes dígitos vermelhos. Depois de um tempo, como era desconfortável usar as duas mãos para ver as horas, a novidade do relógio digital foi ultrapassada. Então, surgiram os relógios com displays LCD, que só podiam ser lidos sob luz intensa.

Os displays de LEDs de sete segmentos (Figura 6-4) foram ultrapassados pelos displays LCD (ver mais adiante). Entretanto, em algumas situações, eles ainda são utilizados.

A Figura 6-5 mostra o circuito de acionamento de um display de LEDs de sete segmentos.

Geralmente, um único display desse tipo não tem muita aplicação. A maioria dos projetos requer dois ou quatro deles. Nesse caso, não teremos pinos de saída digital suficientes para acionar cada display separadamente. Uma forma de contornar essa limitação é usando o circuito da Figura 6-6.

De forma semelhante à varredura que fizemos no teclado numérico, agora ativaremos um display de cada vez, acendendo convenientemente os seus segmentos antes de passar para o display seguinte. Isso é feito tão rapidamente que se tem a ilusão de todos os displays estarem acesos ao mesmo tempo.

Cada display pode, em princípio, consumir a corrente de oito LEDs simultaneamente, totalizando 160 mA (com 20 mA por LED) – bem mais do que podemos dispor em um pino digital de

Figura 6-4   Display de LEDs de sete segmentos.
Fonte: do autor.

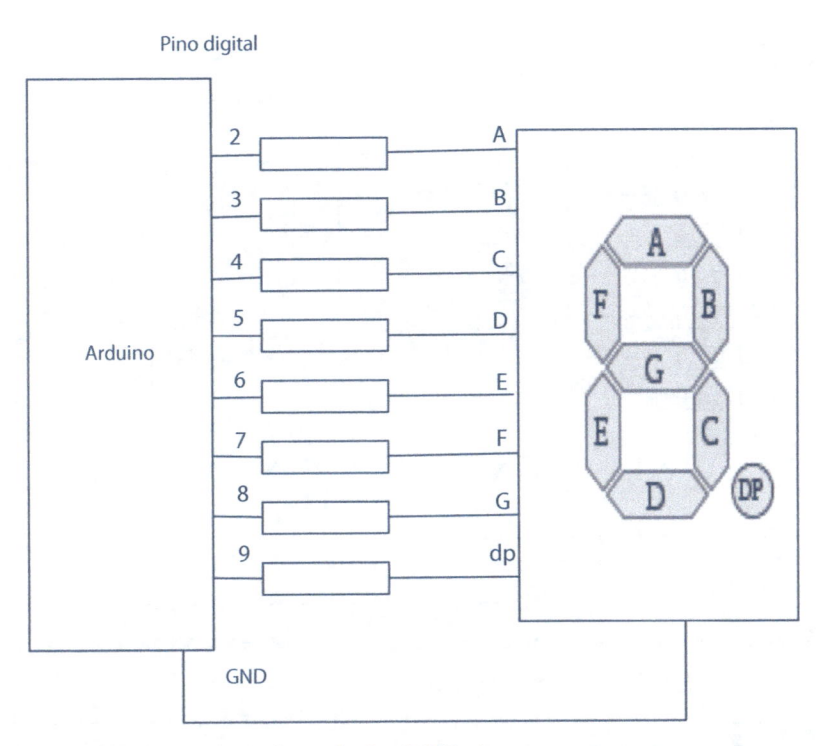

Figura 6-5 Placa de Arduino acionando um display de LEDs de sete segmentos.
Fonte: do autor.

saída. Por essa razão, usaremos um transistor comandado por uma saída digital para ativar um display por vez.

O tipo de transistor que utilizaremos é denominado *transistor bipolar*. Ele tem três terminais: emissor, base e coletor. Quando uma corrente pequena circula entre a base do transistor e o emissor, uma corrente muito maior circula entre o coletor e o emissor. Já vimos esse tipo de transistor no Projeto 4, em que ele foi usado para controlar a corrente de um LED Luxeon de alta potência.

Não precisamos limitar a corrente que circula entre o coletor e o emissor porque ela já está limitada pelos resistores em série dos LEDs. Entretanto, é necessário limitar a corrente que circula pela base. A maioria dos transistores multiplica a corrente por um fator de 100 ou mais. Portanto, precisamos apenas de uma corrente em torno de 2 mA para acionar totalmente o transistor.

Em condições normais de uso, os transistores têm a interessante propriedade de manter, entre a base e o emissor, a tensão em 0,6V, independentemente de quanta corrente esteja circulando. Assim, se um pino de saída estiver com 5V, então 0,6V dessa saída estará presente entre a base e o emissor do transistor. Isso significa que o nosso resistor de base deve ter um valor em torno de

$$R = V/I$$

$$R = 4,4/2\ mA = 2,2\ k\Omega$$

Na realidade, para garantir que o transistor funcione como uma chave, abrindo e fechando completamente, seria bom se a corrente de base fosse 4 mA. Como a saída digital pode lidar com até 40 mA, então não teremos problema se escolhermos um valor padronizado de 1000 ohms.

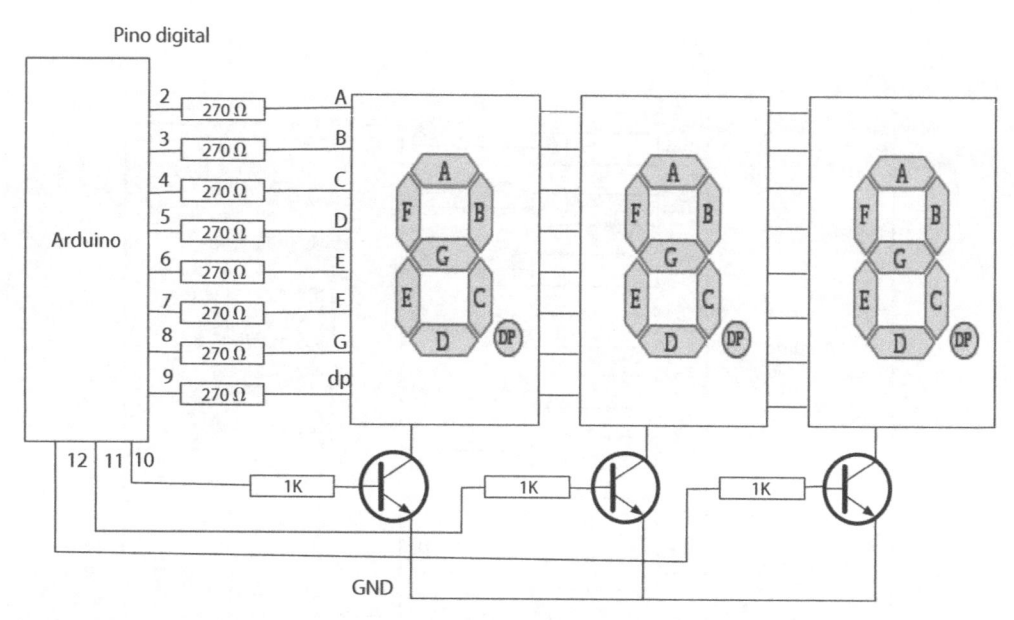

Figura 6-6 Placa de Arduino acionando mais de um display com LEDs de sete segmentos.
Fonte: do autor.

Projeto 15
›› Dados duplos com LEDs de sete segmentos

No Projeto 9, fizemos um dado simples que usava sete LEDs separados. Neste projeto, usaremos dois displays de LEDs de sete segmentos para criar dados duplos.

COMPONENTES E EQUIPAMENTO		
	Descrição	Apêndice
	Arduino Uno ou Leonardo	m1/m2
D1	Display de dois dígitos com LEDs de sete segmentos (anodo comum)	s8
R3-10	Resistor de 100 Ω e 1/4 W	r2
R1,R2	Resistor de filme metálico 1 kΩ e 1/4 W	r5
T1,T2	Transistor 2N2222	s14
S1	Chave de contato momentâneo	h3
	Protoboard	h1
	Fios de conexão (jumpers)	h2

›› Hardware

O diagrama esquemático deste projeto está na Figura 6.7.

O módulo de LEDs de sete segmentos que estamos utilizando é do tipo *anodo comum*. Isso significa que todos os anodos (terminais positivos) dos LEDs de sete segmentos estão ligados juntos. Assim, para ativar um display por vez, devemos controlar a alimentação positiva para cada um dos dois anodos comuns por vez.

Para fazer isso, usamos um transistor. Como queremos controlar a alimentação positiva, o coletor de cada transistor é ligado a 5V, e os emissores são ligados aos anodos comuns de cada display.

Usaremos resistores de 100 ohms para limitar a corrente. Isso pode ser visto embaixo na parte central da figura. Como cada dígito estará ativo durante metade do tempo, isso significa que, na média, o LED receberá apenas metade da corrente.

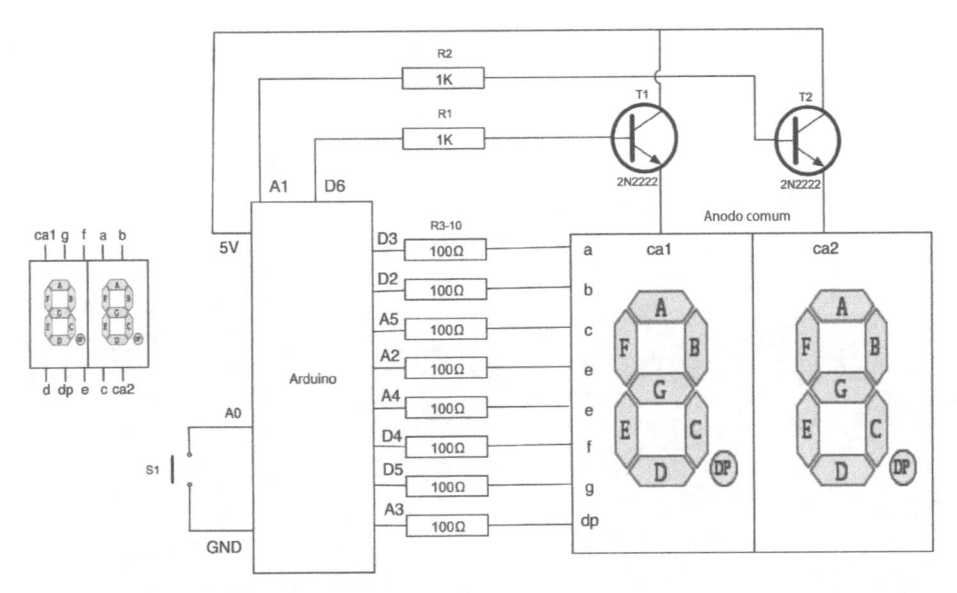

Figura 6-7 Diagrama esquemático do Projeto 15.
Fonte: do autor.

A disposição dos componentes no protoboard e uma fotografia do projeto estão mostradas nas Figuras 6-8 e 6-9.

Assegure-se de que nenhum dos resistores entrem em contato com algum outro, porque isso colocaria em curto alguns pinos de saída do Arduino, o qual poderia ser danificado.

» Software

Usamos um array para conter os pinos que estão conectados aos segmentos de "a" até "g" e ao ponto decimal. Usamos também um array para determinar quais segmentos devem estar acesos para exibir qualquer dígito em particular. Esse array é bidimensional. Cada fila representa um dígito separado (0 até 9) e cada coluna é um segmento (veja a Listagem do Projeto 15).

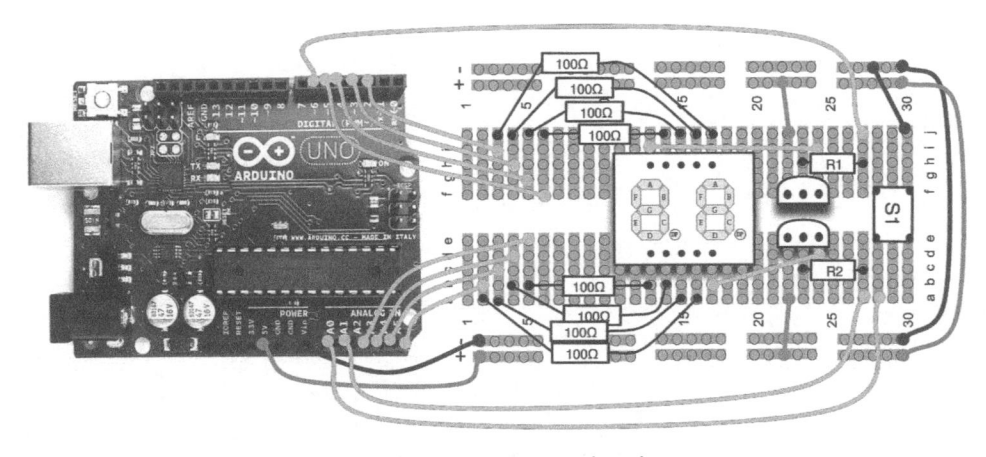

Figura 6-8 Disposição dos componentes do Projeto 15 no protoboard.
Fonte: do autor.

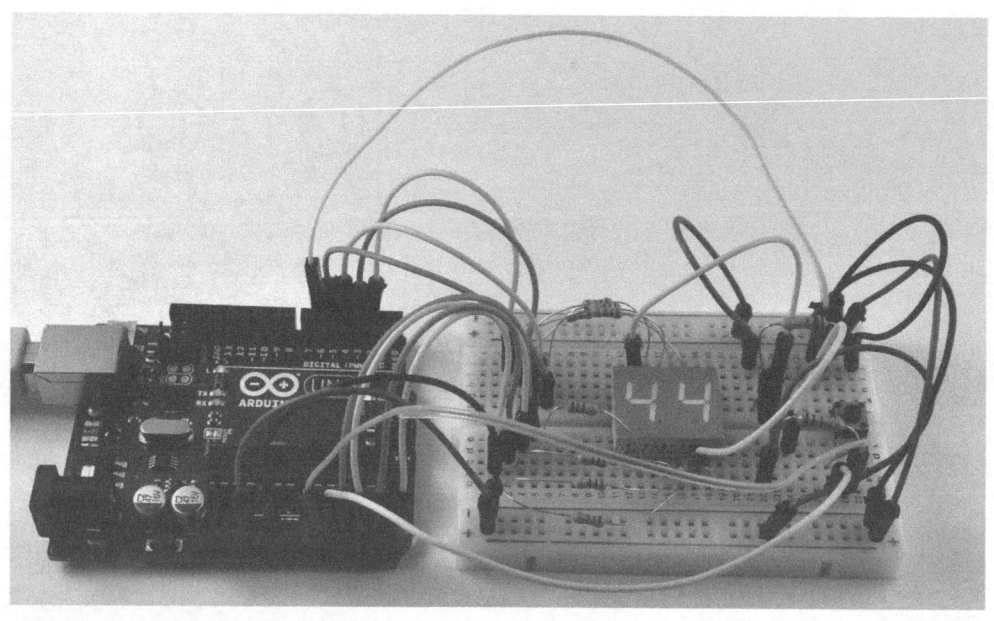

Figura 6-9 Dados duplos com displays de LEDs de sete segmentos.
Fonte: do autor.

LISTAGEM DO PROJETO 15

```
int segmentPins[] = {3, 2, A5, A2, A4, 4, 5, A3};
int displayPins[] = {A1, 6};

int buttonPin = A0;

byte digits[10][8] =
{
//   a  b  c  d  e  f  g  .
  { 1, 1, 1, 1, 1, 1, 0, 0}, // 0
  { 0, 1, 1, 0, 0, 0, 0, 0}, // 1
  { 1, 1, 0, 1, 1, 0, 1, 0}, // 2
  { 1, 1, 1, 1, 0, 0, 1, 0}, // 3
  { 0, 1, 1, 0, 0, 1, 1, 0}, // 4
  { 1, 0, 1, 1, 0, 1, 1, 0}, // 5
  { 1, 0, 1, 1, 1, 1, 1, 0}, // 6
  { 1, 1, 1, 0, 0, 0, 0, 0}, // 7
  { 1, 1, 1, 1, 1, 1, 1, 0}, // 8
  { 1, 1, 1, 1, 0, 1, 1, 0}  // 9
};

void setup()
{
  for (int i=0; i < 8; i++)
  {
    pinMode(segmentPins[i], OUTPUT);
  }
  pinMode(displayPins[0], OUTPUT);
```

LISTAGEM DO PROJETO 15

```
  pinMode(displayPins[1], OUTPUT);
  pinMode(buttonPin, INPUT_PULLUP);
}

void loop()
{
  static int dice1;
  static int dice2;
  if (digitalRead(buttonPin) == LOW)
  {
    dice1 = random(1,7);
    dice2 = random(1,7);
  }
  updateDisplay(dice1, dice2);
}

void updateDisplay(int value1, int value2)
{
  digitalWrite(displayPins[0], LOW);
  digitalWrite(displayPins[1], HIGH);
  setSegments(value1);
  delay(5);
  digitalWrite(displayPins[0], HIGH);
  digitalWrite(displayPins[1], LOW);
  setSegments(value2);
  delay(5);
}
void setSegments(int n)
{
  for (int i=0; i < 8; i++)
  {
    digitalWrite(segmentPins[i], ! digits[n][i]);
  }
}
```

Para acionar ambos os displays, devemos ativar separadamente um por vez, acendendo adequadamente os segmentos. Assim, a função loop deverá guardar os valores exibidos nos displays. Para isso, ela utiliza variáveis separadas: dice1 e dice2 (dado1 e dado2).

Para fazer o lançamento dos dados, e sempre que o botão for pressionado, novos valores de dice1 e dice2 serão produzidos. Isso significa que a jogada também dependerá de quanto tempo o botão fica pressionado. Assim, não precisamos nos preocupar em criar uma semente para o gerador de números aleatórios.

>> Juntando tudo

Carregue o sketch completo do Projeto 15, que está no Sketchbook do Arduino, e transfira-o para a placa (veja o Capítulo 1).

Projeto 16
>> *Array de LEDs*

Um array de LEDs é um daqueles dispositivos que tem tudo para ser útil a um projetista criativo. Consiste em uma matriz de LEDs que, neste caso, é de

8 por 8. Esses dispositivos podem ter apenas um LED em cada posição da matriz. No projeto que construiremos, entretanto, cada LED é, na realidade, um par de LEDs, um vermelho e um verde. Esse par está montado abaixo de uma única lente, dando a impressão de ser um único ponto. Podemos ligar cada um ou ambos ao mesmo tempo. Assim, é possível produzir as cores vermelha, verde e laranja.

O projeto completo está mostrado na Figura 6-10.

Ele utiliza um desses arrays, permitindo que padrões multicores sejam exibidos.

Usaremos um módulo da Adafruit que inclui um chip de acionamento. O módulo necessita de dois pinos para controlar a matriz de LEDs e de mais dois para a alimentação elétrica.

COMPONENTES E EQUIPAMENTO	
Descrição	Apêndice
Arduino Uno ou Leonardo	m1/m2
Módulo I^{2}C matriz de LEDs 8x8, bicolor	m5
Protoboard	h1
Fios de conexão (jumpers)	h2

Figura 6-10 Projeto 16: array de LEDs.
Fonte: do autor.

» Hardware

O módulo com a matriz de LEDs é fornecido como um kit (Figura 6-11), sendo muito fácil de montar. Instruções completas estão disponíveis no site da Adafruit. Contudo, serão necessárias algumas soldas.

A coisa mais importante é verificar se a matriz de LEDs foi soldada na placa com a orientação correta. Depois de montada, dificilmente será modificada.

A Figura 6-12 mostra o diagrama esquemático do projeto. O módulo usa um tipo de interface serial denominado I^{2}C (pronunciado "I dois C"). São utilizados apenas os dois pinos localizados após os pinos GND e AREF. No Leonardo, esses pinos são denominados SDA e SCL. No Uno, eles não recebem denominações. Outra diferença é que, no Leonardo, esses pinos são usados exclusivamente como I^{2}C, ao passo que, no Arduino Uno, eles também estão conectados a A4 e A5. Assim, no Uno, se você estiver utilizando uma interface I^{2}C, você não poderá usar os pinos A4 e A5 como entradas analógicas.

Se você tiver uma placa antiga de Arduino, sem pinos SDA e SCL, então, em seu lugar, você poderá usar os pinos A4 e A5.

Com apenas quatro pinos de conexão, a disposição dos componentes no protoboard é bem simples (Figura 6-13).

» Software

O módulo de LEDs necessita da instalação de duas bibliotecas. Ambas estão disponíveis no site da Adafruit (http://learn.adafruit.com/adafruit-led-backpack/bi-color-8x8-matrix). O procedimento de instalação é o mesmo utilizado com a biblioteca Keypad (teclado numérico) do Projeto 10.

Figura 6-11 O kit do módulo matriz de LEDs bicolor da Adafruit.
Fonte: do autor.

Ao acessar o site da Adafruit, entre na página de "Downloads". Dentro dessa página, siga os links para os dois arquivos listados a seguir. Utilize as opções de "download Zip" (na coluna da direita, embaixo). Os arquivos são:

- Adafruit-LED-Backpack-Libray-master
- Adafruit-GFX-Library-master

Extraia esses arquivos Zip e coloque-os em Meus Documentos/Arduino/libraries, como você fez com a biblioteca Keypad. Você também precisará mudar os nomes das pastas para "Adafruit_LEDBackpack" e "Adafruit_GFX."

Inicie novamente a IDE do Arduino para incluir as novas bibliotecas e carregue o sketch Project16_led_Matrix. Você deverá ver um bonito display colorido.

O software deste projeto é bem curto (Listagem do Projeto 16), utilizando bastante as bibliotecas.

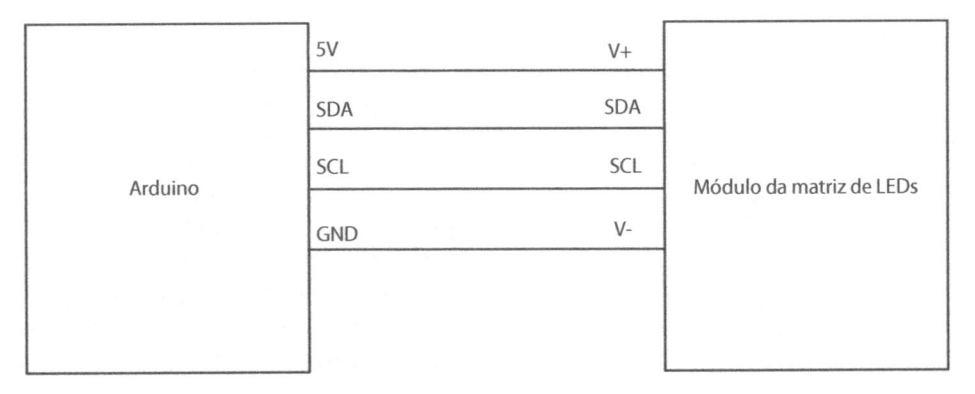

Figura 6-12 Diagrama esquemático do Projeto 16.
Fonte: do autor.

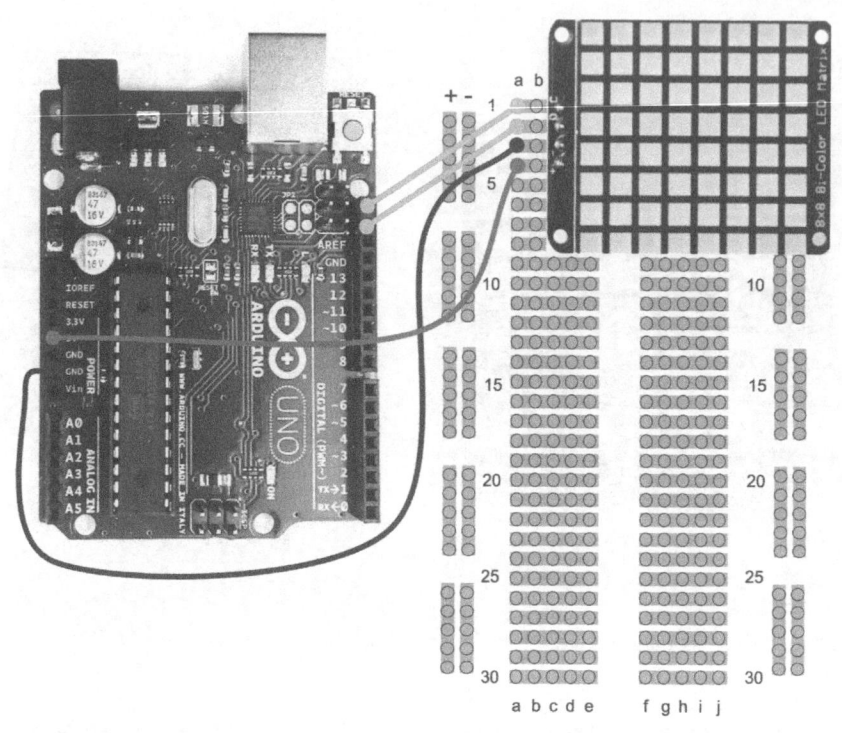

Figura 6-13 Disposição dos componentes do Projeto 16 no protoboard.
Fonte: do autor.

LISTAGEM DO PROJETO 16

```
#include <Wire.h>
#include "Adafruit_LEDBackpack.h"
#include "Adafruit_GFX.h"

Adafruit_BicolorMatrix matrix =
    Adafruit_BicolorMatrix();

void setup()
{
  matrix.begin(0x70);
}

void loop()
{
  uint16_t color = random(4);
  int x = random(8);
  int y = random(8);
  matrix.drawPixel(x, y, color);
  matrix.writeDisplay();
  delay(2);
}
```

O sketch gera coordenadas e cores aleatórias que são usadas para ativar apropriadamente o pixel correspondente.

A biblioteca GFX produz diversos tipos de efeitos especiais, incluindo a rolagem de texto e comandos para desenhar quadrados, círculos, etc. Consulte a documentação da Adafruit sobre a biblioteca GFX para desenvolver outras ideias.

» Displays LCD

Se nosso projeto precisar exibir mais dígitos, provavelmente usaremos um módulo de displays LCD. Eles apresentam a vantagem de já terem incluída toda a eletrônica de acionamento. Dessa forma, muito do trabalho já está feito sem que precisemos ficar ligando ou desligando cada dígito ou segmento separadamente.

Também há uma certa padronização em relação a esses dispositivos. Embora diversos fabricantes os produzam, costumam ser usados da mesma forma. Os dispositivos que poderemos utilizar são os acionados pelo chip HD44780.

Quando adquiridos em lojas de componentes eletrônicos, os painéis LCD podem ser bem caros, mas, se você procurar na Internet, você poderá achá-los por poucos dólares, especialmente se você adquirir diversos deles de uma só vez.

A Figura 6-14 mostra um módulo que pode exibir duas linhas de 16 caracteres. Cada caractere é constituído de uma matriz de 7 por 5 segmentos. É bom porque não é necessário acionar cada segmento separadamente.

O módulo do display contém um conjunto de caracteres. Isso significa que, para qualquer caractere, o módulo sabe quais são os segmentos que devem ser ativados. Além disso, basta dizer qual é o caractere que desejamos exibir e onde ele deve ficar no display.

Precisamos apenas sete saídas digitais para acionar o display. Quatro delas são conexões de dados, e três controlam o fluxo de dados. Os detalhes do que é enviado ao módulo LCD podem ser ignorados porque há uma biblioteca padrão que podemos utilizar.

Isso será ilustrado no próximo projeto.

Projeto 17
» *Painel de mensagens USB*

Este projeto permitirá exibir uma mensagem em um painel LCD a partir de nosso computador. Não há razão para que o módulo LCD fique próximo do computador. Assim, você pode usá-lo na extremidade de um cabo USB comprido para exibir mensagens remotamente – por exemplo, junto a um painel de intercomunicação na entrada de sua residência.

» Hardware

O diagrama esquemático do display LCD pode ser visto na Figura 6-15, e a disposição dos componentes no protoboard está na Figura 6-16. Como você pode ver, os únicos componentes necessários são o próprio módulo LCD e o resistor variável que controla o contraste do display.

COMPONENTES E EQUIPAMENTO		
	Descrição	**Apêndice**
	Arduino Uno ou Leonardo	m1/m2
	Módulo LCD (controlador HD44780)	m6
R1	Trimpot de 10 kΩ	r11
	Barra de pinos machos (no mínimo, 16)	h12
	Protoboard	h1
	Fios de conexão (jumpers)	h2

O módulo LCD recebe 4 bits de dados por vez através das conexões D4–7. O módulo LCD também dispõe de conexões para D0–3, que são usadas para transferir 8 bits por vez. Para reduzir o número de pinos, nós não iremos usar essas conexões.

Figura 6-14 Um módulo LCD 16 por 2.
Fonte: do autor.

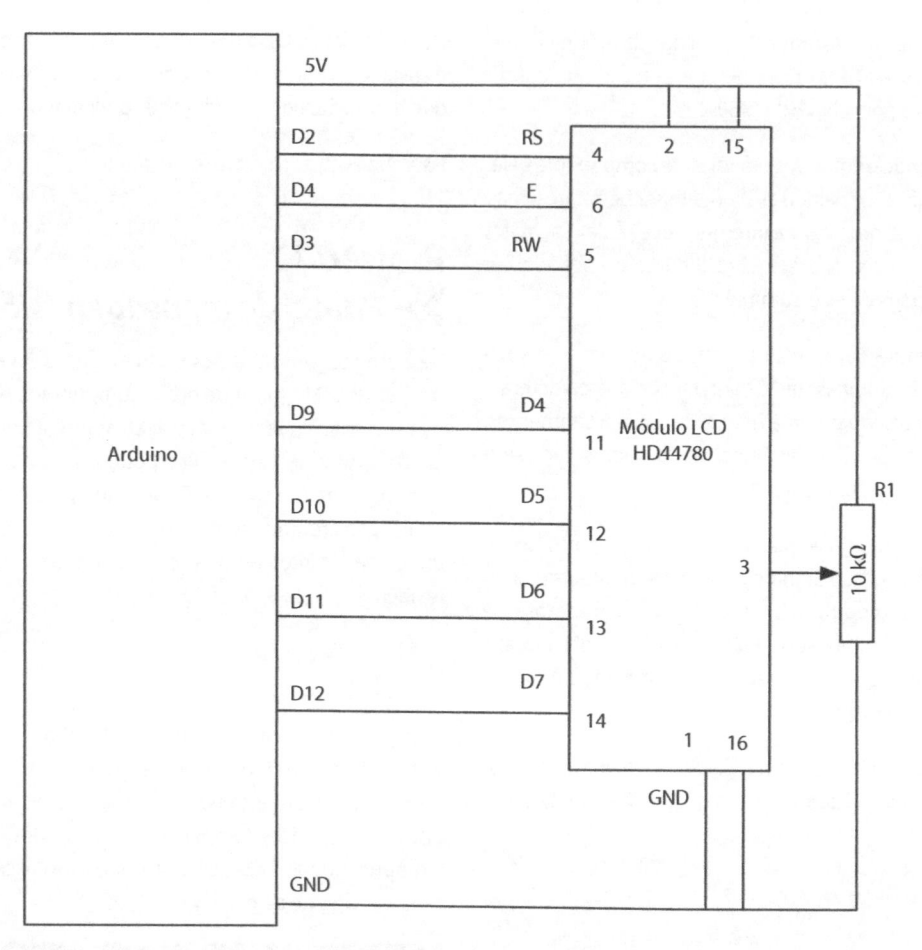

Figura 6-15 Diagrama esquemático do Projeto 17.
Fonte: do autor.

O modo mais fácil de instalar o módulo LCD no protoboard é soldando primeiro a barra de pinos machos nos terminais de conexão do módulo. Após, o módulo poderá ser inserido diretamente no protoboard. Observe que, se você alinhar o pino 1 do módulo com a fila 1 do protoboard, ficará muito mais fácil fazer a fiação do projeto.

» Software

O software deste projeto é simples (Listagem do Projeto 17). Todo o trabalho de comunicação com o módulo LCD é realizado pela biblioteca LCD. Essa biblioteca já faz parte da instalação padronizada do software do Arduino. Assim, não precisamos baixar nem instalar algo especial.

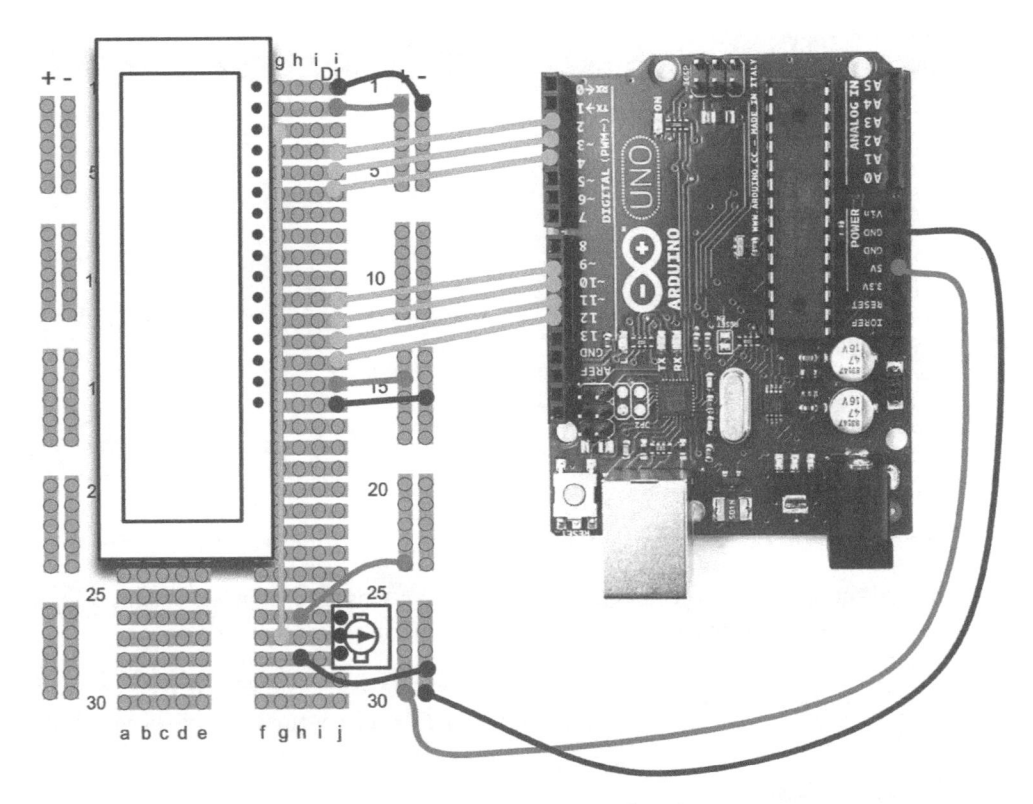

Figura 6-16 Disposição dos componentes do Projeto 17 no protoboard.
Fonte: do autor.

LISTAGEM DO PROJETO 17

```
#include <LiquidCrystal.h>


//pinos de controle e de dados do LCD (rs, rw, enable, d4, d5, d6, d7)
LiquidCrystal lcd(2, 3, 4, 9, 10, 11, 12);

void setup()
{
  Serial.begin(9600);
  lcd.begin(2, 20);
  lcd.clear();
  lcd.setCursor(0,0);
  lcd.print("Evil Genius");
  lcd.setCursor(0,1);
  lcd.print("Rules");
}

void loop()
{
  if (Serial.available())
```

(continua)

LISTAGEM DO PROJETO 17 *continuação*

```
{
  char ch = Serial.read();
  if (ch == '#')
  {
    lcd.clear();
  }
  else if (ch == '/')
  {
    lcd.setCursor(0,1);
  }
  else
  {
    lcd.write(ch);
  }
 }
}
```

A função loop lê qualquer valor de entrada. Se for um caractere, o display será limpo. Se for um /, o cursor será deslocado para a segunda linha. Nos demais casos, o caractere enviado é simplesmente exibido.

» Juntando tudo

Carregue o sketch completo do Projeto 17, que está no Sketchbook do Arduino, e transfira-o para a placa (veja o Capítulo 1).

Provavelmente, você terá de girar o potenciômetro até que o contraste do display esteja correto.

Agora podemos testar o projeto abrindo o Serial Monitor e digitando algum texto.

Mais adiante, no Projeto 22, voltaremos a usar o painel LCD com um termistor e um encoder rotativo para fazer um termostato.

» Resumo

Isso é tudo para os projetos relacionados com LEDs e luz. No Capítulo 7, examinaremos alguns projetos que utilizam som.

capítulo 7

Projetos com som

Uma placa de Arduino pode ser utilizada tanto para gerar som em uma saída como para receber sons em uma entrada por meio de um microfone. Neste capítulo, temos projetos do tipo "instrumento musical" e também projetos que processam entradas de som. Mesmo não sendo rigorosamente um projeto com "som", o nosso primeiro projeto criará um osciloscópio simplificado. Com ele, poderemos ver a forma de onda de um sinal presente em uma entrada analógica.

Objetivos deste capítulo

» Definir maneiras de lidar com som.

» Ler valores de entrada e repassá-los a um computador pelo cabo USB.

» Reproduzir áudio com uma placa de Arduino.

» Demonstrar como construir alguns instrumentos musicais.

Projeto 18
›› Osciloscópio

Um *osciloscópio* é um dispositivo que permite ver graficamente a forma de onda de um sinal eletrônico. Um osciloscópio tradicional funciona amplificando um sinal e controlando a posição de um ponto no eixo Y (vertical) de um tubo de raios catódicos. Ao mesmo tempo, um mecanismo de base de tempo faz repetidamente uma varredura da esquerda para a direita no eixo X (horizontal) e, então, ao chegar ao final retorna ao ponto inicial no lado esquerdo. O resultado será semelhante ao da Figura 7-1.

Atualmente, os osciloscópios digitais com displays LCD têm substituído amplamente os osciloscópios de raios catódicos, mas os princípios permanecem os mesmos.

Neste projeto, leremos valores da entrada analógica que serão repassados ao computador pelo cabo USB. Em vez de serem recebidos pelo Serial Monitor, eles serão recebidos por um pequeno programa que os exibe na forma de osciloscópio. À medida que o sinal muda, a forma de onda também muda.

Observe que, por ser um osciloscópio, não ganhará um prêmio pela sua precisão ou velocidade, mas, além de ser divertido construí-lo, exibe formas de onda com até cerca de 1 kHz.

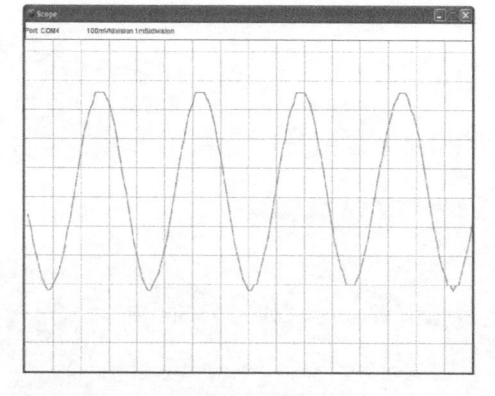

Figura 7-1 Uma onda senoidal de 230 Hz em um osciloscópio.
Fonte: do autor.

COMPONENTES E EQUIPAMENTO

	Descrição	Apêndice
	Arduino Uno ou Leonardo	m1/m2
C1	Capacitor de 220 nF	c2
C2,C3	Capacitor eletrolítico de 100 μF	c3
R1,R2	Resistor de 1 MΩ e 1/4 W	r10
R3,R4	Resistor de 1 kΩ e 1/4 W	r5
D1	Diodo zener de 5,1V	s13
	Protoboard	h1
	Fios de conexão (jumpers)	h2

Esta é a primeira vez que estamos utilizando capacitores. O capacitor C1 pode ser conectado de qualquer forma, mas C2 e C3 são polarizados e devem ser conectados com a orientação correta, caso contrário provavelmente serão danificados. Assim como com os LEDs, nos capacitores polarizados, o terminal positivo (marcado com um retângulo branco no símbolo esquemático) é mais comprido do que o terminal negativo, que costuma ter um sinal negativo (–) ou o símbolo de um diamante. Em caso de dúvida, procure a folha de especificações fornecida pelo fabricante.

›› Hardware

A Figura 7-2 mostra o diagrama esquemático do Projeto 18, e a Figura 7-3, a disposição dos componentes no protoboard.

Há duas partes no circuito. Os resistores R1 e R2 são de valor elevado e "polarizam" com 2,5V o sinal que vai à entrada analógica. Eles são como um divisor de tensão. O capacitor C1 permite a passagem do sinal filtrando qualquer componente de corrente contínua (CC). Corresponde ao modo de corrente alternada (CA) em um osciloscópio tradicional.

Os componentes R3, R4, C2 e C3 fornecem uma tensão de referência estável de 2,5V. Isso ocorre porque, desse modo, o osciloscópio poderá exibir sinais positivos e negativos. Qualquer sinal presente na ponteira de teste será relativo à outra ponteira, que está fixa em 2,5V. Dessa forma, um valor

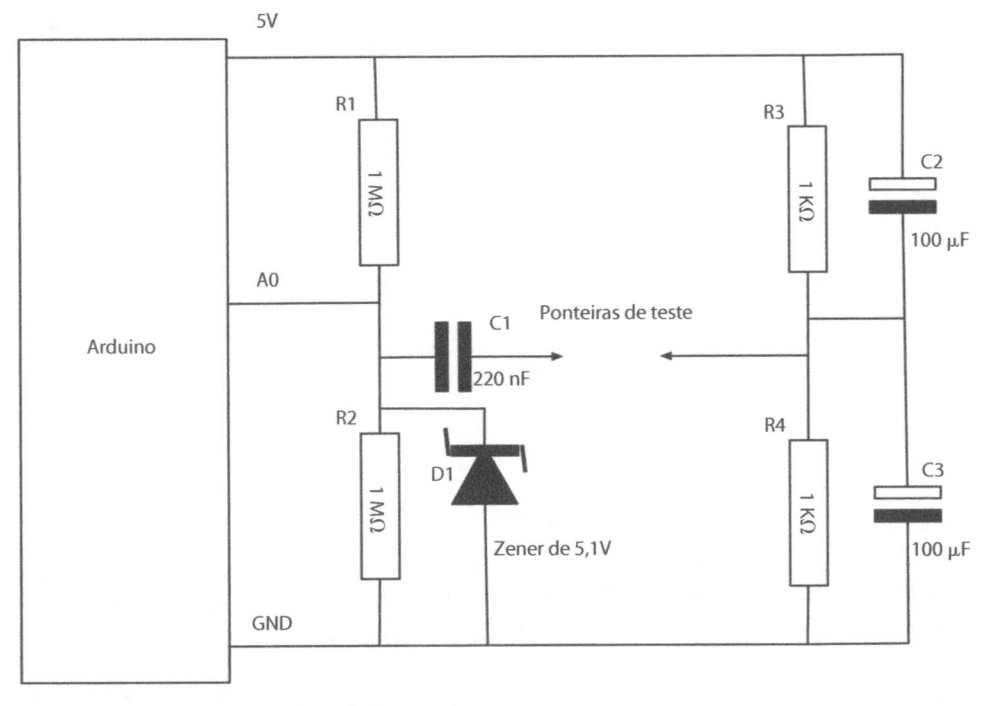

Figura 7-2 Diagrama esquemático do Projeto 18.
Fonte: do autor.

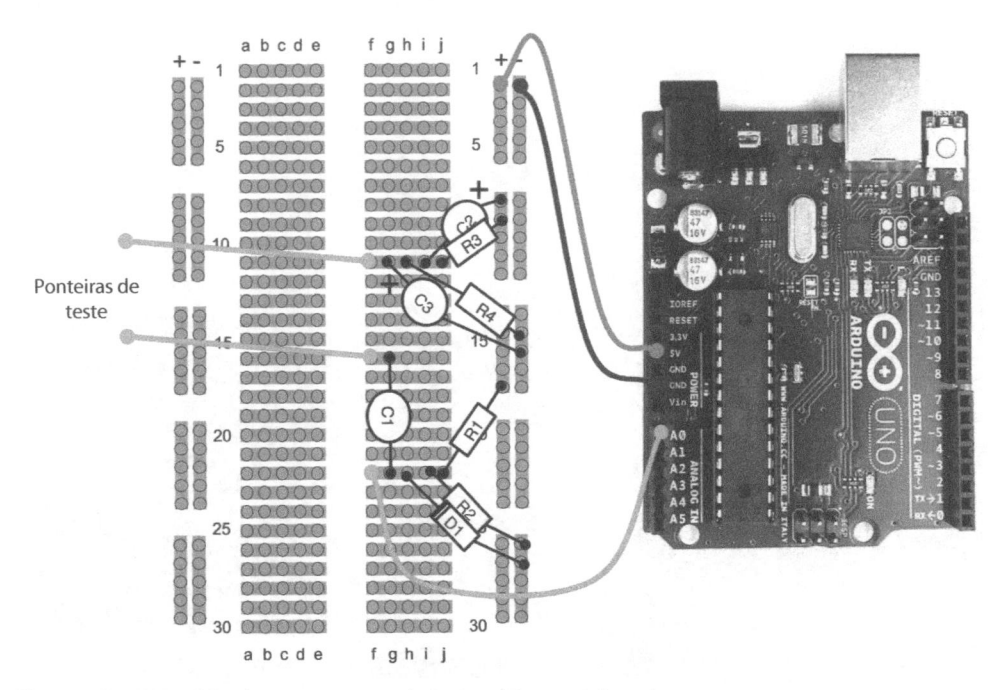

Figura 7-3 Disposição dos componentes do Projeto 18 no protoboard.
Fonte: do autor.

negativo significará um valor menor que 2,5V na entrada analógica.

O diodo D1 protegerá a entrada analógica de alguma tensão excessiva acidental.

A Figura 7-4 mostra o osciloscópio completo.

» Software

O sketch desse projeto é pequeno e simples (Listagem do Projeto 18). O seu único propósito é ler o valor presente na entrada analógica e enviá-lo à porta USB o mais rapidamente possível.

A primeira coisa a observar é o aumento da taxa de bauds, que foi elevada para 115.200, a maior possível. Para transferir o máximo de dados através da conexão, sem usar as técnicas complexas de compressão de dados, os nossos valores brutos de 10 bits serão deslocados para direita de 2 bits (>>2). O resultado será uma divisão por quatro, permitindo que cada valor seja armazenado em um byte simples.

LISTAGEM DO PROJETO 18

```
int analogPin = 0;

void setup()
{
Serial.begin(115200);
}

void loop()
{
  int value = analogRead(analogPin);
  byte data = (value >> 2);
  Serial.write(data);
}
```

Naturalmente, precisaremos de um software para ser executado em nosso computador e que nos permita ver os dados enviados pela placa (Figura 7-1). Ele pode ser baixado na página do livro em loja.grupoa.com.br.

Para instalar o software, primeiro você precisa instalar um software de nome *Processing*, que é utilizado para escrever aplicativos de computador que

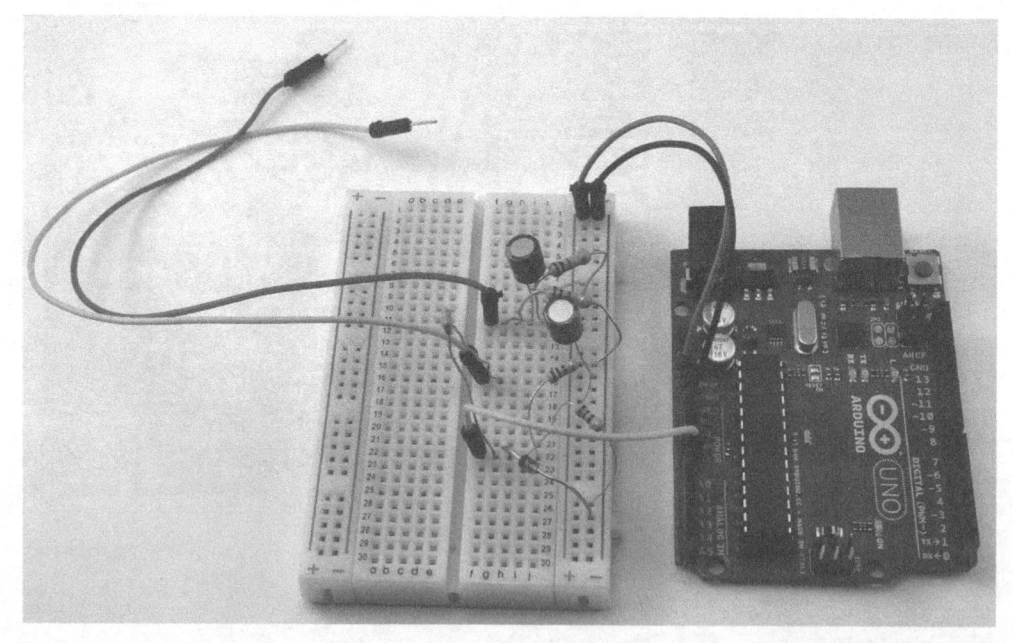

Figura 7-4 Projeto 18: osciloscópio.
Fonte: do autor.

se comunicam com um Arduino. De fato, a IDE do Arduino foi escrita em Processing

Como ocorre com a IDE do Arduino, o Processing também está disponível para Windows, Mac e Linux e pode ser baixado de www.processing.org.

Quando o Processing estiver instalado, execute-o. As semelhanças com a IDE do Arduino serão imediatamente visíveis. Agora abra o arquivo scope.pde e clique no botão "Play" para executá-lo.

Uma janela como a da Figura 7-1 deverá aparecer.

>> Juntando tudo

Carregue o sketch completo do Projeto 18, que está no Sketchbook do Arduino, e transfira-o para a placa (veja o Capítulo 1). Instale o software no seu computador, como descrito antes, e você estará pronto para começar.

A maneira mais fácil de testar o osciloscópio é usar um sinal que se encontra facilmente disponível e que permeia a maior parte de nossas vidas: o zumbido elétrico produzido pelos aparelhos elétricos. A eletricidade residencial oscila com uma frequência de 50 ou 60 Hz (dependendo de onde você vive). Todos os aparelhos elétricos emitem radiação eletromagnética em uma dessas frequências. Para captá-la, tudo que você deve fazer é encostar em uma ponteira de teste que esteja conectada à entrada analógica. Você deverá ver um sinal semelhante ao da Figura 7-1. Ao mesmo tempo, experimente mexer a outra mão próximo de qualquer equipamento para ver como o sinal se modifica.

O sinal mostrado na Figura 7-1 é, na realidade, uma onda senoidal de 230 Hz produzida por um aplicativo de smartphone gerador de funções.

>> Geração de áudio

Você pode gerar sons com uma placa de Arduino simplesmente ligando e desligando um de seus pinos com a frequência correta. Se você fizer isso, o som produzido será áspero e não harmonioso. É o que se denomina *onda quadrada*. Para produzir um som mais agradável, você precisa de um sinal que pareça com uma onda senoidal (Figura 7-5).

A geração de uma onda senoidal requer um pouco de imaginação e esforço. Uma primeira ideia poderia ser o uso de uma saída analógica de um dos pinos para produzir a forma de onda. Entretanto, o problema é que as saídas analógicas do Arduino não são realmente saídas analógicas. Elas são saídas moduladas por largura de pulso (PWM), sendo ligadas e desligadas muito rapidamente. Na realidade, a sua frequência de chaveamento está

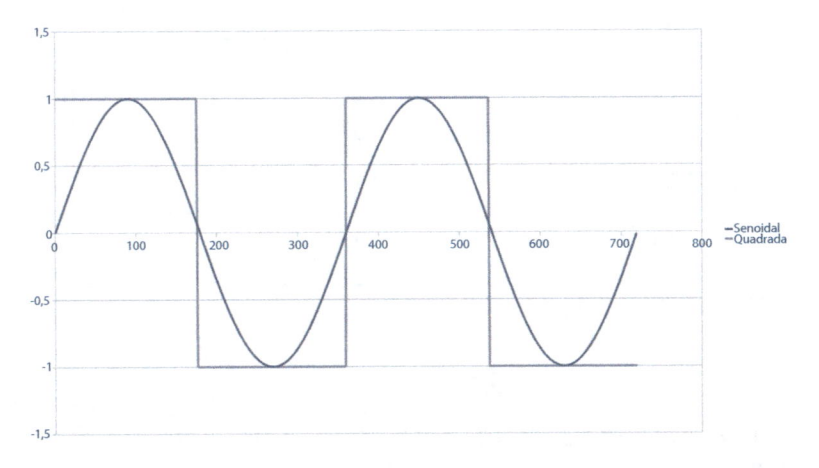

Figura 7-5 Ondas quadrada e senoidal.
Fonte: do autor.

em uma faixa de áudio, de modo que, sem muito cuidado, o nosso sinal soará tão ruim quanto uma onda quadrada.

Uma maneira melhor seria usar um conversor digital-analógico (DAC). Um DAC (digital-to-analog converter) tem uma série de entradas digitais e produz uma tensão de saída proporcional ao valor da entrada digital. Felizmente, é fácil construir um DAC simples – precisamos apenas de resistores.

A Figura 7-6 mostra um DAC construído com a assim chamada escada R-2R de resistores.

Ela utiliza resistores com o valor R e o dobro de R. Assim, R poderia ser 5K e 2R poderia ser 10K. Cada uma das entradas digitais será conectada a uma saída digital do Arduino. Os quatro dígitos representam os 4 bits do número digital. Desse modo, poderemos ter 16 saídas analógicas diferentes, como mostrado na Tabela 7-1.

Uma outra forma de gerar uma dada forma de onda é por usar o comando analogOutput do Arduino. Aqui, o Arduino usa a técnica PWM – você já viu, no Capítulo 4, como usar essa técnica para controlar o brilho de LEDs.

Tabela 7-1 » Saída analógica para entradas digitais

D3	D2	D1	D0	Saída
0	0	0	0	0
0	0	0	1	1
0	0	1	0	2
0	0	1	1	3
0	1	0	0	4
0	1	0	1	5
0	1	1	0	6
0	1	1	1	7
1	0	0	0	8
1	0	0	1	9
1	0	1	0	10
1	0	1	1	11
1	1	0	0	12
1	1	0	1	13
1	1	1	0	14
1	1	1	1	15

Fonte: do autor.

A Figura 7-7 mostra o sinal de um pino PWM do Arduino.

O pino de PWM está oscilando em torno de 500 vezes por segundo (hertz). O tempo relativo que o pino está em nível alto varia com o valor especificado na função analogWrite. Assim, olhando a Figura

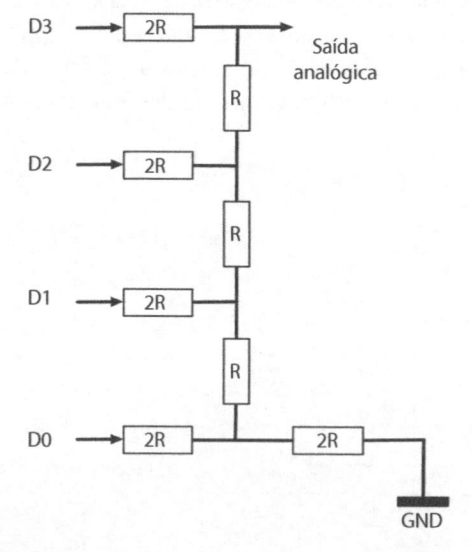

Figura 7-6 Conversor digital-analógico usando uma escada R-2R.
Fonte: do autor.

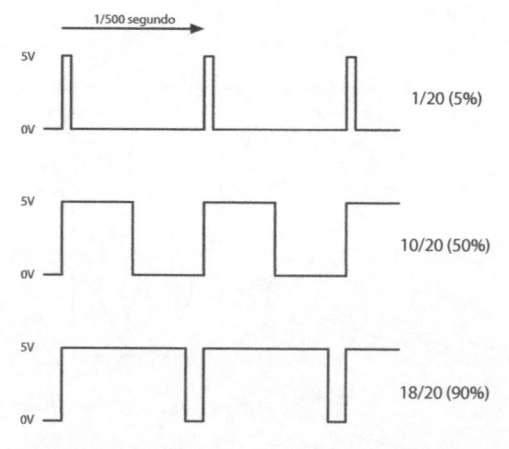

Figura 7-7 Modulação por largura de pulso (PWM).
Fonte: do autor.

7-7, se a saída estiver alta apenas durante 5% do tempo, então o que estivermos acionando receberá apenas 5% da potência total. Se, entretanto, a saída estiver em 5V durante 90% do tempo, então a carga receberá 90% da potência.

Devido à inércia de rotação do motor, quando um motor é acionando com PWM, ele não arranca e para 500 vezes por segundo. Ele recebe apenas um empurrão de intensidade variável a cada 5 centésimos de segundo. O efeito resultante é um controle suave da velocidade do motor.

Os LEDs podem responder muito mais rapidamente do que um motor, mas o efeito é o mesmo. Como não conseguimos enxergar os LEDs acendendo e apagando nessa velocidade, o que vemos é o brilho se modificando.

Podemos usar essa mesma técnica para criar uma onda senoidal, mas há um problema. A frequência padronizada usada pelo Arduino para produzir seus pulsos PWM está em torno de 500 Hz, que fica bem dentro da faixa audível de frequência. Felizmente, podemos alterar essa frequência em nosso sketch, tornando-a muito mais elevada e fora da faixa de audição.

A Figura 7-8 mostra dois traçados, em um osciloscópio, de uma onda senoidal de 254 Hz, que foi gerada a partir de uma sucessão de valores em um array.

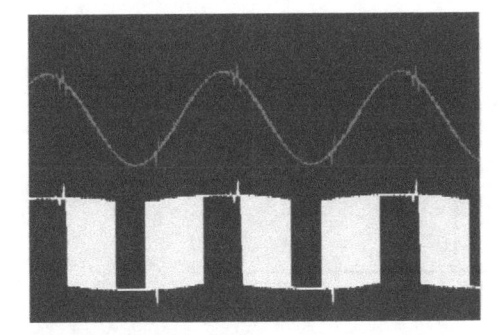

Figura 7-8 Traçados de osciloscópio na geração de onda senoidal.
Fonte: do autor.

O array contém uma série de valores que, quando usados sucessivamente com o comando analogWrite, produz o efeito de uma onda senoidal.

O traçado inferior mostra o sinal PWM bruto, com os pulsos mais concentrados correspondendo aos picos e vales da onda senoidal, e os mais espalhados correspondendo à parte média da onda senoidal. O traçado superior mostra esse mesmo sinal depois de passar por um filtro passa-baixa, que elimina a alta frequência PWM (63 kHz), deixando-nos com uma onda senoidal bem formada.

Projeto 19
>> *Tocador de música*

Este projeto executará uma sucessão de notas musicais por meio de um alto-falante miniatura usando PWM para fazer uma onda senoidal aproximada.

Se você conseguir um alto-falante miniatura com terminais para serem soldados em uma placa de circuito impresso (PCB), então você poderá encaixá-lo diretamente no protoboard. Caso contrário, você deverá soldar alguns pedaços de fio rígido aos terminais do alto-falante ou, se não tiver um ferro de soldar, poderá enrolar com cuidado pedaços de fio em torno dos terminais.

COMPONENTES E EQUIPAMENTO		
	Descrição	Apêndice
	Arduino Uno ou Leonardo	m1/m2
C1	Capacitor não polarizado de 100 nF	c1
C2	Capacitor eletrolítico de 100 μF, 16V	c3
R1	Resistor de 470 Ω e 1/4 W	r4
R2	Trimpot de 10 Ω	r11
CI1	TDA7052 Amplificador de áudio de 1W	s23
	Alto-falante miniatura de 8 Ω	h14
	Protoboard	h1
	Fios de conexão (jumpers)	h2

» Hardware

Para não utilizar muitos componentes, utilizamos um circuito integrado (CI) para amplificar o sinal e acionar o alto-falante. O circuito TDA7052 fornece 1 W de potência com um pequeno chip de oito pinos e é de fácil utilização.

A Figura 7-9 mostra o diagrama esquemático do Projeto 19, e a disposição dos componentes no protoboard está mostrada na Figura 7-10.

Em conjunto, R1 e C1 funcionam como um filtro passa-baixa que elimina o ruído PWM de alta frequência antes que seja passado para o chip amplificador.

O C2 é usado como um capacitor de desacoplamento que desvia qualquer interferência vinda pela rede elétrica ao terra. Ele deve estar o mais próximo possível de CI1.

O resistor variável R2 (trimpot) é um divisor de tensão que reduz o sinal vindo do filtro R1C1 em pelo menos 10 vezes, dependendo do ajuste feito no resistor variável. É o controle de volume.

» Software

Para gerar uma onda senoidal, o sketch usa sucessivamente uma série de valores armazenados no array "sine" (seno). Esses valores estão plotados no gráfico da Figura 7-11. Não é a onda senoidal mais perfeita do mundo, mas definitivamente é melhor do que uma onda quadrada (veja a Listagem do Projeto 19).

A função setup contém os comandos "mágicos" que alteram a frequência PWM.

A função playNote (toca uma nota musical) é a chave da geração das notas. A altura (frequência) da nota gerada é controlada pelo retardo após cada passo do sinal dentro da função playSine (toca seno), a qual é chamada pela função playNote.

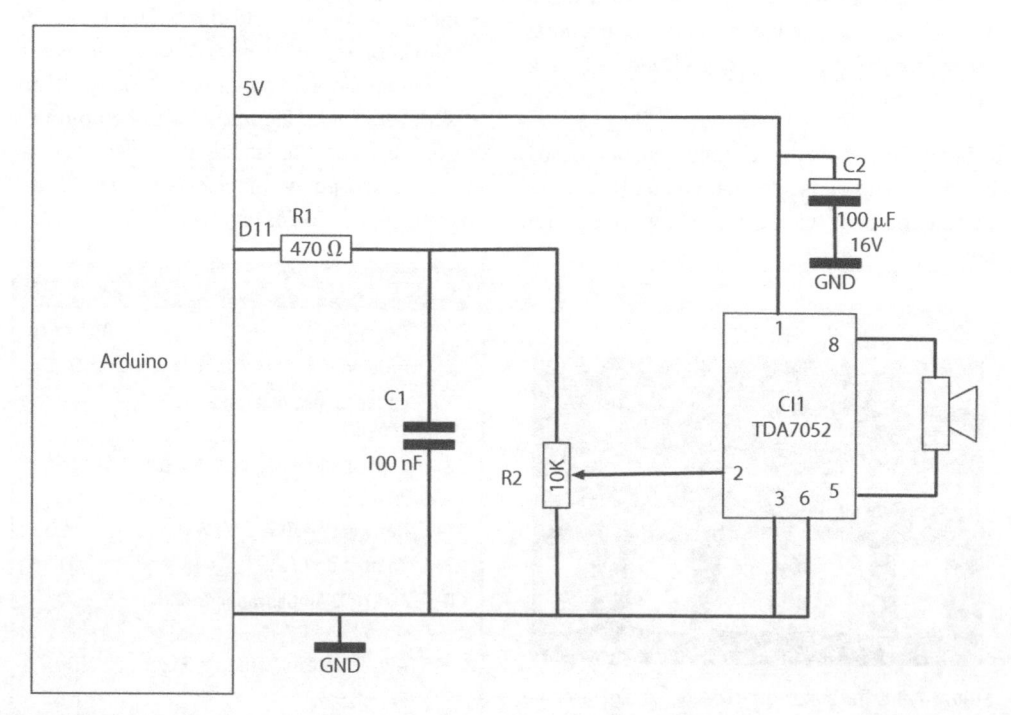

Figura 7-9   O diagrama esquemático do Projeto 19.
Fonte: do autor.

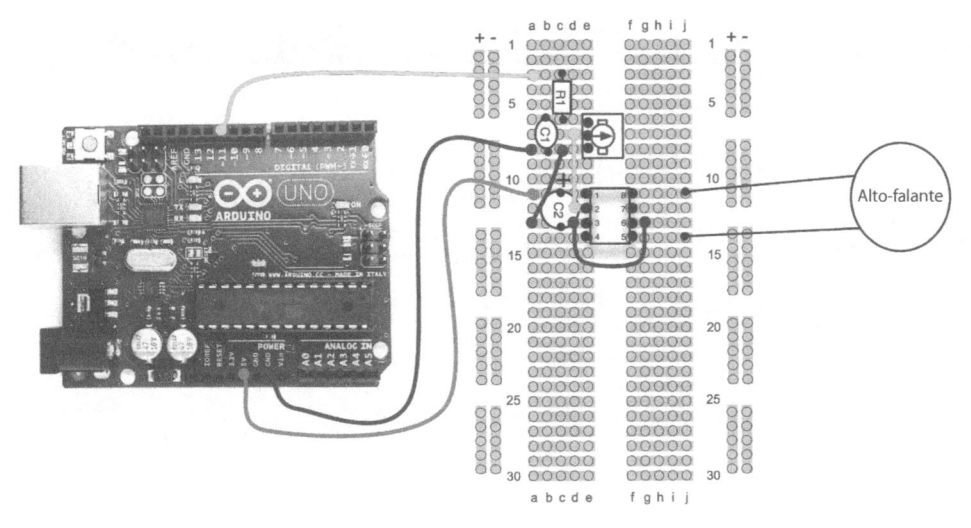

Figura 7-10 A disposição dos componentes do Projeto 19 no protoboard.
Fonte: do autor.

As músicas são tocadas a partir de um array de caracteres, em que cada caractere corresponde a uma nota e um intervalo para o silêncio entre as notas. O laço principal "loop" examina cada letra (nota) da variável song (canção) e a executa. Quando a canção inteira tiver sido tocada, há uma pausa de 5 segundos e, em seguida, a canção começa a ser tocada novamente.

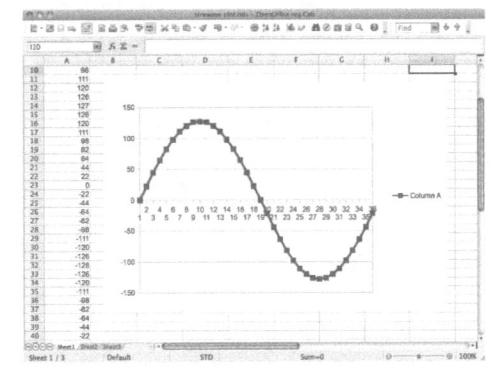

Figura 7-11 Um gráfico do array "sine" (seno).
Fonte: do autor.

LISTAGEM DO PROJETO 19

```
int soundPin = 11;

byte sine[] = {0, 22, 44, 64, 82, 98, 111, 120, 126, 127,
126, 120, 111, 98, 82, 64, 44, 22, 0, -22, -44, -64, -82,
-98, -111, -120, -126, -128, -126, -120, -111, -98, -82,
-64, -44, -22};

int toneDurations[] = {120, 105, 98, 89, 78, 74, 62};

char* song = "e e ee e e ee e g c d eeee f f f f f e e e e d d e dd gg e e ee e e ee e g c d eeee f f f f f e e e g g f d cccc";
```

(continua)

LISTAGEM DO PROJETO 19 *continuação*

```
void setup()
{
  // alterar a frequência PWM para 63kHz
  cli();                          //desabilitar interrupções enquanto configura os registradores
  bitSet(TCCR2A, WGM20);
  bitSet(TCCR2A, WGM21);          //ajustar Timer2 para modo PWM rápido (dobra a frequência PWM)
  bitSet(TCCR2B, CS20);
  bitClear(TCCR2B, CS21);
  bitClear(TCCR2B, CS22);
  sei();                          //habilitar interrupções após configurar os registradores
  pinMode(soundPin, OUTPUT);
}

void loop()
{
  int i = 0;
  char ch = song[0];
  while (ch != 0)
  {
    if (ch == ' ')
    {
      delay(75);
    }
    else if (ch >= 'a' and ch <= 'g')
    {
      playNote(toneDurations[ch - 'a']);
    }
    i++;
    ch = song[i];
  }

  delay(5000);
}

void playNote(int pitchDelay)
{
  long numCycles = 5000 / pitchDelay;
  for (int c = 0; c < numCycles; c++)
  {
    playSine(pitchDelay);
  }
}

void playSine(int period)
{
  for( int i = 0; i < 36; i++)
  {
    analogWrite(soundPin, sine[i] + 128);
    delayMicroseconds(period);
  }
}
```

>> Juntando tudo

Carregue o sketch completo do Projeto 19, que está no Sketchbook do Arduino, e transfira-o para a placa (veja o Capítulo 1).

A música tocada é "Jingle Bells". Talvez você queira trocá-la por outra.* Para isso, coloque // no início da linha que começa por "char* song =" para transformá-la em um comentário. Em seguida, defina o array da sua música.

Para uma nota de duração maior, simplesmente repita a letra da nota sem colocar um espaço entre elas.

Você observará que a qualidade não é muito boa. Mesmo assim, é bem melhor do que a de uma onda quadrada. Estamos muito distantes do som de alta qualidade produzido por um instrumento musical real, em que cada nota tem um "envelope" próprio que controla a sua amplitude (volume) à medida que é tocada.

Projeto 20
>> *Harpa luminosa*

Este projeto é, na realidade, uma adaptação do Projeto 19, que utiliza dois sensores luminosos (LDRs): um que controla a altura (frequência) do som e outro que controla o volume. Isso foi inspirado no instrumento musical Theremin que, para ser tocado, requer que você movimente suas mãos no ar entre duas antenas. Na realidade, este projeto produz um som mais semelhante ao de uma gaita de fole do que ao de uma harpa, mas é bem divertido.

---

* N. de T.: Para representar a música no array, o autor usa a notação em que a sequência de notas de "lá" até "sol" corresponde à sequência de letras de "a" até "g".

COMPONENTES E EQUIPAMENTO

	Descrição	Apêndice
	Arduino Uno ou Leonardo	m1/m2
C1	Capacitor não polarizado de 100 nF	c1
C2	Capacitor eletrolítico de 100 µF, 16V	c3
R1	Resistor de 470 Ω e 1/4 W	r4
R2,R3	Resistor de 1 kΩ e 1/4 W	r5
R6	Trimpot de 10 kΩ	r11
R4,R5	LDR	r13
CI1	TDA7052 Amplificador de áudio de 1W	s23
	Alto-falante miniatura de 8 Ω	h14
	Protoboard	h1
	Fios de conexão (jumpers)	h2

>> Hardware

A Figura 7-12 mostra o diagrama esquemático do Projeto 20, e a Figura 7-13 mostra a disposição dos componentes no protoboard. A Figura 7-14 mostra o projeto completo.

Os LDRs R4 e R5 estão distanciados entre si para facilitar o uso do instrumento com as duas mãos.

>> Software

O software deste projeto é muito similar ao do Projeto 19 (Veja listagem do Projeto 20).

Há duas diferenças principais. O período passado à função playSine é determinado pelo valor da entrada analógica 0. A seguir, esse valor é ajustado para a faixa correta usando a função map. Do mesmo modo, o volume é determinado lendo o valor da entrada analógica 1, ajustando-o com a função map e, então, usando-o para modificar os valores do array sine antes de gerar as notas musicais.

Os LDRs têm diversas faixas de resistência. Por isso, você talvez tenha que testar e alterar os valores das

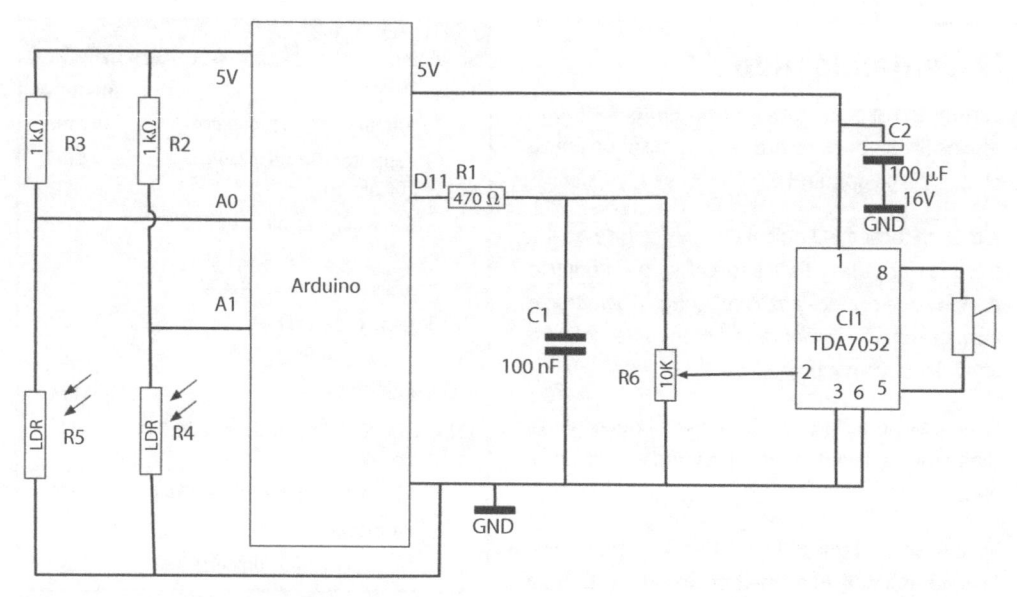

Figura 7-12 Diagrama esquemático do Projeto 20.
Fonte: do autor.

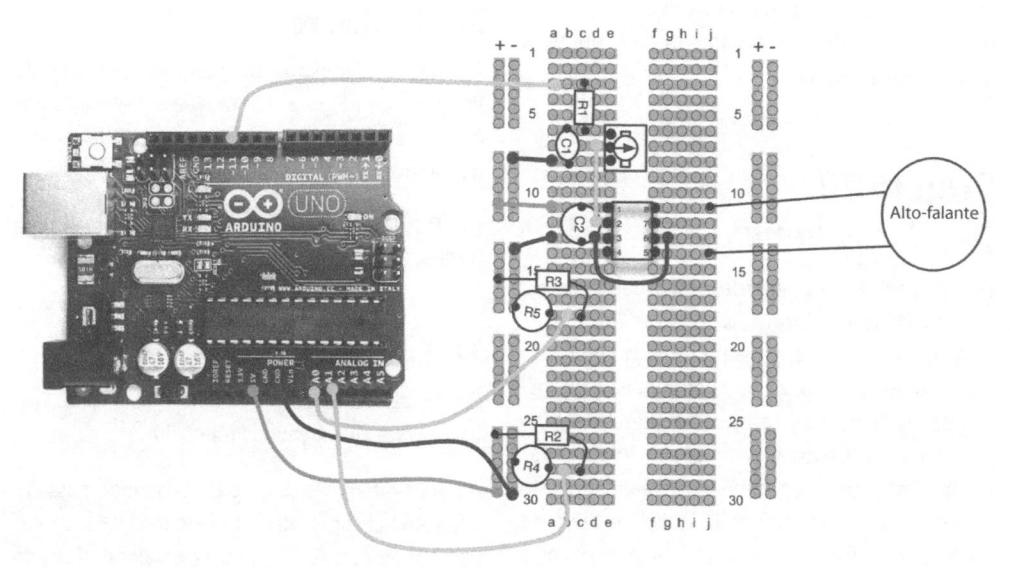

Figura 7-13 Disposição dos componentes do Projeto 20 no protoboard.
Fonte: do autor.

Figura 7-14 Projeto 20: harpa luminosa.
Fonte: do autor.

LISTAGEM DO PROJETO 20

```
int soundPin = 11;
int pitchInputPin = 0;
int volumeInputPin = 1;
int ldrDim = 400;
int ldrBright = 800;

byte sine[] = {0, 22, 44, 64, 82, 98, 111, 120, 126, 127,
126, 120, 111, 98, 82, 64, 44, 22, 0, -22, -44, -64, -82,
-98, -111, -120, -126, -128, -126, -120, -111, -98, -82,
-64, -44, -22};

long lastCheckTime = millis();
int pitchDelay;
int volume;

void setup()
{
  // alterar a frequência PWM para 63kHz
  cli();                        //desabilitar interrupções enquanto configura os registradores
  bitSet(TCCR2A, WGM20);
  bitSet(TCCR2A, WGM21);        //ajustar Timer2 para modo PWM rápido (dobra a frequência PWM)
  bitSet(TCCR2B, CS20);
  bitClear(TCCR2B, CS21);
  bitClear(TCCR2B, CS22);
  sei();                        //habilitar interrupções após configurar os registradores
```

(continua)

LISTAGEM DO PROJETO 20 *continuação*

```
  pinMode(soundPin, OUTPUT);
}

void loop()
{
  long now = millis();
  if (now > lastCheckTime + 20L)
  {
    pitchDelay = map(analogRead(pitchInputPin), ldrDim, ldrBright, 10, 30);
    volume = map(analogRead(volumeInputPin), ldrDim, ldrBright, 1, 4);
    lastCheckTime = now;
  }

  playSine(pitchDelay, volume);
}

void playSine(int period, int volume)
{
  for( int i = 0; i < 36; i++)
  {
    analogWrite(soundPin, (sine[i] / volume) + 128);
    delayMicroseconds(period);
  }
}
```

variáveis ldrDim e ldrBright para obter intervalos melhores de altura e volume.

>> Juntando tudo

Carregue o sketch completo do Projeto 20, que está no Sketchbook do Arduino, e transfira-o para a placa (veja o Capítulo 1).

Para tocar o "instrumento", passe a sua mão direita sobre o LDR que controla o volume do som e passe a mão esquerda sobre o outro LDR que controla a altura do som. Efeitos interessantes podem ser obtidos movimentando as mãos sobre os LDRs.

Projeto 21
>> Medidor VU

Este projeto (mostrado na Figura 7-15) utiliza LEDs para mostrar, na forma de uma barra gráfica, o volume do ruído captado por um microfone. Utilizamos um array de LEDs montados em DIL (dual-

-in-line, a forma comum de encapsular circuitos integrados).

O botão permite alternar o modo de funcionamento do medidor VU. No modo normal, a barra gráfica

Figura 7-15 Projeto 21: medidor de VU.
Fonte: do autor.

(bar graph) simplesmente sobe e desce acompanhando o volume do som. No modo máximo ou de pico, a barra gráfica registra também o valor máximo ocorrido até o momento e acende o LED correspondente. Desse modo, aos poucos, o valor máximo do nível do som aparece cada vez mais para cima.

COMPONENTES E EQUIPAMENTO		
	Descrição	Apêndice
	Arduino Uno ou Leonardo	m1/m2
R1,R3	Resistor de 10 kΩ e 1/4 W	r6
R2	Resistor de 100 kΩ e 1/4 W	r8
R4-13	Resistor de 270 Ω e 1/4 W	r3
C1	Capacitor não polarizado de 100 nF	c1
T1	Transistor 2N2222	s14
	Display bar graph de 10 segmentos	s9
S1	Chave de contato momentâneo	h3
	Microfone de eletreto	h15
	Protoboard	h1
	Fios de conexão (jumpers)	h2

» Hardware

O diagrama esquemático deste projeto está mostrado na Figura 7-16. O array de LEDs (bar graph) tem conexões separadas para cada LED. Os LEDs devem ser acionados através de resistores limitadores de corrente.

O microfone não gera um sinal suficientemente forte para acionar diretamente a entrada analógica. Por isso, para reforçá-lo, usaremos um amplificador de um estágio. Escolhemos uma configuração padronizada denominada *polarização com realimentação de coletor*, em que uma parte da tensão do coletor é usada para polarizar o transistor. Desse modo, a amplificação será mais linear do que simplesmente um liga e desliga do sinal.

A disposição dos componentes no protoboard está mostrada na Figura 7-17. Com tantos LEDs, muitos fios serão necessários. Assegure-se de que o módulo de LEDs esteja com as conexões negativas de LED voltadas para a esquerda, como aparece na

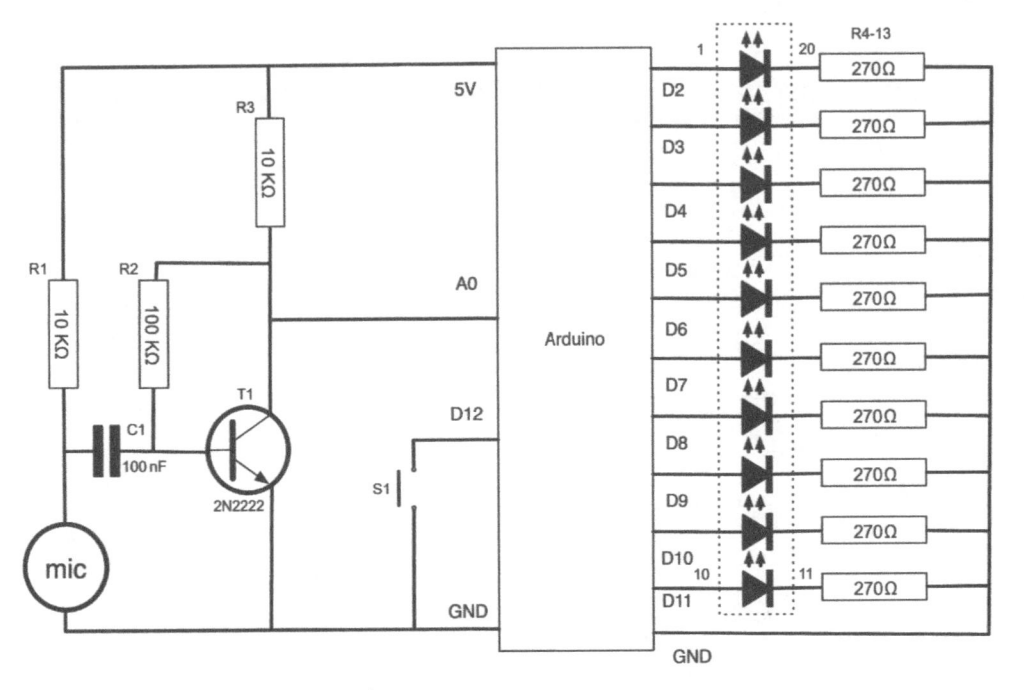

Figura 7-16 Diagrama esquemático do Projeto 21.
Fonte: do autor.

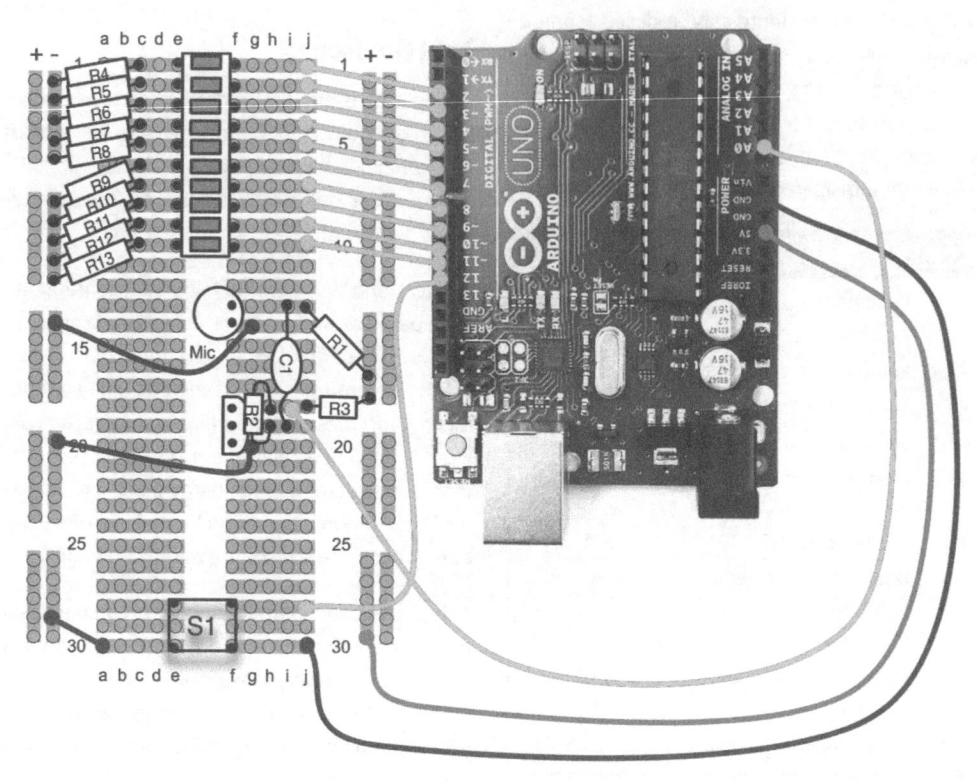

Figura 7-17 Disposição dos componentes do Projeto 21 no protoboard.
Fonte: do autor.

LISTAGEM DO PROJETO 21

```
int ledPins[] = {2, 3, 4, 5, 6, 7, 8, 9, 10, 11};
int switchPin = 12;
int soundPin = 0;

boolean showPeak = false;
int peakValue = 0;

void setup()
{
  for (int i = 0; i < 10; i++)
  {
     pinMode(ledPins[i], OUTPUT);
  }
  pinMode(switchPin, INPUT_PULLUP);
}

void loop()
{
  if (digitalRead(switchPin) == LOW)
  {
    showPeak = ! showPeak;
```

LISTAGEM DO PROJETO 21

```
    peakValue = 0;
    delay(200);               // faz o "debounce" da chave do botão
  }
  int value = analogRead(soundPin);
  int topLED = map(value, 0, 1023, 0, 11) - 1;
  if (topLED > peakValue)
  {
    peakValue = topLED;
  }
  for (int i = 0; i < 10; i++)
  {
      digitalWrite(ledPins[i], (i <= topLED || (showPeak && i == peakValue)));
  }
}
```

Figura 7-17. Se não houver indicação de polaridade, faça um teste usando um dos resistores de 270 ohms e a alimentação de 5V do Arduino.

» Software

O sketch deste projeto (Listagem do Projeto 21) usa um array de pinos de LEDs (ledPins) para diminuir o tamanho da função setup. O array também será usado pela função loop para acionar cada LED, decidindo se ele deve ser ligado ou desligado.

No início da função loop, verificamos se o botão está pressionado. Se estiver, inverteremos o modo atual (showPeak). O comando "!" inverte um valor. Assim, verdadeiro fica falso e falso fica verdadeiro. Por essa razão, algumas vezes esse comando é referido como *operador de mercado*.* Após alterar o modo, inicializamos o valor máximo com 0 e, então, aguardamos 200 ms para impedir que o "bouncing" da chave do botão mude novamente o modo.

O nível do som é lido na entrada analógica 0. A seguir, usamos a função map de mapeamento para fazer uma mudança de escala desse nível, que passa de um valor entre 0 e 1023 para um número entre 0 e 9. Esse número corresponderá ao LED que estará aceso no topo da barra gráfica. Fazemos um pequeno ajuste estendendo o intervalo para 0 e 11 e, em seguida, subtraímos 1. Com isso, evitamos que os dois LEDs inferiores permaneçam ligados devido à polarização do transistor.

A seguir, ligamos ou não cada LED de 0 a 9. Para isso, usamos uma expressão booleana, que será verdadeira (acendendo, portanto, o LED correspondente) se a variável i for menor ou igual ao LED que estará aceso no topo da barra gráfica (topLED). Na realidade, é um pouco mais complicado do que isso porque, se estivermos no modo máximo ou de pico, também deveremos exibir o LED correspondente ao peakValue (valor de pico).

» Juntando tudo

Carregue o sketch completo do Projeto 21, que está no Sketchbook do Arduino, e transfira-o para a placa (veja o Capítulo 1).

» Resumo

Com isso concluímos os nossos projetos baseados em som. No Capítulo 8, veremos como utilizar uma placa para controlar equipamentos de potência – certamente um assunto de muita importância.

---

* N. de T.: O autor está se referindo aos operadores financeiros que alternadamente compram na baixa e vendem na alta.

capítulo 8

Projetos de potência

Depois de examinarmos projetos com luz e som, agora voltaremos nossa atenção ao controle de potência. Basicamente, isso significa ligar e desligar equipamentos elétricos e controlar seu funcionamento como, por exemplo, a velocidade. Geralmente, isso se aplica ao projeto de laser controlado por servomotor e a motores e lasers.

Objetivos deste capítulo

›› Desenvolver projetos para controlar dispositivos de potência.

›› Demonstrar como ligar e desligar equipamentos elétricos através do computador.

›› Aplicar pontes H.

›› Descrever o funcionamento de equipamentos elétricos pelo computador.

Projeto 22
>> Termostato com LCD

Este projeto tem como objetivo controlar a temperatura de uma sala, e é particularmente útil para quem é suscetível a resfriados. Usaremos um sensor de temperatura e um display LCD para exibir a temperatura atual e a temperatura programada que desejamos manter na sala. Usaremos um encoder rotativo para programar (ajustar) a temperatura desejada. O botão do encoder também é usado como uma chave para alternar o modo de funcionamento.*

Quando a temperatura medida for menor do que a temperatura programada, um relé será ativado. Relés são componentes eletromagnéticos que ativam uma chave mecânica quando uma corrente circula em seu solenoide. Apresentam diversas vantagens. Primeiro, podem chavear correntes e tensões elevadas, o que os torna adequados para uso com equipamentos elétricos utilitários. Além disso, também apresentam isolamento elétrico entre o lado de controle (a bobina) de baixa tensão e o lado de chaveamento de alta tensão. Assim, essas tensões nunca se encontram, o que definitivamente é algo bom.

Se o leitor decidir usar este projeto para controlar equipamentos elétricos utilitários, então deverá fazê-lo somente se tomar extremo cuidado e souber exatamente o que deve ser feito. A eletricidade usada em equipamentos é muito perigosa e mata cerca de 500 pessoas por ano só nos Estados Unidos. Muitas outras sofrem queimaduras dolorosas, que deixam traumas e cicatrizes.

---

* N. de T.: Neste projeto, há dois modos de funcionamento: o modo automático, em que o relé é ativado ou desativado para manter a temperatura programada, e o modo *override*, em que o relé fica permanentemente ativado sem levar em conta a temperatura programada.

COMPONENTES E EQUIPAMENTO		
	Descrição	Apêndice
	Arduino Uno ou Leonardo	m1/m2
CI1	TMP36 sensor de temperatura	s22
R1	Resistor de 270 Ω 1/4 W	r3
R2	Resistor filme metálico 1 Ω 1/4 W	r5
R3	Trimpot 10 kΩ	r11
D1	LED vermelho de 5 mm	s1
D2	Diodo 1N4004	s12
T1	Transistor 2N2222	s14
	Relé 5V	h16
	Módulo LCD HD44780	m6
	Barra de pinos machos	h12
	2 Protoboards	h1
	Fios de conexão (jumpers)	h2

>> Hardware

O módulo LCD é conectado exatamente da mesma forma que no Projeto 17. O encoder também é conectado do mesmo modo que fizemos em projetos anteriores.

O relé exigirá cerca de 70 mA, que é mais do que uma saída de Arduino pode fornecer sozinha. Usaremos um transistor NPN para aumentar a corrente. Você observará também que um diodo foi conectado em paralelo com a bobina do relé. Isso é para neutralizar algo denominado *FCEM* (força contraeletromotriz), que ocorre quando o relé é desligado. O colapso repentino do campo magnético na bobina gera uma tensão que poderia ser suficientemente alta para danificar a eletrônica se o diodo não estivesse lá para, eficazmente, colocá-la em curto-circuito.

A Figura 8-1 mostra o diagrama esquemático do projeto.

Na realidade, este projeto requer dois protoboards comuns ou um de tamanho duplo. Mesmo com dois protoboards, a disposição dos fios é bastante apertada porque o módulo LCD ocupa muito espaço.

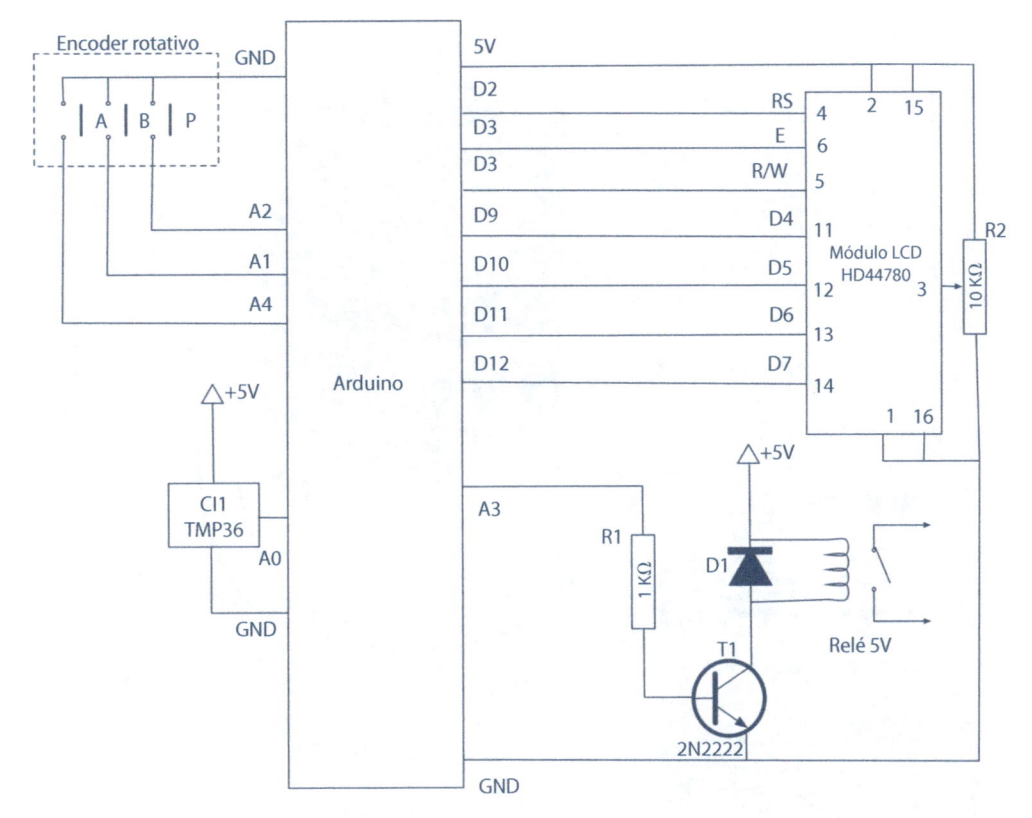

Figura 8-1 Diagrama esquemático do Projeto 22.
Fonte: do autor.

Confira a folha de especificações do seu relé porque a função dos pinos pode não ser óbvia. Como são utilizadas diversas configurações de pinos, pode ser que a sua seja diferente da que foi usada no relé utilizado aqui.

A Figura 8-2 mostra a disposição dos componentes para o protoboard do projeto.

Você também poderá usar um multímetro, no modo de resistência, para descobrir os terminais da bobina. Haverá apenas um par de pinos com uma resistência de 40 a 100 ohms.

» Software

O software deste projeto utiliza muitas coisas de nossos projetos anteriores: o display LCD, o registrador de temperatura e o controlador de semáforo, no qual utilizamos o encoder (veja Listagem do Projeto 22).

Algo que requer bastante consideração quando se projeta um termostato como este é evitar a ativação e a desativação muito frequente do relé. Isso ocorre quando temos um sistema de controle simples do tipo liga-desliga, como neste caso. Quando a temperatura cai abaixo da temperatura previamente ajustada, o relé é ativado e a sala é aquecida até que a temperatura esteja acima da temperatura ajustada, quando então o relé é desativado. Em seguida, a sala começa a esfriar até que a temperatura esteja novamente abaixo da temperatura ajustada, quando o aquecimento é novamente ligado, e assim por diante. Isso leva um pouco de tempo para acontecer, mas, quando

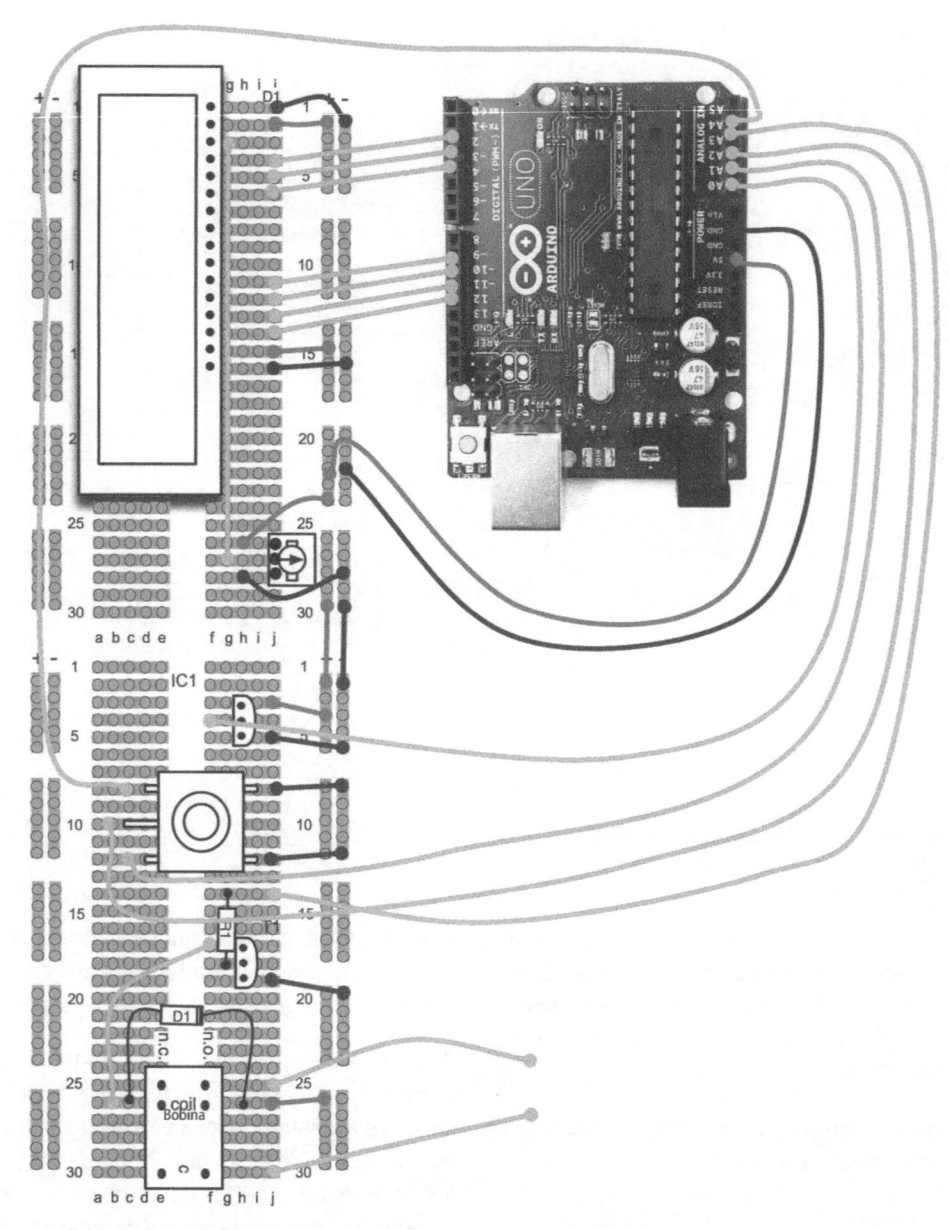

Figura 8-2 Disposição dos componentes do Projeto 22 no protoboard.
Fonte: do autor.

a temperatura está muito próximo da temperatura programada, esse liga-desliga pode ocorrer muito frequentemente. Esse liga-desliga muito frequente-te, denominado *oscilação* ou *flutuação* (hunting), é indesejável porque tende a desgastar rapidamente os contatos do relé.

Uma maneira de minimizar esse efeito é introduzir algo denominado *histerese*. Talvez você já tenha notado que existe uma variável denominada hysteresis (histerese) no sketch, estando definida com o valor 0,25°C.

LISTAGEM DO PROJETO 22

```
#include <LiquidCrystal.h>

// terminais do display de cristal líquido (rs, rw, enable, d4, d5, d6, d7)
LiquidCrystal lcd(2, 3, 4, 9, 10, 11, 12);

int relayPin = A3;
int aPin = A4;
int bPin = A1;
int buttonPin = A2;
int analogPin = A0;

float setTemp = 20.0;
float measuredTemp;
char mode = 'C';                    // pode ser mudado para F (Fahrenheit)
boolean override = false;
float hysteresis = 0.25;

void setup()
{
  lcd.begin(2, 16);
  pinMode(relayPin, OUTPUT);
  pinMode(aPin, INPUT_PULLUP);
  pinMode(bPin, INPUT_PULLUP);
  pinMode(buttonPin, INPUT_PULLUP);
  lcd.clear();
}

void loop()
{
  static int count = 0;
  measuredTemp = readTemp();
  if (digitalRead(buttonPin) == LOW)
  {
    override = ! override;
    updateDisplay();
    delay(500);                     // esperar para realizar o debounce
  }
  int change = getEncoderTurn();
  setTemp = setTemp + change * 0.1;
  if (count == 1000)
  {
    updateDisplay();
    updateOutput();
    count = 0;
  }
  count ++;
}

int getEncoderTurn()
{
```

(continua)

LISTAGEM DO PROJETO 22 *continuação*

```
  // retornar -1, 0, ou +1
  static int oldA = LOW;
  static int oldB = LOW;
  int result = 0;
  int newA = digitalRead(aPin);
  int newB = digitalRead(bPin);
  if (newA != oldA || newB != oldB)
  {
    // algo mudou
    if (oldA == LOW && newA == HIGH)
    {
      result = -(oldB * 2 - 1);
    }
  }
  oldA = newA;
  oldB = newB;
  return result;
}

float readTemp()
{
  int a = analogRead(analogPin);
  float volts = a / 205.0;
  float temp = (volts - 0.5) * 100;
  return temp;
}

void updateOutput()
{
  if (override ||  measuredTemp < setTemp - hysteresis)
  {
    digitalWrite(relayPin, HIGH);
  }
  else if (!override && measuredTemp > setTemp + hysteresis)
  {
    digitalWrite(relayPin, LOW);
  }
}

void updateDisplay()
{
  lcd.setCursor(0,0);
  lcd.print("Actual: ");
  lcd.print(adjustUnits(measuredTemp));
  lcd.print(" o");
  lcd.print(mode);
  lcd.print(" ");

  lcd.setCursor(0,1);
  if (override)
  {
    lcd.print("  OVERRIDE ON   ");    // modo override ativado
  }
```

LISTAGEM DO PROJETO 22

```
  else
  {
    lcd.print("Set:    ");
    lcd.print(adjustUnits(setTemp));
    lcd.print(" o");
    lcd.print(mode);
    lcd.print(" ");
  }
}

float adjustUnits(float temp)
{
  if (mode == 'C')
  {
    return temp;
  }
  else
  {
    return (temp * 9) / 5 + 32;
  }
}
```

A Figura 8-3 mostra como usamos um valor de histerese para evitar o liga-desliga muito frequente do relé.

Quando a temperatura se eleva, após ligar o relé, ela se aproxima da temperatura previamente ajustada. Entretanto, quando ela chegar lá, o relé não será desligado imediatamente. Esperaremos que a temperatura chegue ao valor ajustado mais o valor de histerese. Do mesmo modo, quando a temperatura cai, o relé não é ligado até o momento em que a temperatura tenha chegado à temperatura ajustada menos o valor de histerese.

Não queremos atualizar o display continuamente porque qualquer mudança mínima de leitura fará o display tremular rapidamente. Por isso, em vez de atualizar o display a cada repetição do loop, nós o faremos a cada 1.000 repetições. Mesmo assim, isso significa atualizar o display três ou quatro vezes por segundo. Para isso, utilizaremos uma variável de contagem que será incrementada a cada repetição do loop. Quando atingir o valor 1.000, atualizaremos o display e colocaremos o contador em 0.

Além disso, se chamássemos a função lcd.clear() a cada vez, o display também tremularia muito. Por isso, nós simplesmente escrevemos a nova temperatura por cima da anterior. Essa é a razão pela qual há espaços em branco antes e depois da mensagem de que o modo override está ativo (OVERRIDE ON). Assim, qualquer texto que tiver sido exibido, será completamente apagado.

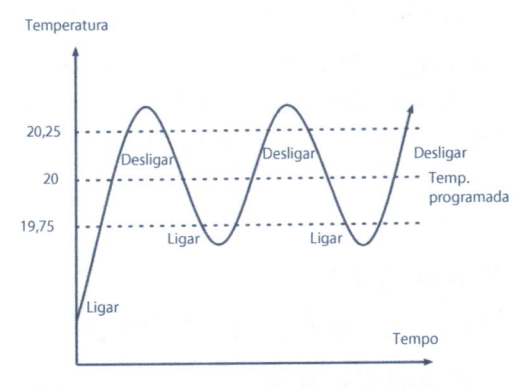

Figura 8-3 Histerese em sistemas de controle.
Fonte: do autor.

Figura 8-4 Projeto 22: termostato com LCD.
Fonte: do autor.

>> Juntando tudo

Carregue o sketch completo do Projeto 22, que está no Sketchbook do Arduino, e transfira-o para a placa (veja o Capítulo 1).

O projeto completo está mostrado na Figura 8-4. Para testá-lo, gire o encoder ajustando a temperatura programada para um valor ligeiramente maior que a temperatura atual. O relé deverá fazer um ruído de ativação. A seguir, coloque o seu dedo no sensor TMP36 para aquecê-lo. Se tudo estiver correto, então, quando a temperatura ajustada for ultrapassada, o LED será desligado e você ouvirá o relé fazer um ruído.

Você também pode testar o funcionamento do relé ligando as ponteiras de um multímetro – no modo de teste de continuidade (bipe) – aos terminais de saída do relé.

Se você pretende utilizar este projeto para controlar equipamentos usando a eletricidade da rede elétrica residencial, então é muito importante que você realize a montagem deste projeto soldando todos os componentes e terminais em uma placa capaz de suportar as altas tensões e correntes que circularão. Placas de protoboard não são adequadas para tensões nem para correntes elevadas. Além disso, seja muito cuidadoso. Confira mais de uma vez tudo o que você fizer. A eletricidade da rede elétrica pode matar.

Para testar o relé, você *deverá* usar somente tensões baixas, a não ser que, partindo deste projeto, você tenha feito um novo projeto com as recomendações do parágrafo anterior.

Projeto 23
>> *Ventilador controlado por computador*

Neste projeto, utilizaremos um ventilador aproveitado de um computador PC sucateado (Figura

8-5). Ele será muito útil. Nós o usaremos para nos refrescarmos no verão. Naturalmente, uma chave simples do tipo liga e desliga não é o que queremos e, por isso, controlaremos a velocidade do ventilador usando o nosso computador.

Se você não dispuser de um desses ventiladores, não se preocupe, porque eles podem ser comprados novos por um preço bem baixo.

COMPONENTES E EQUIPAMENTO		
	Descrição	Apêndice
	Arduino Uno ou Leonardo	m1/m2
R1	Resistor de 270 Ω e 1/4 W	r3
D1	1N4004 diodo	s12
T1	BD139 transistor de potência	s17
M1	Ventilador de computador de 12V	h17
	Fonte de alimentação de 12V	h7
	Protoboard	h1
	Fios de conexão (jumpers)	h2

» Hardware

Podemos controlar a velocidade do ventilador usando a saída analógica (modulação por largura de pulso) para acionar um transistor de potência que envia pulsos de potência ao motor. Como os ventiladores de computador costumam funcionar com 12V, utilizaremos uma fonte externa de alimentação para fornecer a potência necessária ao ventilador. É provável que o ventilador tenha terminais positivo e negativo. Geralmente, o positivo é o terminal vermelho.

A Figura 8-6 mostra o diagrama esquemático do projeto, e a Figura 8-7, a disposição dos componentes no protoboard.

» Software

Esse sketch é realmente muito simples (Listagem do Projeto 23). Essencialmente, precisamos apenas ler um dígito de 0 a 9 na USB e executar um comando analogWrite no pino motorPin utilizando o valor do dígito multiplicado por 10 e somado a 150. Isso fará que o valor seja mapeado para um novo valor entre 150 e 240. O valor 150 é necessário para garantir que haja uma tensão mínima, sem a qual o ventilador não conseguiria girar. É possível que você tenha de fazer alguns testes e alterar esses valores para que sejam adequados ao seu ventilador.

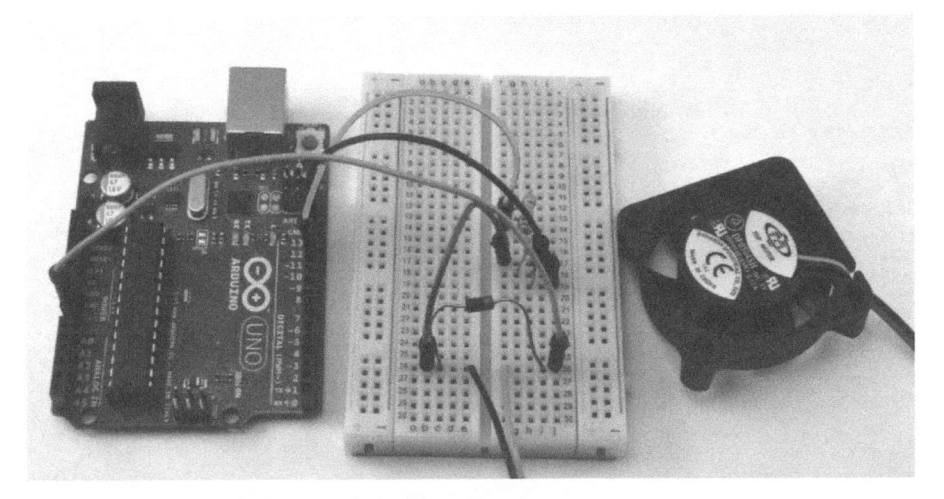

Figura 8-5 Projeto 23: ventilador controlado por computador.
Fonte: do autor.

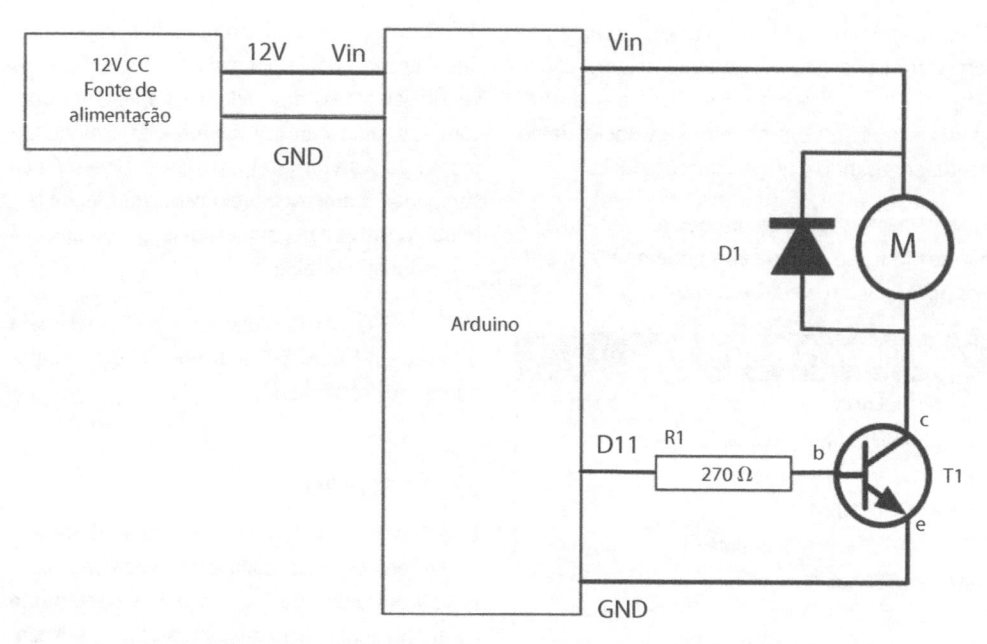

Figura 8-6 Diagrama esquemático do Projeto 23.
Fonte: do autor.

LISTAGEM DO PROJETO 23

```
int motorPin = 11;

void setup()
{
  pinMode(motorPin, OUTPUT);
  analogWrite(motorPin, 0);
  Serial.begin(9600);
}

void loop()
{
  if (Serial.available())
  {
    char ch = Serial.read();
    if (ch >= '0' && ch <= '9')
    {
      int speed = ch - '0';
      if (speed == 0)
      {
        analogWrite(motorPin, 0);
      }
      else
      {
        analogWrite(motorPin, 150 + speed * 10);
      }
    }
  }
}
```

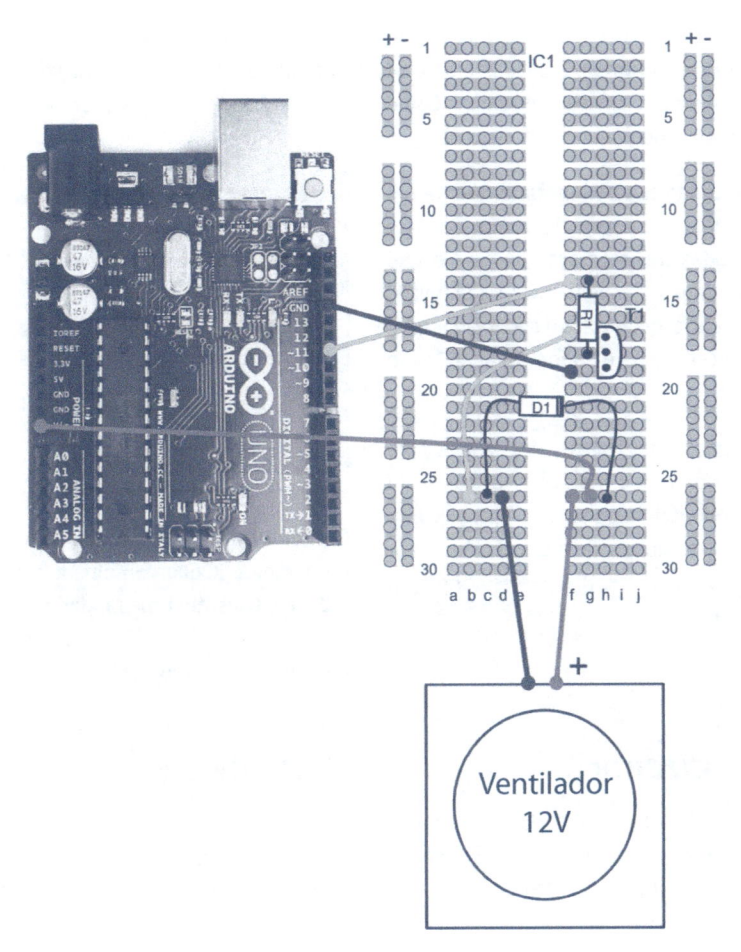

Figura 8-7 Disposição dos componentes do Projeto 23 no protoboard.
Fonte: do autor.

» Juntando tudo

Carregue o sketch completo do Projeto 23, que está no Sketchbook do Arduino, e transfira-o para a placa (veja o Capítulo 1).

» Controladores com ponte H

Para mudar o sentido de rotação de um motor, você deve inverter o sentido em que a corrente circula. Para isso, é necessário quatro chaves ou transistores. A Figura 8-8 mostra como isso funciona usando chaves em uma configuração que, por razões óbvias, é denominada *ponte H*.

Na Figura 8-8, S1 e S4 estão fechadas e S2 e S3 estão abertas. Isso permite que a corrente circule no motor, sendo o terminal A positivo e o terminal B

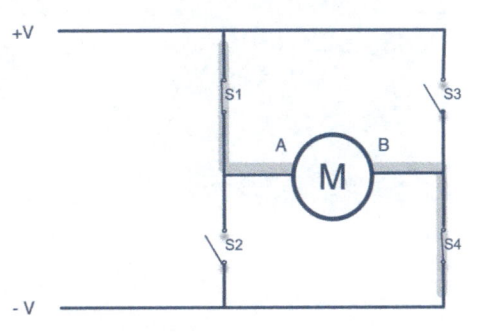

Figura 8-8 Uma ponte H.
Fonte: do autor.

negativo. Se invertermos os estados das chaves de modo que S2 e S3 fiquem fechadas e S1 e S4 abertas, então B será positivo e A, negativo. Como consequência, o motor gira no sentido oposto.

Entretanto, você talvez tenha notado que há um perigo nesse circuito. Se, por alguma razão, S1 e S2 forem fechadas, a alimentação positiva estará conectada diretamente à alimentação negativa e, como consequência, ocorrerá um curto-circuito. O mesmo acontecerá se S3 e S4 forem fechadas ao mesmo tempo.

Embora você possa usar transistores avulsos para construir uma ponte H, o mais prático é usar um circuito integrado (CI) de ponte H, como o L293D. Esse chip tem, na realidade, duas pontes H, podendo controlar dois motores. Um desses chips será utilizado no Projeto 24.

Projeto 24
›› Hipnotizador

O controle da mente pode ser uma atividade bem interessante. Neste projeto (veja a Figura 8-9), controlaremos não só a velocidade como também o sentido de rotação – horário ou anti-horário – de um motor. Acoplado ao motor, há um disco no qual uma espiral foi desenhada para "hipnotizar" pessoas.

COMPONENTES E EQUIPAMENTO		
	Descrição	**Apêndice**
	Arduino Uno ou Leonardo	m1/m2
M1	Motor CC de 6V com redução	h18
	Disco com encaixe para o eixo do motor	h19
CI1	L293D CI acionador de motor	s24
	Protoboard	h1
	Fios de conexão (jumpers)	h2

O motor usado neste projeto é com redução, isto é, um motor CC que, combinado com uma caixa de redução, constitui uma unidade. A caixa de redução diminui a velocidade do eixo, tornando-a mais adequada a este projeto.

›› Hardware

O diagrama esquemático do hipnotizador está mostrado na Figura 8-10. Utilizaremos apenas o primeiro dos dois canais disponíveis no chip L293D.

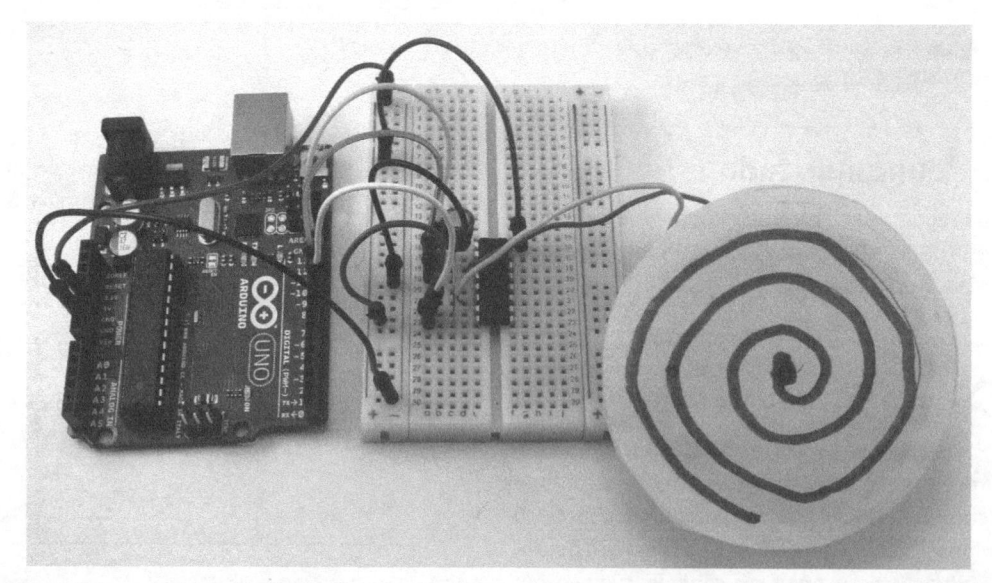

Figura 8-9 Projeto 24: hipnotizador.
Fonte: do autor.

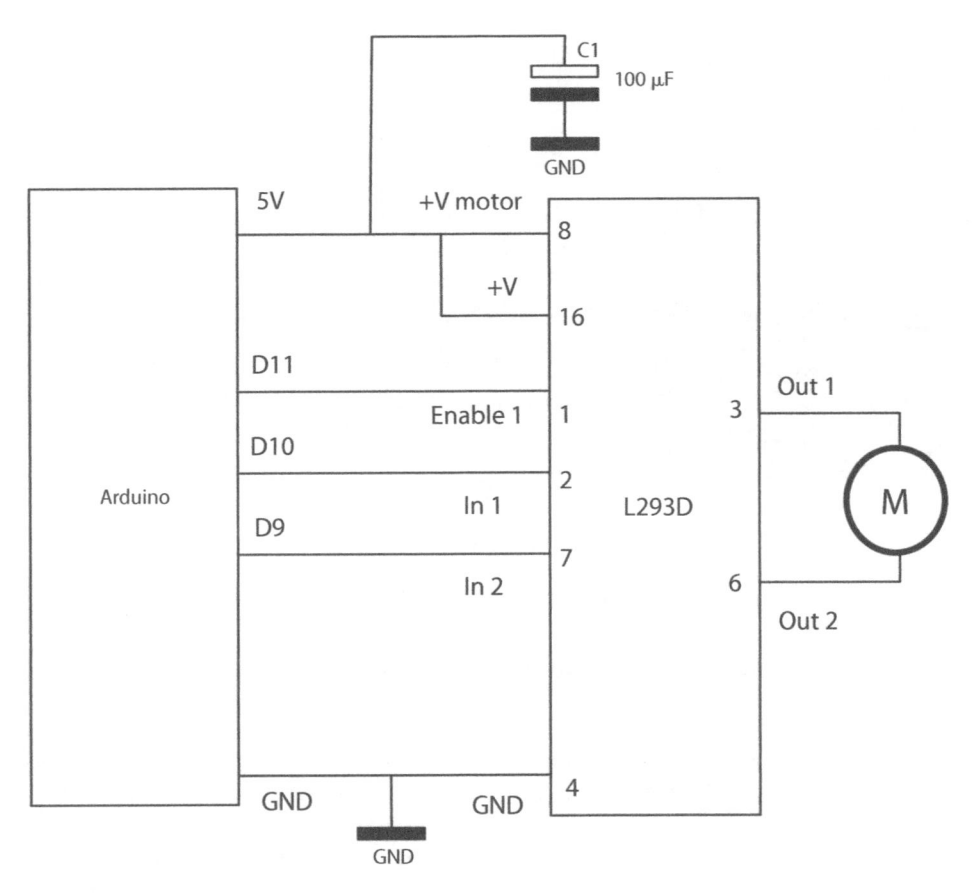

Figura 8-10 Diagrama esquemático do Projeto 24.
Fonte: do autor.

O L293D tem dois pinos +V (8 e 16). O pino +Vmotor (8) fornece potência para os motores e o +V(16) alimenta os circuitos lógicos do chip. Neste projeto, ambos foram ligados ao pino de 5V do Arduino. Entretanto, se você usar um motor mais potente ou de tensão mais elevada, você deverá providenciar uma fonte de alimentação separada para o motor, com o pino 8 do L293D conectado ao terminal positivo dessa segunda fonte e com seu terminal terra conectado ao terminal terra do Arduino.

A Figura 8-11 mostra a disposição dos componentes deste projeto no protoboard.

O nosso hipnotizador precisa do desenho de uma espiral para funcionar. Você pode copiar a Figura 8-12, cortá-la e colá-la adequadamente no motor. Uma outra forma é usar a versão mais colorida da espiral, que está na página do livro em loja.grupoa.com.br.

A espiral foi recortada de uma folha de papel e colada em um cartão que, por sua vez, foi colado na pequena cabeça de engrenagem montada no eixo da caixa de redução (poderá ser diferente conforme o seu caso).

» Software

O sketch usa um array denominado speeds (velocidades) para controlar gradativamente a velocidade de rotação do disco. O disco gira com uma velocidade cada vez maior em um sentido. A seguir, a velocidade começa a baixar até parar. O sentido é trocado e a velocidade começa a aumentar nesse

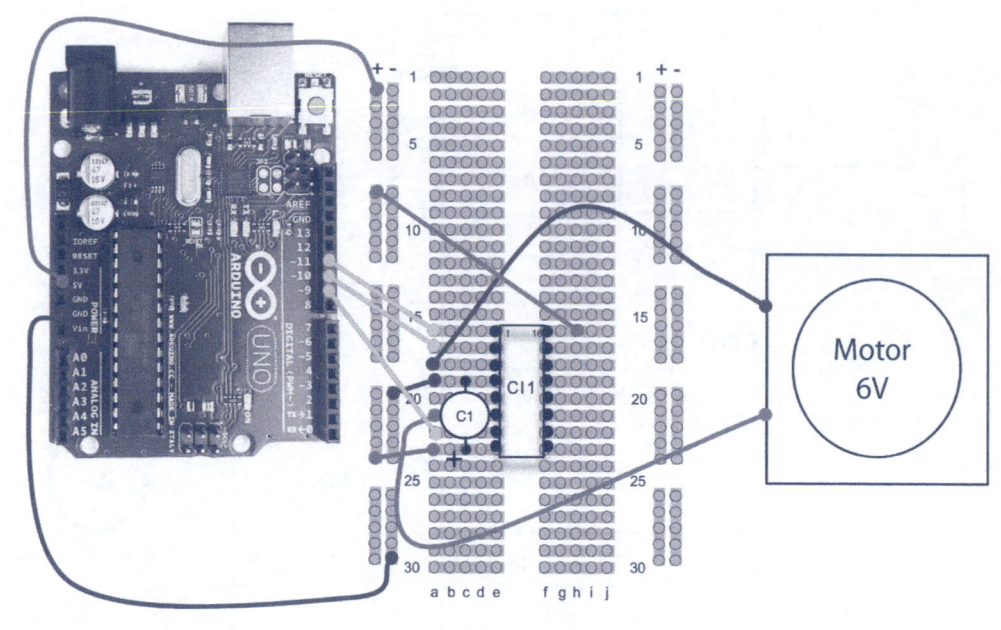

Figura 8-11 Disposição dos componentes do Projeto 24 no protoboard.
Fonte: do autor.

novo sentido. Esse processo fica se repetindo indefinidamente. Você talvez tenha que alterar o array para que se ajuste ao seu motor. Os valores que devem ser especificados no array variam de motor para motor. É muito provável que você tenha que fazer esse ajuste.

Pelo pino enable 1 (habilitação 1) do chip, podemos controlar a velocidade do motor usando PWM (modulação por largura de pulso) e, pelos pinos in1 e in2, podemos controlar o sentido de rotação do motor, como mostrado na tabela seguinte:

In1	In2	Motor
GND	GND	Parado
5V	GND	Gira no sentido A
GND	5V	Gira no sentido B
5V	5V	Parado

» Juntando tudo

Carregue o sketch completo do Projeto 24, que está no Sketchbook do Arduino, e transfira-o para a placa (veja o Capítulo 1).

Faça uma verificação cuidadosa de sua montagem antes de ligar a alimentação elétrica. Você poderá testar a ponte H conectando diretamente ao terra ambos os pinos de controle (pinos 2 e 7). Nesse

Figura 8-12 Espiral para o hipnotizador.
Fonte: do autor.

caso, o motor não deve girar. Agora, conecte um desses pinos a 5V e o motor deverá girar em um sentido. Conecte esse pino de volta ao terra e, em seguida, conecte o outro pino a 5V. O motor deverá girar em sentido contrário.*

LISTAGEM DO PROJETO 24

```
int enable1Pin = 11;
int in1Pin = 10;
int in2Pin = 9;

int speeds[] = {80, 100, 160, 240, 250, 255, 250, 240, 160, 100, 80,
                -80, -100, -160, -240, -250, -255, -250, -240, -160, -100, -80};
int i = 0;

void setup()
{
  pinMode(enable1Pin, OUTPUT);
  pinMode(in1Pin, OUTPUT);
  pinMode(in2Pin, OUTPUT);
}

void loop()
{
  int speed = speeds[i];
  i++;
  if (i == 22)
  {
    i = 0;
  }
  drive(speed);
  delay(1500);
}

void drive(int speed)
{
  if (speed > 0)
  {
    analogWrite(enable1Pin, speed);
    digitalWrite(in1Pin, HIGH);
    digitalWrite(in2Pin, LOW);
  }
  else if (speed < 0)
  {
    analogWrite(enable1Pin, -speed);
    digitalWrite(in1Pin, LOW);
    digitalWrite(in2Pin, HIGH);
  }
}
```

---

* N. de T.: O autor está subentendendo que o pino de enable1 está em nível alto, ou seja, o motor está habilitado. Poderá ser útil consultar a tabela anterior de controle do sentido de rotação.

» Servomotores

Os servomotores são componentes pequenos, mas muito importantes, utilizados frequentemente em carros comandados por rádio para controlar a direção e em aeromodelos para mover as superfícies de controle (isto é, ailerons, lemes de profundidade e leme de direcção). Os servomotores são fornecidos em diversos tamanhos para diferentes tipos de aplicação. Como são muito usados em modelismo, o seu custo tornou-se baixo.

Diferentemente dos motores normais, eles não giram de forma contínua. Eles são controlados por um PWM para que assumam uma dada posição angular. A eletrônica necessária para isso já está contida no próprio motor. Assim, tudo que você tem que fazer é alimentá-lo com uma tensão (geralmente 5V) e um sinal de controle, que pode ser gerado a partir da placa do Arduino.

Com os anos, a interface com os servos tornou-se padronizada. O servo deve receber continuamente um pulso a cada 20 ms, no mínimo. O ângulo que o servo assume é determinado pela largura do pulso. Uma largura de pulso de 1,5 ms coloca o servo em sua posição média, ou 90 graus. Um pulso de 1,75 ms normalmente fará girá-lo até 180 graus e um pulso igual ou menor que 1,25 ms fará o ângulo ser 0 graus.

Projeto 25
» Laser controlado por servomotores

Este projeto (veja a Figura 8-13) usa dois servomotores para apontar um diodo laser em uma direção. O laser pode ser movido bem rapidamente, permitindo que você "escreva" em paredes distantes.

Esse laser é real! Não é de alta potência, é de apenas 3 mW, mas mesmo assim não o aponte para os seus olhos, para os de outra pessoa ou os de um animal. Isso poderia danificar as retinas.

Figura 8-13 Projeto 25: laser controlado por servomotores.
Fonte: do autor.

COMPONENTES E EQUIPAMENTO		
	Descrição	Apêndice
	Arduino Uno ou Leonardo	m1/m2
D1	Módulo laser vermelho de 3 mW	s11
M1,M2	Servomotor de 9g	h20
R1	Resistor de 100 Ω e 1/4 W	r2
C1	Capacitor 100 μF	r3
	Protoboard	h1
	Fios de conexão (jumpers)	h2

» Hardware

O diagrama esquemático deste projeto está mostrado na Figura 8-14. É tudo muito simples. Os servos têm apenas três terminais. No servo, o terminal marrom é conectado ao terra (GND), o terminal vermelho a +5V e o laranja (controle) está ligado a uma saída digital (2 ou 3). Os fios de um servo costumam terminar em um soquete, o que facilita a sua conexão a pinos. Fios de conexão são usados para ligar o soquete à placa protoboard.

O módulo laser é acionado como um LED comum a partir de D4 através de um resistor limitador de corrente.

Os servos costumam vir acompanhados de diversos "braços", que podem ser encaixados no eixo e fixados por um parafuso. Um dos servos é colado em um desses braços (Figura 8-15). Por sua vez, esse braço é fixado no outro servo. Não aperte ainda o parafuso de fixação porque será necessário ajustar o ângulo. Cole o diodo laser em um segundo braço e encaixe-o no primeiro servo. Para impedir que um esforço mecânico possa danificar os fios no lugar onde eles saem do laser, é bom fixá-los no braço. Isso pode ser feito colocando um laço de fio rígido através de dois furos do braço (disco, no caso) do servo. A seguir, torça o laço em torno dos fios do laser. Uma forma de fazer isso pode ser vista na Figura 8-13.

Agora você precisa montar o servo de baixo no protoboard. Fita autoadesiva o manterá no lugar de forma suficientemente firme. Antes de fixar o servo em qualquer coisa, é importante que você

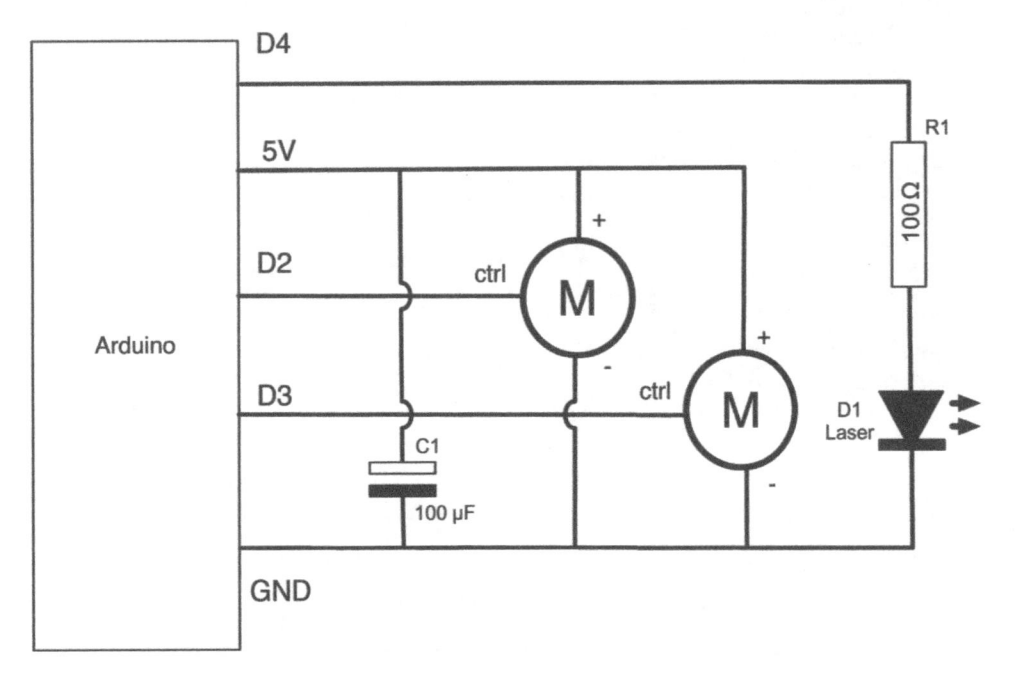

Figura 8-14 Diagrama esquemático do Projeto 25.
Fonte: do autor.

Figura 8-15 Colocando um braço em um servo.
Fonte: do autor.

baixo antes de fixá-lo no lugar. Quando você tiver certeza que tudo está no lugar correto, aperte os parafusos de fixação dos braços dos servos.

Na Figura 8-16, você pode ver como os diversos fios são fixados utilizando a placa protoboard. Nessa placa, não há componentes, exceto um resistor e um capacitor.

Servos diferentes consomem correntes diferentes. Ao ativar os servos, é possível que o Arduino inicialize (reset) sozinho. Para resolver esse problema, você pode usar uma fonte de tensão externa de 9 ou 12V.

» Software

veja claramente como ele se moverá. Em caso de dúvida, espere até a instalação do software e teste o projeto segurando com os dedos o servo de

Felizmente para nós, uma biblioteca para servos está incluída na biblioteca do Arduino. Desse modo, só precisamos informar a cada servo qual

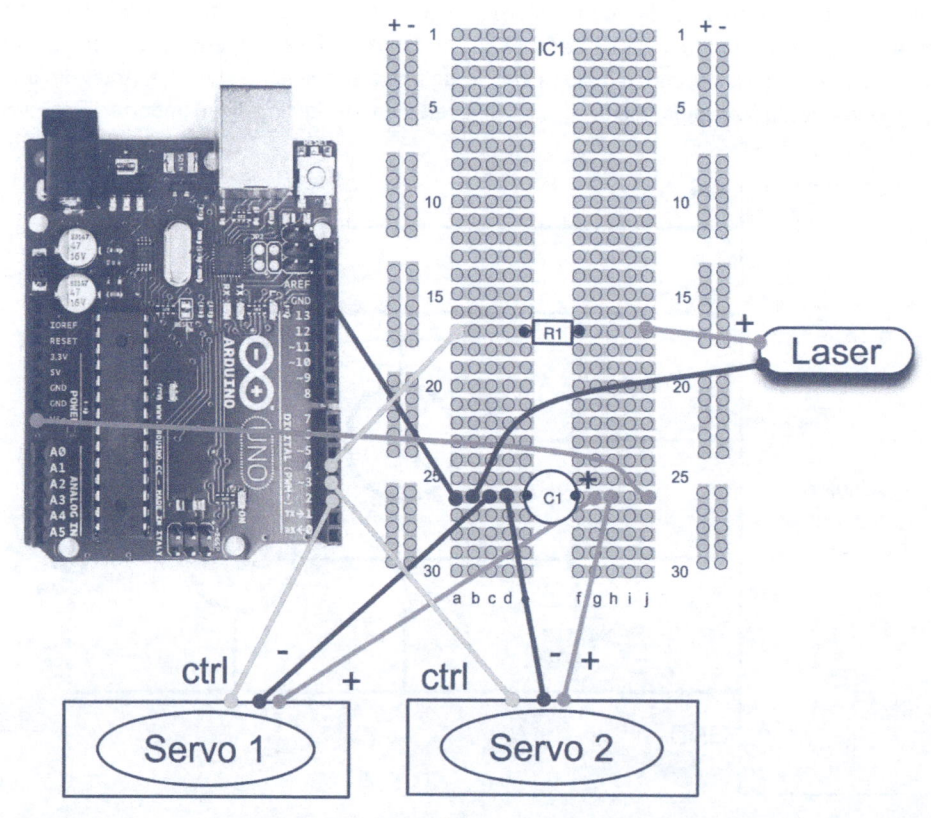

Figura 8-16 Disposição dos componentes do Projeto 25 no protoboard.
Fonte: do autor.

é o ângulo que ele deve assumir. Obviamente, há mais coisas além disso. Queremos dispor também de um meio de informar quais são as coordenadas do ponto para o qual o laser deve apontar.

Para isso, vamos enviar comandos através do cabo USB. Eles estão na forma de letras. As letras maiúsculas R, L, U e D direcionam o laser para a direita (right), para a esquerda (left), para cima (up) e para baixo (down), executando movimentos de 5 graus.

Para movimentos menores, as letras r, l, u e d executam movimentos de apenas 1 grau. Para pausar e permitir que o laser termine de se movimentar, você pode enviar o caractere "-" (hífen) (veja a Listagem do Projeto 25).

Há mais três comandos. A letra c centraliza o laser de volta em sua posição inicial de repouso, e os comandos 1 e 0 ativam e desativam o laser, respectivamente.

LISTAGEM DO PROJETO 25

```
#include <Servo.h>

int laserPin = 4;
Servo servoV;
Servo servoH;

int x = 90;
int y = 90;
int minX = 10;
int maxX = 170;
int minY = 50;
int maxY = 130;

void setup()
{
  servoH.attach(3);
  servoV.attach(2);
  pinMode(laserPin, OUTPUT);
  Serial.begin(9600);
}

void loop()
{
  char ch;
  if (Serial.available())
  {
    ch = Serial.read();
    if (ch == '0')
    {
      digitalWrite(laserPin, LOW);
    }
    else if (ch == '1')
    {
      digitalWrite(laserPin, HIGH);
    }
    else if (ch == '-')
    {
      delay(100);
    }
```

(continua)

LISTAGEM DO PROJETO 25 *continuação*

```
    else if (ch == 'c')
    {
      x = 90;
      y = 90;
    }
    else if (ch == 'l' || ch == 'r' || ch == 'u' || ch == 'd')
    {
      moveLaser(ch, 1);
    }
    else if (ch == 'L' || ch == 'R' || ch == 'U' || ch == 'D')
    {
      moveLaser(ch, 5);
    }
  }
  servoH.write(x);
  servoV.write(y);
  delay(15);
}

void moveLaser(char dir, int amount)
{
  if ((dir == 'r' || dir == 'R') && x > minX)
  {
    x = x - amount;
  }
  else if ((dir == 'l' || dir == 'L') && x < maxX)
  {
    x = x + amount;
  }
  else if ((dir == 'u' || dir == 'U') && y < maxY)
  {
    y = y + amount;
  }
  else if ((dir == 'd' || dir == 'D') && x > minY)
  {
    y = y - amount;
  }
}
```

» Juntando tudo

Carregue o sketch completo do Projeto 25, que está no Sketchbook do Arduino, e transfira-o para a placa (veja o Capítulo 1).

Abra o Serial Monitor e digite a sequência de caracteres que está a seguir. Você deverá ver o laser traçar a letra A, como está mostrado na Figura 8-17.

```
c1UUUUUU—RRRR—DDDDDD—0UUU—1LLLL—0DDD
```

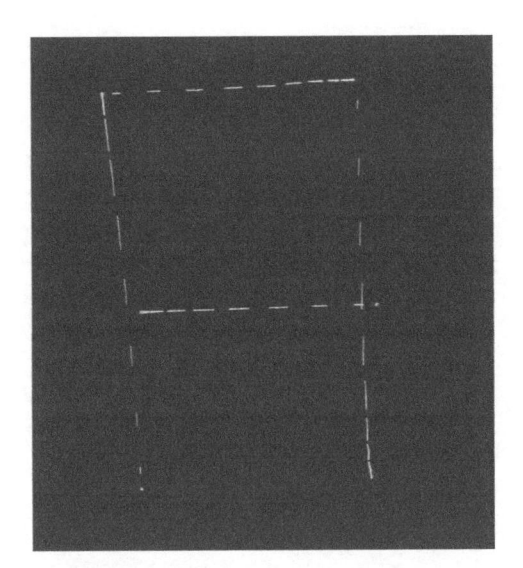

Figura 8-17 Escrevendo a letra A com o laser.
Fonte: do autor.

>> Resumo

Nos capítulos anteriores, aprendemos a usar luz, som e diversos sensores com o Arduino. Aprendemos também a controlar o acionamento de potência de motores e a usar relés. Provavelmente, isso cobre praticamente tudo o que desejaremos fazer com a nossa placa de Arduino. Assim, no Capítulo 9, vamos reunir todas essas coisas para criar alguns projetos mais elaborados.

capítulo 9

Outros projetos

Este capítulo mostra um conjunto de projetos que podemos construir utilizando o que aprendemos até aqui. Esses projetos não ilustram um ponto em particular, exceto que é muito divertido construir projetos com Arduino.

Objetivos deste capítulo

» Aplicar e ampliar o conhecimento adquirido até aqui sobre luz, som e sensores com o Arduino.

» Demonstrar o uso da placa Lilypad.

Projeto 26
>> Detector de mentira

Como podemos saber se alguém está dizendo a verdade? Certamente, usando um detector de mentira. Esse detector de mentira (Figura 9-1) utiliza um efeito conhecido como *resposta galvânica da pele*. Quando uma pessoa fica nervosa – ao mentir, por exemplo – a resistência de sua pele diminui. Podemos medir essa resistência usando um LED e um buzzer (sinalizador sonoro) para indicar que a pessoa está mentindo.

> **ALERTA**
> Como, neste projeto, a pessoa deve tocar em eletrodos que estão em ambos os lados do coração, há um pequeno risco de algo sair errado com o seu computador se uma tensão elevada passar através da porta USB. Para evitar qualquer possibilidade de ocorrer algo assim, use uma bateria para alimentar o Arduino.

Usamos um LED multicor que acenderá a cor vermelha para indicar uma mentira, a cor verde para verdade e a cor azul para indicar que o detector de mentira deve ser ajustado girando o resistor variável.

Há dois tipos de buzzers piezoelétricos. Alguns são apenas um transdutor piezoelétrico, ao passo que outros contêm um oscilador eletrônico para acioná-los. Neste projeto, queremos o primeiro tipo, mais comum do que o eletrônico, porque a frequência necessária será gerada pelo próprio Arduino.

>> Hardware

Para medir a resistência da pele, a pessoa é utilizada como um dos resistores de um divisor de tensão. O outro resistor é um de valor fixo. Quanto menor for a resistência da pessoa, mais a entrada analógica 0 será puxada em direção aos 5V. Quanto maior a resistência, mais próximo estará de GND (0V).

Figura 9-1   Projeto 26: detector de mentira.
Fonte: do autor.

Na realidade, o buzzer, apesar do nível de ruído que produz, consome pouca corrente e pode ser acionado diretamente por um pino digital do Arduino.

COMPONENTES E EQUIPAMENTO		
	Descrição	Apêndice
	Arduino Uno ou Leonardo	m1/m2
R1-3	Resistor de 270 Ω e 1/4 W	r3
R4	Resistor de 470 kΩ e 1/4 W	r9
R5	Trimpot de 10 kΩ	r11
D1	LED RGB (catodo comum)	s7
S1	Buzzer piezoelétrico	h21
	Percevejos metálicos	
	Protoboard	h1
	Fios de conexão (jumpers)	h2

Este projeto utiliza o mesmo LED multicor do Projeto 14. Entretanto, neste caso, não combinaremos as diferentes cores. Acenderemos apenas um LED de cada vez para sinalizar as cores vermelha, verde ou azul.

A Figura 9-2 mostra o diagrama esquemático deste projeto, e a Figura 9-3, a disposição dos componentes no protoboard.

O resistor variável é utilizado para calibrar o ponto de ajuste da resistência, e os eletrodos de toque são apenas dois percevejos inseridos no protoboard.

» Software

O sketch deste projeto (Listagem do Projeto 26) simplesmente compara as tensões em A0 e A1. Se forem aproximadamente iguais, o LED ficará verde. Se a tensão vinda do sensor do dedo (A0) for muito maior do que a tensão de A1, o resistor variável indicará uma diminuição da resistência da

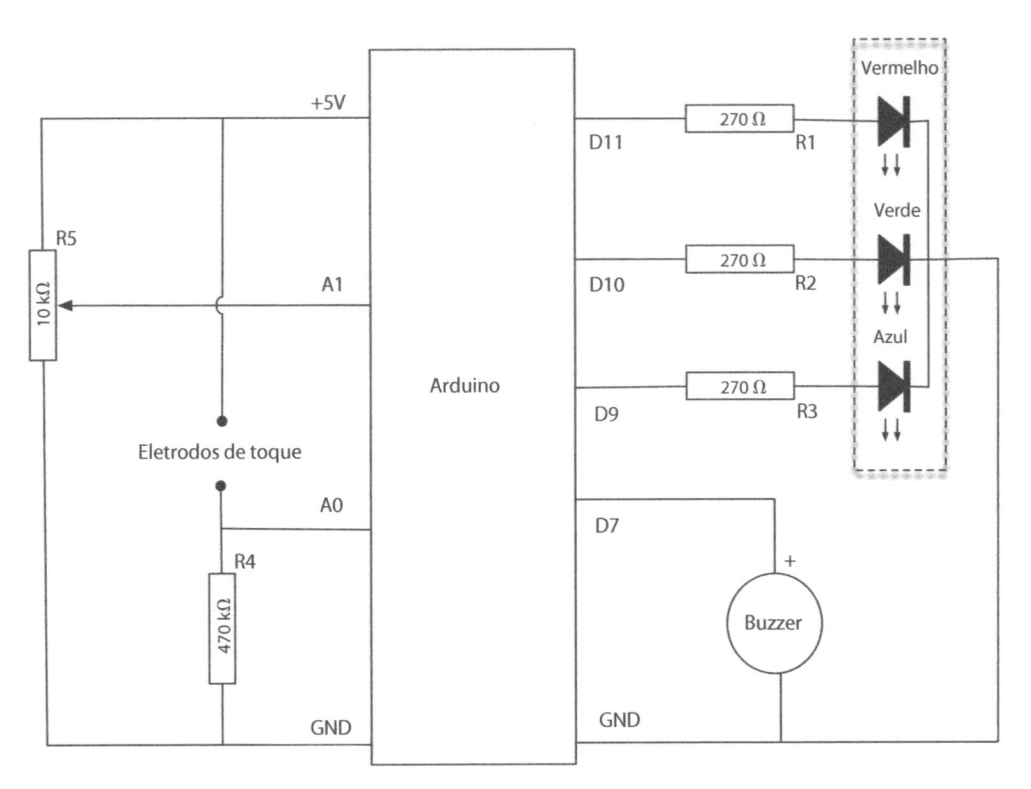

Figura 9-2 Diagrama esquemático do Projeto 26.
Fonte: do autor.

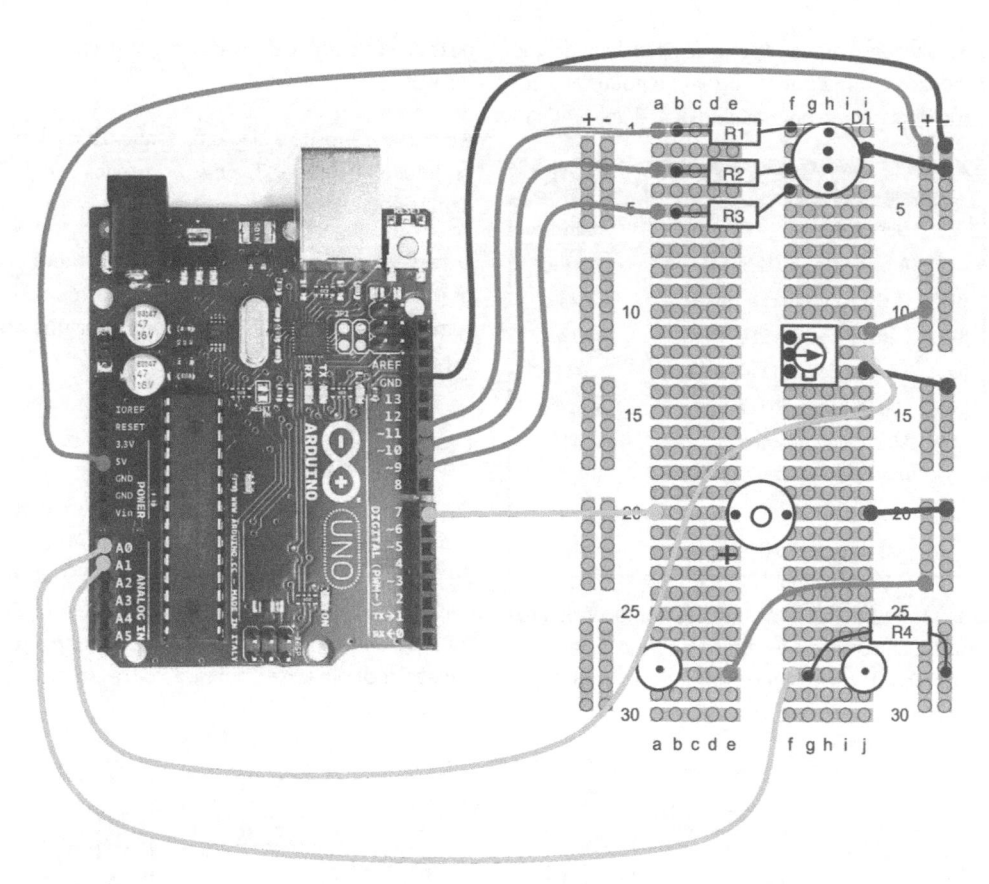

Figura 9-3 Disposição dos componentes do Projeto 26 no protoboard.
Fonte: do autor.

pele, o LED ficará vermelho e o buzzer soará. Por outro lado, se A0 for significativamente menor do que A1, o LED ficará azul, indicando um aumento da resistência da pele.

O buzzer requer uma frequência em torno de 5 kHz (5.000 ciclos por segundo) para ser acionado. Para isso, usamos um comando "for" que repetidamente liga e desliga os pinos apropriados intercalando retardos.

LISTAGEM DO PROJETO 26

```
int redPin = 11;    // para colar
                    // no sketch modificado
int greenPin = 10;
int bluePin = 9;
int buzzerPin = 7;

int potPin = 1;
int sensorPin = 0;

long red = 0xFF0000;
long green = 0x00FF00;
long blue = 0x000080;

int band = 50;
// ajuste da sensibilidade

void setup()
{
```

LISTAGEM DO PROJETO 26

```
  pinMode(redPin, OUTPUT);
  pinMode(greenPin, OUTPUT);
  pinMode(bluePin, OUTPUT);
  pinMode(buzzerPin, OUTPUT);
}

void loop()
{
  int gsr = analogRead(sensorPin);
  int pot = analogRead(potPin);
  if (gsr > pot + band)
  {
    setColor(red);
    beep();
  }
  else if (gsr < pot - band)
  {
    setColor(blue);
  }
  else
  {
    setColor(green);
  }
}

void setColor(long rgb)
{
  int red = rgb >> 16;
  int green = (rgb >> 8) & 0xFF;
  int blue = rgb & 0xFF;
  analogWrite(redPin, red);
  analogWrite(greenPin, green);
  analogWrite(bluePin, blue);
}

void beep()
{
  // 5 khz para 1/5 de segundo
  for (int i = 0; i < 1000; i++)
  {
    digitalWrite(buzzerPin, HIGH);
    delayMicroseconds(100);
    digitalWrite(buzzerPin, LOW);
    delayMicroseconds(100);
  }
}
```

» Juntando tudo

Carregue o sketch completo do Projeto 26, que está no Sketchbook do Arduino, e transfira-o para a placa (veja o Capítulo 1).

Como você precisará das mãos livres para ajustar o resistor variável, convide uma pessoa para testar o detector de mentira.

Primeiro, peça à pessoa para colocar dois dedos vizinhos sobre os percevejos metálicos. Então, gire o eixo do resistor variável até que o LED fique verde.

Agora você pode interrogar a "vítima". Se o LED ficar vermelho ou azul, você deve ajustar o resistor variável até que fique novamente verde. A seguir, continue o "interrogatório".

Projeto 27
» *Fechadura magnética para porta*

Este projeto (Figura 9-4), baseado no Projeto 10, além de acender o LED verde quando o código correto for digitado, incluirá também a abertura da fechadura eletromagnética de uma porta. O sketch foi melhorado de modo que o código secreto pode ser alterado sem necessidade de modificar e instalar novamente o sketch. O código secreto fica armazenado em uma memória programável apenas de leitura eletricamente apagável (EEPROM). Assim, se a alimentação elétrica for desligada, o código não será perdido.

Quando energizada, a fechadura eletromagnética libera o seu mecanismo de trava (lingueta), de modo que a porta pode então ser aberta. Quando não energizada, a fechadura permanece trancada.

O adaptador de tensão CC deve poder fornecer corrente suficiente para liberar a trava. Assim, você deve consultar as características elétricas da sua fechadura antes de escolher um adaptador de ten-

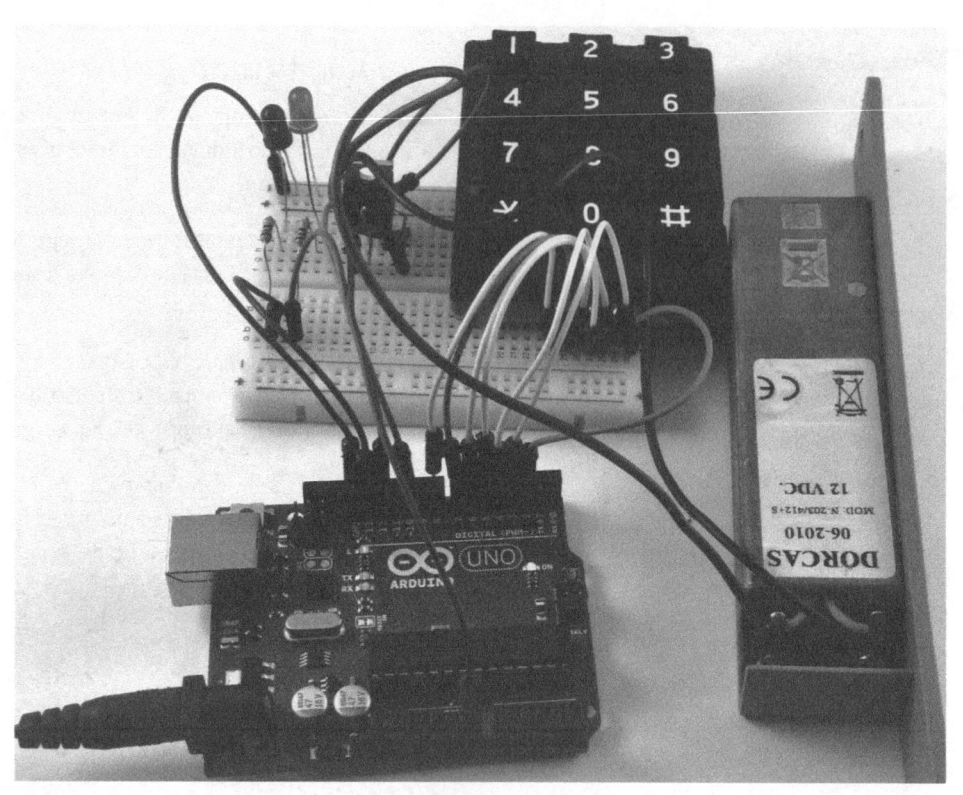

Figura 9-4 Projeto 27: fechadura magnética para porta.
Fonte: do autor.

são CC. Normalmente, uma corrente de 2A estará ótima.

COMPONENTES E EQUIPAMENTO		
	Descrição	**Apêndice**
	Arduino Uno ou Leonardo	m1/m2
D1	LED vermelho de 5 mm	s1
D2	LED verde de 5 mm	s2
R1-2	Resistor de 270 Ω e 1/4 W	r3
K1	Teclado 4 por 3	h11
	Barra de pinos machos	h12
T1	Transistor FQP30N06	s16
	Fechadura eletromagnética	h23
D3	1N4004	s12
	Protoboard	h1
	Fios de conexão (jumpers)	h2
	Adaptador de tensão CC de 12V e 2A	h7

Note que essas fechaduras são projetadas para manter a trava liberada por apenas alguns segundos enquanto a porta está sendo aberta.

» Hardware

O diagrama esquemático (Figura 9-5) e a disposição dos componentes no protoboard (Figura 9-6) são os mesmos do Projeto 10, com alguns componentes a mais. Assim como um relé, uma trava eletromagnética é uma carga indutiva. Portanto, pode gerar uma força contraeletromotriz (FCEM) que é neutralizada pelo diodo D3.

A trava é controlada pelo transistor T1, que faz o chaveamento de 12V. Como o projeto será alimentado com um adaptador de tensão de 12V, o pino Vin é conectado a um dos terminais do solenoide do mecanismo eletromagnético de trava da fechadura.

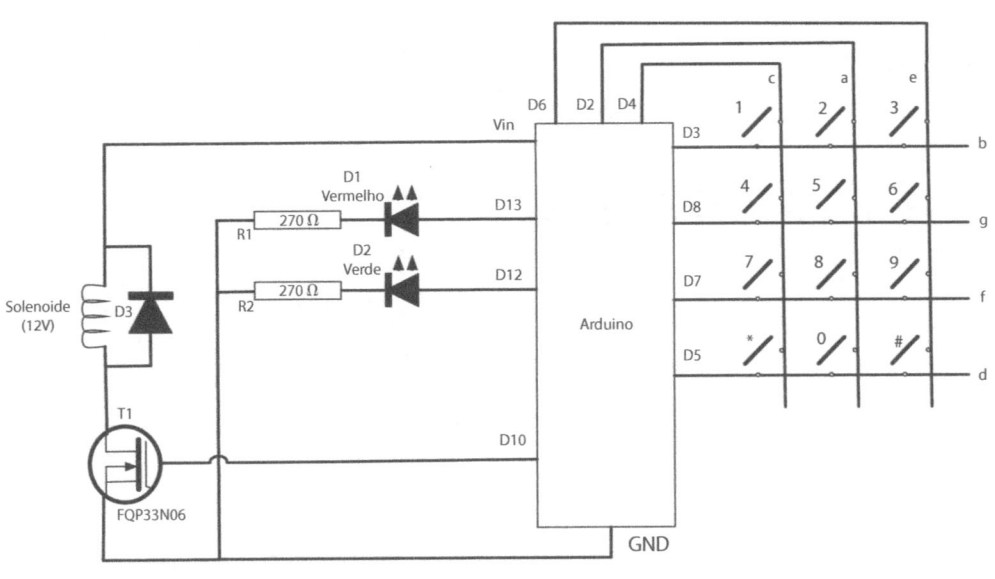

Figura 9-5 Diagrama esquemático do Projeto 27.
Fonte: do autor.

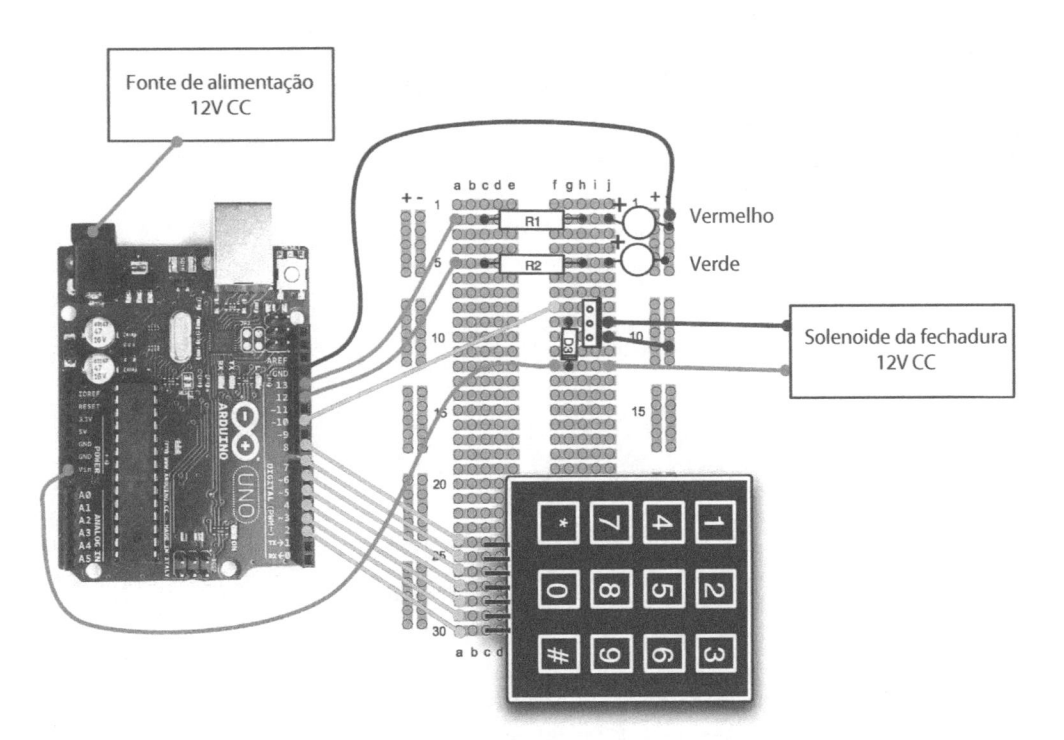

Figura 9-6 Disposição dos componentes do Projeto 27 no protoboard.
Fonte: do autor.

>> Software

O software deste projeto é similar ao do Projeto 10 (veja Listagem do Projeto 27).

LISTAGEM DO PROJETO 27

```
#include <Keypad.h>
#include <EEPROM.h>

char* secretCode = "1234";
int position = 0;

const byte rows = 4;
const byte cols = 3;
char keys[rows][cols] = {
  {'1','2','3'},
  {'4','5','6'},
  {'7','8','9'},
  {'*','0','#'}
};
byte rowPins[rows] = {7, 2, 3, 5};
byte colPins[cols] = {6, 8, 4};
Keypad keypad = Keypad(makeKeymap(keys),
rowPins, colPins, rows, cols);

int redPin = 13;
int greenPin = 12;
int solenoidPin = 10;

void setup()
{
  pinMode(redPin, OUTPUT);
  pinMode(greenPin, OUTPUT);
  pinMode(solenoidPin, OUTPUT);
  loadCode();
  flash();
  lock();
  Serial.begin(9600);
  while(!Serial);
  Serial.print("Code is: ");
Serial.println(secretCode);
  Serial.println("Change code: cNNNN");
  Serial.println("Unloack: u");
  Serial.println("Lock: l");
}

void loop()
{
  if (Serial.available())
  {
    char c = Serial.read();
```

LISTAGEM DO PROJETO 27

```
    if (c == 'u')
    {
      unlock();
    }
    if (c == 'l')
    {
      lock();
    }
    if (c == 'c')
    {
      getNewCode();
    }
  }
  char key = keypad.getKey();
  if (key == '#')
  {
    lock();
  }
  if (key == secretCode[position])
  {
    position ++;
  }
  else if (key != 0)
  {
    lock();
  }
  if (position == 4)
  {
    unlock();
  }
  delay(100);
}

void lock()
{
  position = 0;
  digitalWrite(redPin, HIGH);
  digitalWrite(greenPin, LOW);
  digitalWrite(solenoidPin, LOW);
  Serial.println("LOCKED");
}

void unlock()
{
  digitalWrite(redPin, LOW);
  digitalWrite(greenPin, HIGH);
  digitalWrite(solenoidPin, HIGH);
  Serial.println("UN-LOCKED");
  delay(5000);
  lock();
}
void getNewCode()
{
  for (int i = 0; i < 4; i++ )
  {
```

LISTAGEM DO PROJETO 27

```
    char ch = Serial.read();
    secretCode[i] = ch;
  }
  saveCode();
  flash();flash();
  Serial.print("Code changed to: ");
Serial.println(secretCode);
}
void loadCode()
{
  if (EEPROM.read(0) == 1)
  {
    secretCode[0] = EEPROM.read(1);
    secretCode[1] = EEPROM.read(2);
    secretCode[2] = EEPROM.read(3);
    secretCode[3] = EEPROM.read(4);
  }
}
void saveCode()
{
  EEPROM.write(1, secretCode[0]);
  EEPROM.write(2, secretCode[1]);
  EEPROM.write(3, secretCode[2]);
  EEPROM.write(4, secretCode[3]);
  EEPROM.write(0, 1);
}

void flash()
{
    digitalWrite(redPin, HIGH);
    digitalWrite(greenPin, HIGH);
    delay(500);
    digitalWrite(redPin, LOW);
    digitalWrite(greenPin, LOW);
}
```

Embora este projeto seja alimentado com um adaptador de tensão externo, mesmo assim você ainda pode conectar o cabo USB no seu computador e entrar com comandos para abrir e trancar a porta ou mudar o código secreto.

A função setup dá algumas instruções para alterar o código secreto utilizando o Serial Monitor. Ela também mostra o código atual (Figura 9-7).

A função loop tem duas partes. Primeiro, verifica se chegaram comandos vindos do Serial Monitor e, em seguida, se teclas foram pressionadas no teclado numérico.

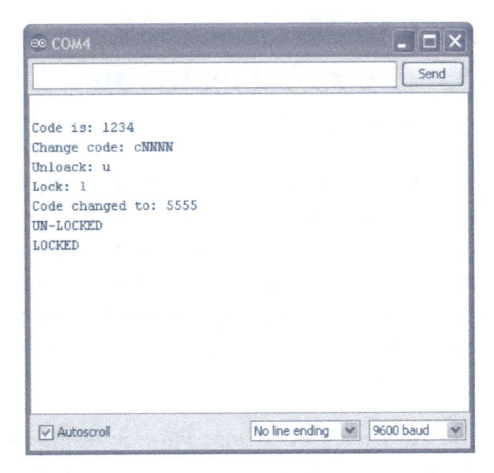

Figura 9-7 Controlando a fechadura com o Serial Monitor.

Cada vez que uma tecla é pressionada, a função faz uma comparação com o respectivo caractere do código secreto e a variável de contagem é incrementada. Quando a contagem chega a 4, a fechadura é destrancada.

Como cada caractere ocupa exatamente 1 byte, o código pode ser armazenado diretamente na EEPROM. Usamos o primeiro byte (posição 0) para indicar se um código novo foi fornecido. Se não, o código default será 1234. Se um código novo for digitado, o primeiro byte da EEPROM receberá o valor 1. Se não fizéssemos isso, o código poderia ser qualquer coisa que estivesse na EEPROM.

» Juntando tudo

Carregue o sketch completo do Projeto 27, que está no Sketchbook do Arduino, e transfira-o para a placa (veja o Capítulo 1).

Para verificar se tudo está funcionando, podemos ligar a alimentação elétrica e digitar o código 1234. O LED verde deverá acender e a fechadura será liberada.

Projeto 28
>> Controle remoto com infravermelho

Este projeto (Figura 9-8) permite que qualquer equipamento (controlado remotamente por infravermelho) possa ser comandado diretamente do seu computador. Poderemos gravar uma mensagem infravermelha enviada por um controle remoto já existente e, depois, repeti-la a partir do nosso computador.

Armazenaremos os códigos infravermelhos na EEPROM para que não sejam perdidos quando a placa do Arduino for desligada.

COMPONENTES E EQUIPAMENTO		
	Descrição	Apêndice
	Arduino Uno ou Leonardo	m1/m2
R1	Resistor de 10 Ω e 1/4 W	r14
R2	Resistor de 270 Ω e 1/4 W	r3
T1	Transistor 2N2222	s14
D1	LED transmissor IR, 940nm, de 5mm	s20
CI1	CI receptor IR de controle remoto	s21
	Protoboard	h1
	Fios de conexão (jumpers)	h2

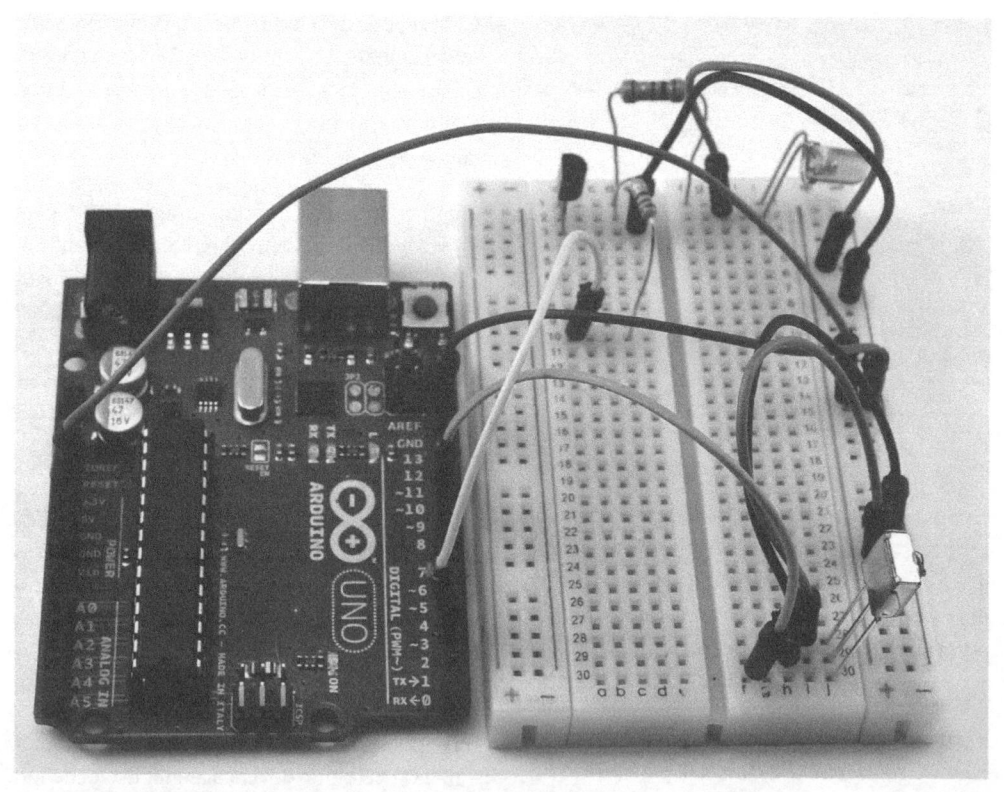

Figura 9-8 Projeto 28: controle remoto com infravermelho.
Fonte: do autor.

» Hardware

O receptor de controle remoto infravermelho (IR*) é um módulo pequeno e excelente que combina um fotodiodo IR com toda a amplificação, filtragem e suavização necessárias para produzir uma saída digital a partir da mensagem IR. Essa saída alimenta o pino digital 9. O diagrama esquemático (Figura 9-9) mostra como é simples o uso desse módulo, que tem apenas três pinos: GND, +V e o sinal de saída.

O transmissor IR é um LED IR. Os LEDs IR trabalham como um LED vermelho comum, mas emitem radiação na faixa infravermelha invisível do espectro. Em alguns LEDs IR é possível ver um leve halo vermelho quando estão ligados. Normalmente, se apontar uma câmera digital para um LED IR, você poderá ver o brilho dele, pois essas câmeras são um pouco sensíveis à luz infravermelha.

A partir de um pino de saída, você pode alimentar diretamente o transmissor IR se usar um resistor em série de, digamos, 270 ohms para limitar a corrente. Entretanto, esses dispositivos são projetados para ser alimentados continuamente com 100 mA (cinco vezes a corrente de um LED normal). Dessa forma, o nosso módulo terá um alcance muito curto. Contudo, nós usaremos um transistor para chavear o LED e um resistor em série de valor bem mais baixo para acionar o LED IR com o máximo de corrente.

A Figura 9-10 mostra a disposição dos componentes deste projeto no protoboard.

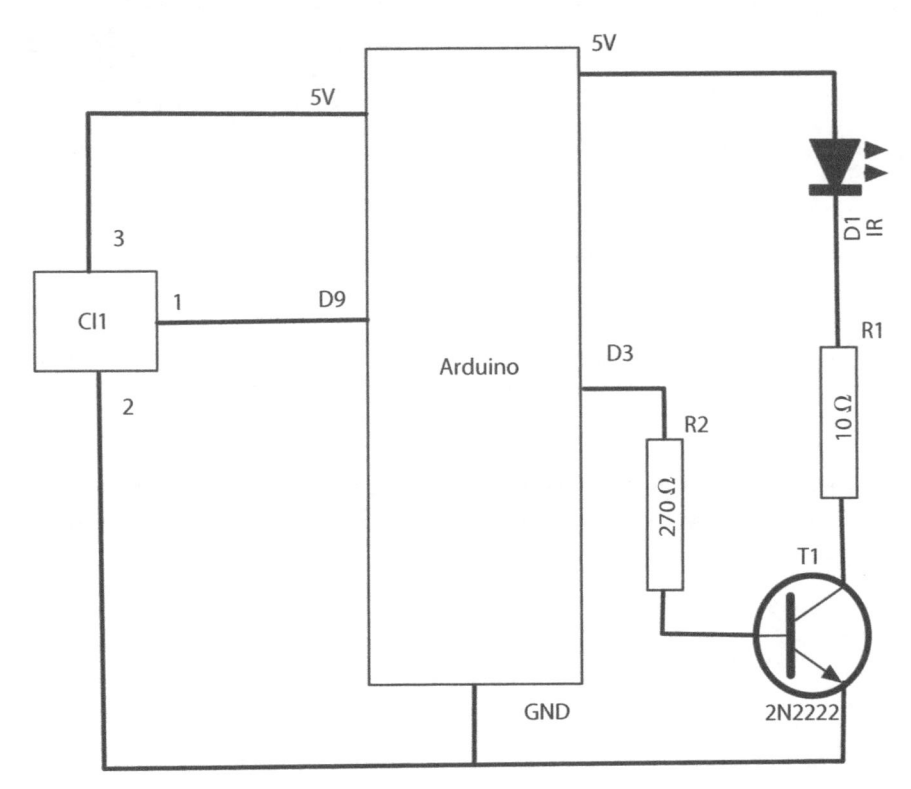

Figura 9-9 Diagrama esquemático do Projeto 28.
Fonte: do autor.

---

* N. de T.: A sigla IR deriva do termo inglês *infrared* (infravermelho).

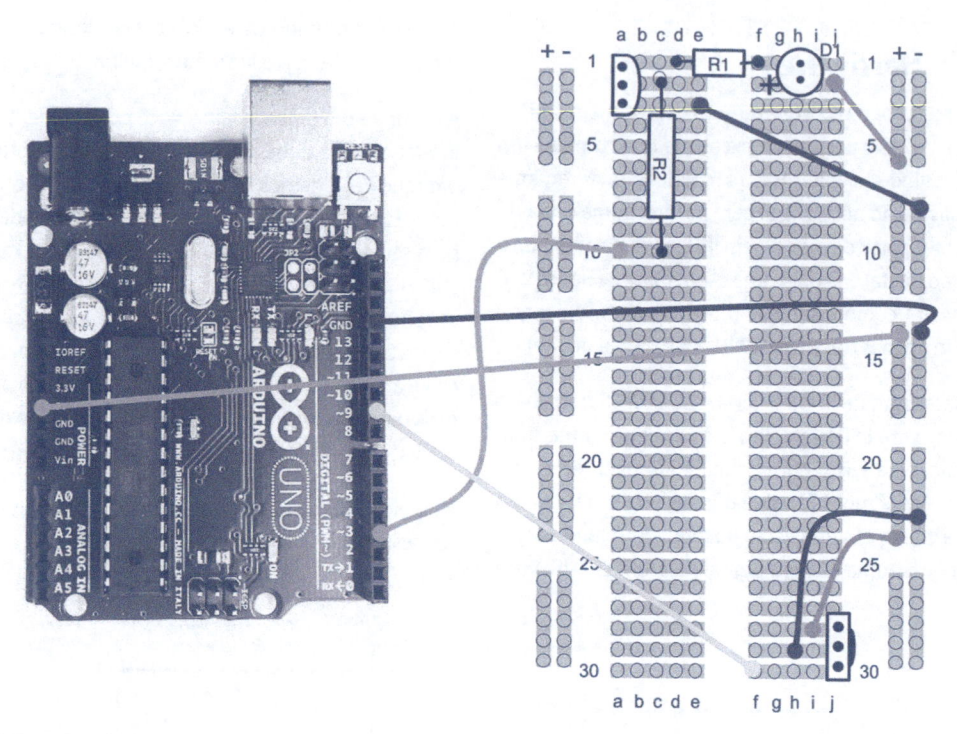

Figura 9-10 Disposição dos componentes do Projeto 28 no protoboard.
Fonte: do autor.

Quando fizer a montagem no protoboard, observe que a maioria dos LEDs IR não adota a convenção normal dos LEDs. Nos LEDs IR, o terminal mais comprido é normalmente o terminal negativo. Consulte a folha de especificações do seu LED antes de conectá-lo.

» Software

O sketch permite que você grave, em uma de 10 memórias, os sinais transmitidos por um controle remoto e, em seguida, reproduza-os (veja Listagem do Projeto 28).

LISTAGEM DO PROJETO 28

```
#include <EEPROM.h>

#define maxMessageSize 100
#define numSlots 9

int irRxPin = 9;
int irTxPin = 3;

int currentCode = 0;
int buffer[maxMessageSize];

void setup()
{
```

LISTAGEM DO PROJETO 28

```
  Serial.begin(9600);
  Serial.println("0-9 to set code memory, l - learn, s - to send");
  pinMode(irRxPin, INPUT);
  pinMode(irTxPin, OUTPUT);
  setCodeMemory(0);
}

void loop()
{
  if (Serial.available())
  {
    char ch = Serial.read();
    if (ch >= '0' && ch <= '9')
    {
      setCodeMemory(ch - '0');
    }
    else if (ch == 's')
    {
      sendIR();
    }
    else if (ch == 'l')
    {
      int codeLen = readCode();
      Serial.print("Read code length: "); Serial.println(codeLen);
      storeCode(codeLen);
    }
  }
}

void setCodeMemory(int x)
{
  currentCode = x;
  Serial.print("Set current code memory to: ");
  Serial.println(currentCode);
}

void storeCode(int codeLen)
{
   // escrever o código na EEPROM, o primeiro byte é o comprimento
   int startIndex = currentCode * maxMessageSize;
   EEPROM.write(startIndex, (unsigned byte)codeLen);
   for (int i = 0; i < codeLen; i++)
   {
      EEPROM.write(startIndex + i + 1, buffer[i]);
   }
}

void sendIR()
{
  // construir um buffer com os dados armazenados na EEPROM e transmita-os
  int startIndex = currentCode * maxMessageSize;
  int len = EEPROM.read(startIndex);
  Serial.print("Sending Code for memory "); Serial.print(currentCode);
```

(continua)

LISTAGEM DO PROJETO 28   *continuação*

```
  Serial.print(" len="); Serial.println(len);
  if (len > 0 && len < maxMessageSize)
  {
    for (int i = 0; i < len; i++)
    {
      buffer[i] = EEPROM.read(startIndex + i + 1);
    }
    sendCode(len);
  }
}

void sendCode(int n)
{
  for (int i = 0; i < 3; i++)
  {
    writeCode(n);
    delay(90);
  }
}


int readCode()
{
  int i = 0;
  unsigned long startTime;
  unsigned long endTime;
  unsigned long lowDuration = 0;
  unsigned long highDuration = 0;
  while(digitalRead(irRxPin) == HIGH) {}; // espera pelo primeiro pulso
  while(highDuration < 50001)
  {
    // encontrar a duração em nível baixo
    startTime = micros();
    while(digitalRead(irRxPin) == LOW) {};
    endTime = micros();
    lowDuration = endTime - startTime;
    if (lowDuration < 50001)
    {
      buffer[i] = (byte)(lowDuration >> 4);
      i ++;
    }
    // encontrar a duração em nível alto
    startTime = micros();
    while(digitalRead(irRxPin) == HIGH) {};
    endTime = micros();
    highDuration = endTime - startTime;
    if (highDuration < 50001)
    {
      buffer[i] = (byte)(highDuration >> 4);
      i ++;
    }
  }
  return i;
```

LISTAGEM DO PROJETO 28

```
}

void writeCode(int n)
{
   int state = 0;
   unsigned long duration = 0;
   int i = 0;
   while (i < n)
   {
      duration = buffer[i] << 4;
      int cycles = duration / 14;
      if ( ! (i % 2))
      {
        for (int x = 0; x < cycles; x++)
        {
          state = ! state;
          digitalWrite(irTxPin, state);
          delayMicroseconds(10);   // menor que 12 para ajustar as outras instruções
        }
        digitalWrite(irTxPin, LOW);
      }
      else
      {
        digitalWrite(irTxPin, LOW);
        delayMicroseconds(duration);
      }
      i ++;
   }
}
```

Os controles remotos IR enviam uma sequência de pulsos em uma frequência entre 36 e 40 kHz. A Figura 9-11 mostra o traçado em um osciloscópio.

Figura 9-11 Código infravermelho em um osciloscópio.
Fonte: do autor.

Um bit com valor 1 é representado por um pulso de onda quadrada com frequência entre 36 e 40 kHz. Um 0 é representado por uma pausa na qual não há envio de pulsos.

Na função setup, a comunicação serial é iniciada e escrevemos na Console Serial as instruções de como usar este projeto. É dessa Console Serial que controlamos o sistema. Também definimos que a variável setCodeMemory é zero.

A função loop segue o padrão familiar de verificar se alguma entrada chegou através da porta USB. Se for um código entre 0 e 9, a memória correspondente a esse código será tornada a memória corrente. Se um caractere "s" (de send, enviar ou transmitir) vier do Serial Monitor, a mensagem que está na posição corrente da memória de mensagens será transmitida e, se for um "l" (de learn, aprender), o sketch passa a esperar que uma mensagem chegue do controle remoto.

A seguir, a função loop verifica se algum sinal IR foi recebido. Em caso afirmativo, esse sinal IR é memorizado na memória programável apenas de leitura eletricamente apagável (EEPROM) por meio da função storeCode. O comprimento do código é armazenado no primeiro byte e então, para cada pulso sucessivo, o número de intervalos de 50 ms é armazenado nos bytes seguintes.

Quando acessamos a EEPROM por meio das funções storeCode e sendIR, utilizamos uma técnica interessante que permite o acesso, na forma de um array, às posições das mensagens na memória. A posição de partida na memória para armazenar ou ler os dados da EEPROM é calculada multiplicando o valor de currentCode (código corrente) pelo comprimento de cada código (mais o byte que diz qual é o comprimento).

>> Juntando tudo

Carregue o sketch completo do Projeto 28, que está no Sketchbook do Arduino, e transfira-o para a placa (veja o Capítulo 1).

Para testar o projeto, escolha algum eletrodoméstico que seja comandado por um controle remoto IR. A seguir, ligue o dispositivo que acabamos de construir.

Abra o Serial Monitor. Você será saudado pela seguinte mensagem:

```
0-9 to set code memory, 1 - learn,
    s - to send
Set current code memory to: 0
```

Por default, qualquer mensagem que captarmos será armazenada na posição 0 da memória. Assim, digite "l" (learn) no Serial Monitor e aponte o controle remoto do aparelho para o sensor do nosso projeto. Aperte um botão no controle remoto (ligar um DVD player ou ejetar a sua gaveta são ações que impressionam). Você deverá ver uma mensagem como a seguinte (em que é dito que o código foi salvo e o seu comprimento é 67):

```
Saved code, length: 67
```

Agora, aponte o LED IR para o aparelho e digite "s" (send) no Serial Monitor. Você receberá uma mensagem como a seguinte (em que é dito que o código foi enviado e que seu comprimento foi 67):

```
Sent code, length: 67
```

Mais importante, o aparelho deverá responder à mensagem enviada pela placa do Arduino.

Você poderá tentar alterar a posição de memória se digitar um número diferente no Serial Monitor e armazenar diversos comandos IR. Não há uma razão para que tenham de ser do mesmo aparelho.

Observe que esse projeto não necessariamente funcionará com qualquer aparelho controlado por IR. Portanto, se acontecer de não funcionar com um aparelho, experimente com outro.

Projeto 29
>> Relógio com Lilypad

O Arduino Lilypad funciona do mesmo modo que as placas Uno ou Leonardo, mas, em vez de uma placa de circuito visualmente desinteressante, o Lilypad é circular e projetado para ser costurado nas roupas com linha condutiva metálica. Quando nos deparamos com um deles, podemos perceber o seu belo visual. Por essa razão, construiremos este projeto em um porta-retrato, de forma que possamos mostrar a beleza natural da eletrônica (Figura 9-12). Uma chave reed é utilizada para acertar o relógio.

cápsula selada de vidro. Quando um ímã aproxima-se da chave, os contatos são aproximados e a chave é fechada.

Usamos uma chave reed em vez de uma comum para que o projeto inteiro possa ser montado atrás do vidro de um porta-retrato. Poderemos acertar o relógio se o ímã for aproximado da chave.

A Figura 9-13 mostra o diagrama esquemático do projeto.

Cada LED tem um resistor soldado ao terminal negativo mais curto. O terminal positivo é então soldado no respectivo terminal do Arduino Lilypad e o terminal do resistor passa por baixo da placa, onde é soldado a todos os demais terminais de resistor.

Figura 9-12 Projeto 29: relógio binário com Lilypad.
Fonte: do autor.

A Figura 9-14 dá uma visão detalhada dos LEDs e resistores. A fiação dos terminais abaixo da placa está mostrada na Figura 9-15. Observe um disco grosseiro de papelão funcionando como proteção entre a parte de trás da placa e os terminais soldados dos resistores.

COMPONENTES E EQUIPAMENTO		
	Descrição	Apêndice
	Arduino Lilypad e programador USB	m3
R1-16	Resistor de 100 Ω e 1/4 W	r2
D1-4	LED vermelho de 2 mm	s4
D5-10	LED azul de 2 mm	s6
D11-16	LED verde de 2 mm	s5
R17	Resistor de filme metálico de 100 kΩ e 1/4 W	r8
S1	Chave reed miniatura	h3
	Porta-retrato de 18 x 13 cm	
	Fonte de alimentação de 5V	h6

Uma fonte de alimentação de 5V é usada porque, quando todos os LEDs estão acesos, uma potência significativa é consumida. Pilhas ou baterias não durariam muito tempo. Os fios de alimentação elétrica são ligados a um conector montado em uma das molduras laterais do porta-retrato.

Utilizamos um carregador de telefone celular que estava fora de uso. Verifique se a fonte de alimentação que você usará consegue fornecer 5V com uma corrente de, no mínimo, 500 mA. Para testar a polaridade, você pode usar um multímetro.

Neste projeto, usaremos um ferro de soldar.

» Hardware

Neste projeto, quase todas as conexões do Lilypad têm um LED e um resistor em série.

A chave reed é um pequeno componente útil que consiste apenas em um par de contatos em uma

» Software

A programação do Lilypad é um pouco diferente da programação de um Uno ou Leonardo. O Lilypad não tem uma porta USB. Para programá-lo deve-se usar um adaptador especial.

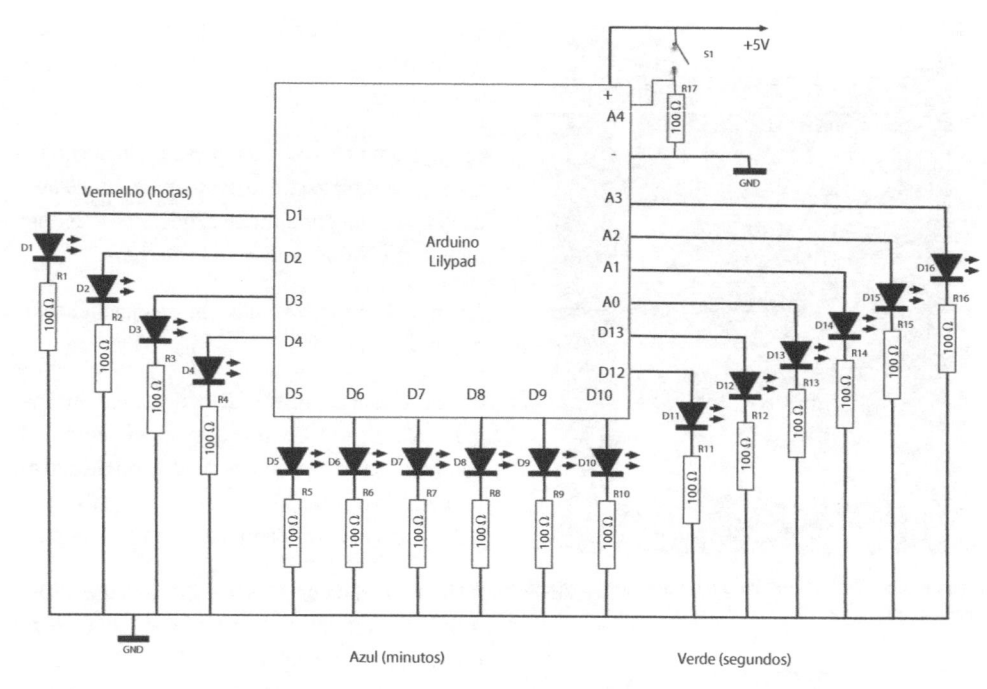

Figura 9-13 Diagrama esquemático do Projeto 29.
Fonte: do autor.

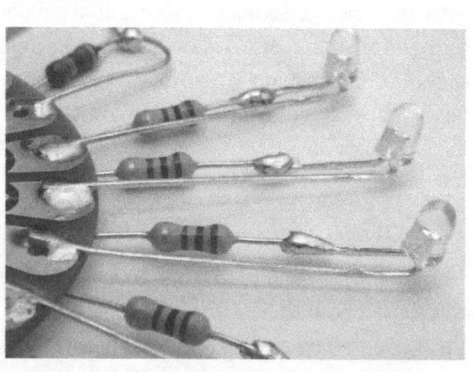

Figura 9-14 Vista detalhada dos LEDs soldados aos resistores.
Fonte: do autor.

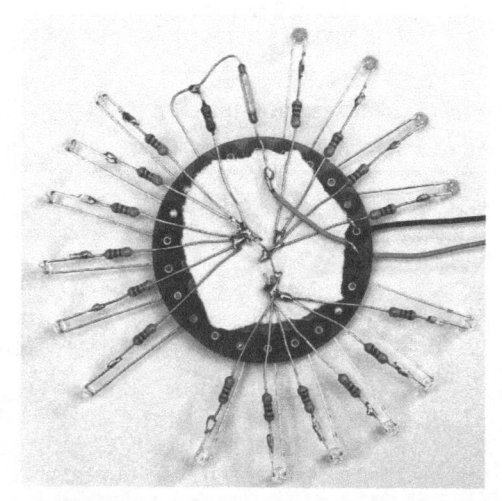

Figura 9-15 Lado de baixo da placa Lilypad.
Fonte: do autor.

No caso do Windows, na primeira vez que você inserir o adaptador no Lilypad e o conectar ao computador, será executado o assistente para novo hardware encontrado. Em seguida, você deve selecionar a opção de instalação a partir de um local especificado e procurar a opção "FTDI USB Drivers" na pasta "Drivers" dentro do diretório de instalação do seu Arduino. Com isso, os drivers necessários serão instalados.

A Figura 9-16 mostra o adaptador conectado ao Lilypad.

Para Mac e Linux, você encontrará instaladores na pasta "Drivers" para instalar o driver USB. É possível que você descubra que sua máquina reconhece o adaptador USB adequado sem precisar instalar nada.

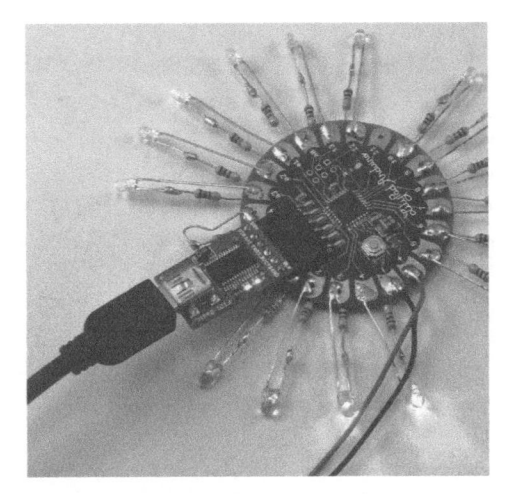

Figura 9-16 Adaptador USB conectado à placa Lilypad.
Fonte: do autor.

Este é outro projeto em que usaremos uma biblioteca. Essa biblioteca facilita a manipulação de tempo e pode ser baixada de http://playground.arduino.cc/Code/Time.

Baixe o arquivo Time.zip e faça unzip. Se você estiver usando Windows, clique o botão direito do mouse e escolha "Extraia Tudo" e, em seguida, salve o diretório inteiro na pasta "libraries" dentro de seu diretório "Arduino sketches".

Logo que você instalar essa biblioteca no seu diretório Arduino, você poderá usá-la com qualquer sketch que você escrever (veja Listagem do Projeto 29.)

LISTAGEM DO PROJETO 29

```
#include <Time.h>

int hourLEDs[] = {1, 2, 3, 4}; // o bit menos significativo é o primeiro
int minuteLEDs[] = {10, 9, 8, 7, 6, 5};
int secondLEDs[] = {17, 16, 15, 14, 13, 12};

int loopLEDs[] = {17, 16, 15, 14, 13, 12, 10, 9, 8, 7, 6, 5, 4, 3, 2, 1};

int switchPin = 18;

void setup()
{
  for (int i = 0; i < 4; i++)
  {
    pinMode(hourLEDs[i], OUTPUT);
  }
  for (int i = 0; i < 6; i++)
  {
    pinMode(minuteLEDs[i], OUTPUT);
```

(continua)

LISTAGEM DO PROJETO 29 *continuação*

```
  }
  for (int i = 0; i < 6; i++)
  {
      pinMode(secondLEDs[i], OUTPUT);
  }
  setTime(0);
}

void loop()
{
  if (digitalRead(switchPin))
  {
      adjustTime(1);
  }

else if (minute() == 0 && second() == 0)
  {
    spin(hour());
  }
  updateDisplay();
  delay(1);
}

void updateDisplay()
{
  time_t t = now();
  setOutput(hourLEDs, 4, hourFormat12(t));
  setOutput(minuteLEDs, 6, minute(t));
  setOutput(secondLEDs, 6, second(t));
}


void setOutput(int *ledArray, int numLEDs, int value)
{
    for (int i = 0; i < numLEDs; i++)
    {
      digitalWrite(ledArray[i], bitRead(value, i));
    }
}
void spin(int count)
{
  for (int i = 0; i < count; i++)
  {
      for (int j = 0; j < 16; j++)
      {
          digitalWrite(loopLEDs[j], HIGH);
          delay(50);
          digitalWrite(loopLEDs[j], LOW);
      }
  }
}
```

Os arrays são usados para definir os diversos conjuntos de LEDs. Eles são usados na função setOutput e para simplificar a instalação. Essa função determina os valores binários do array de LEDs que deve exibir um valor binário. A função também recebe o valor que deverá ser escrito nele e argumentos relativos ao comprimento desse array. Isso é usado na função loop para sucessivamente ativar os LEDs de horas, minutos e segundos. Ao passar um array para dentro de uma função como essa, você deverá antepor um asterisco (*) ao argumento na definição da função.

Uma característica adicional do relógio é que, a cada hora, ele acende sucessivamente de forma circular cada um dos LEDs do mostrador de hora. Assim, quando for 6 horas, por exemplo, ele fará seis sequências sucessivas de acendimentos nos LEDs da hora antes de seguir com o padrão normal.

Se o relé reed for ativado, a função adjustTime será chamada com o argumento de 1 segundo. Como isso está na função loop com um retardo de 1 ms, os segundos passarão rapidamente.

>> Juntando tudo

Carregue o sketch completo do Projeto 29, que está no Sketchbook do Arduino, e transfira-o para a placa (veja o Capítulo 1). Em um Lilypad, isso é feito de modo um pouco diferente do que estamos acostumados a fazer. No software do Arduino, antes de carregar o sketch, você deve selecionar um tipo diferente de placa (Lilypad 328) e de porta serial.

Monte o projeto, mas teste-o conectado ao programador USB antes de montá-lo definitivamente no porta-retrato.

Escolha um porta-retrato que tenha espaçadores suficientemente largos entre o fundo e o vidro frontal. Isso permitirá instalar os componentes nesse vão.

Em um papel, você poderá desenhar identificadores para os LEDs, facilitando assim a leitura das horas. Um desses desenhos está disponível na página do livro em loja.grupoa.com.br.

Para ler as horas do relógio, você olha sucessivamente cada uma das seções (horas, minutos e Segundos) e soma os valores dos LEDs que estão acesos. Assim, se os LEDs 8 e 2 da seção horas estiverem acesos, serão 10 horas. A seguir, faça o mesmo com os minutos e os segundos.

Projeto 30
>> Contador regressivo de tempo

Nenhum livro de projetos com Arduino pode ficar sem um contador de tempo do estilo Bond (Figura 9-17). Este contador de tempo também serve como marcador de tempo para cozinhar alimentos.

Figura 9-17 Projeto 30: contador regressivo de tempo.
Fonte: do autor.

COMPONENTES E EQUIPAMENTO	
Descrição	**Apêndice**
Arduino Uno ou Leonardo	m1/m2
Display I²C de quatro dígitos e sete segmentos	m7
Encoder rotativo	h13
Buzzer piezoelétrico	h21
Protoboard	h1
Fios de conexão (jumpers)	h2

>> Hardware

Como o Projeto 16, este projeto também usa um módulo I²C, mas neste caso é um módulo display com LEDs de sete segmentos e quatro dígitos.

O diagrama esquemático do projeto está mostrado na Figura 9-18, e a disposição dos componentes no protoboard está na Figura 9-19.

>> Software

O sketch deste projeto (Listagem do Projeto 30) utiliza as mesmas bibliotecas do Projeto 16. Assim, se você ainda não as instalou, consulte o Capítulo 6.

Em vez de fazer o encoder alterar o tempo corrente em 1 segundo a cada rotação, usaremos um array com tempos padronizados adequados para cozinhar alimentos. Esse array pode ser editado e ampliado, mas se você alterar o seu tamanho, você deverá mudar adequadamente a variável numTimes.

Para manter atualizada a contagem do tempo, a função updateCountingTime (atualiza contagem de tempo) verifica se mais de um segundo decorreu. Em caso afirmativo, ela diminui 1 do número de segundos. Quando os segundos chegam a zero, então, do mesmo modo, ela diminui 1 do número de minutos.

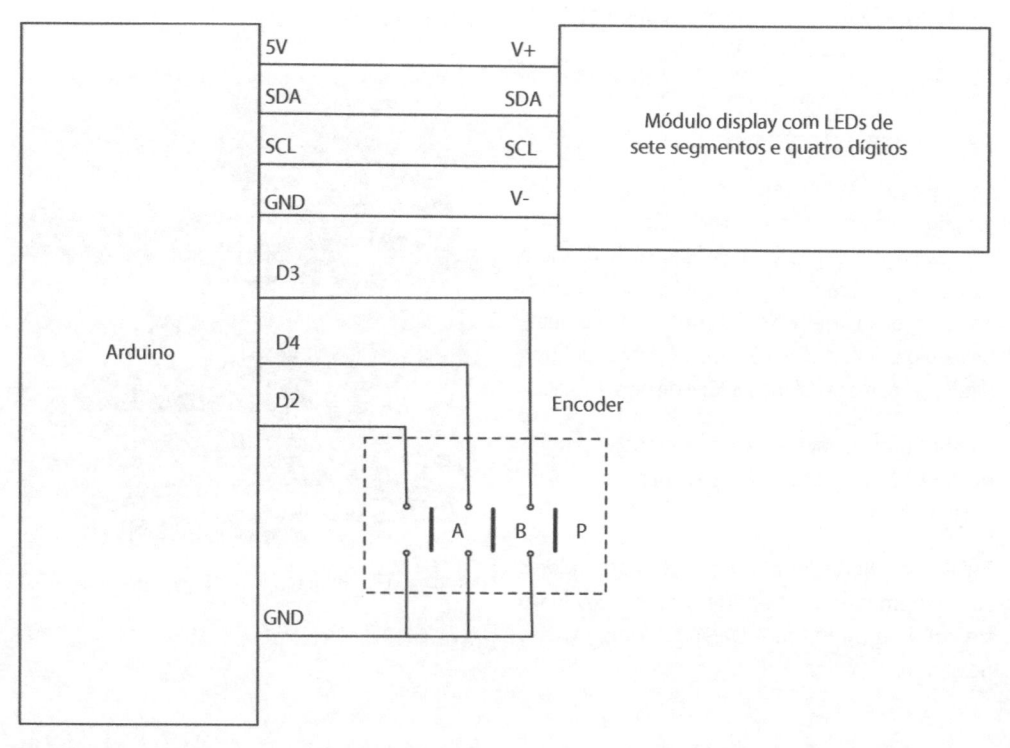

Figura 9-18 Diagrama esquemático do Projeto 30.
Fonte: do autor.

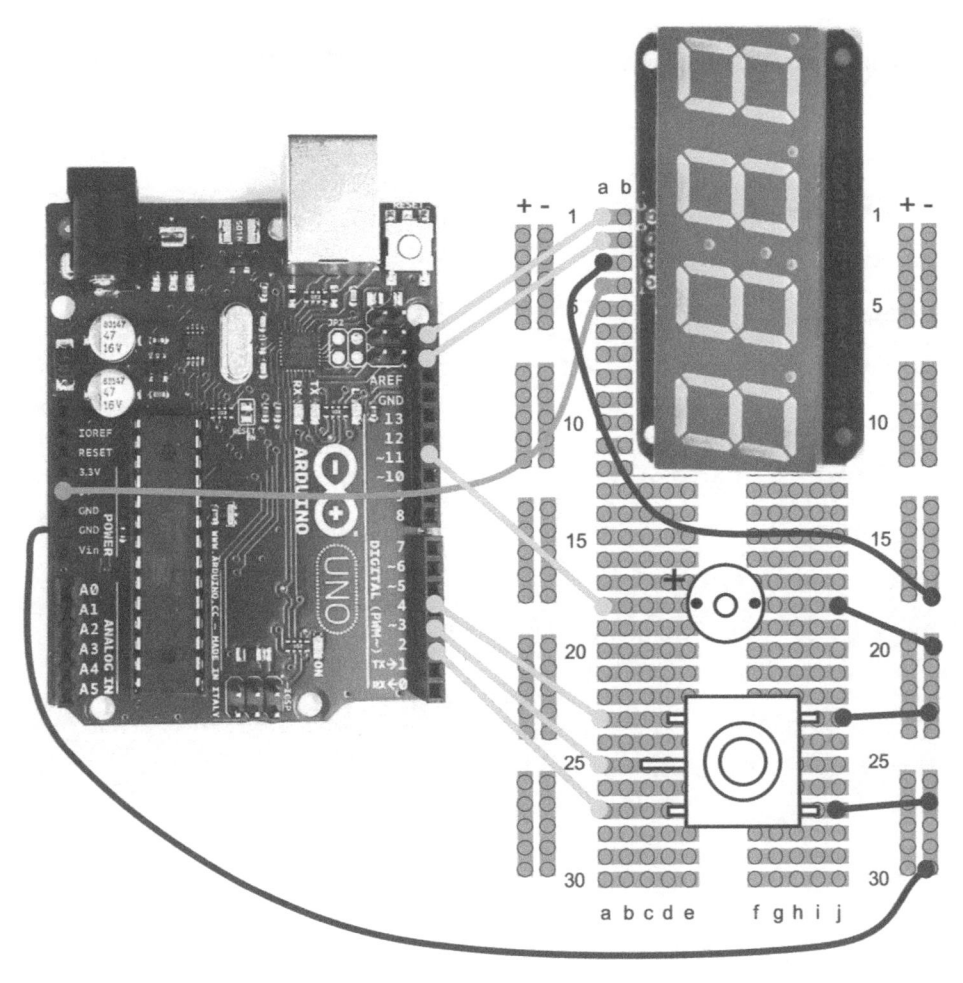

Figura 9-19 Disposição dos componentes do Projeto 30 no protoboard.
Fonte: do autor.

LISTAGEM DO PROJETO 30

```
#include <Adafruit_LEDBackpack.h>
#include <Adafruit_GFX.h>
#include <Wire.h>

Adafruit_7segment display = Adafruit_7segment();

int times[] = {5, 10, 15, 20, 30, 45, 100, 130, 200, 230, 300, 400, 500, 600, 700, 800, 900,
               1000, 1500, 2000, 3000};
int numTimes = 19;

int buzzerPin = 11;
```

(continua)

LISTAGEM DO PROJETO 30 *continuação*

```
int aPin = 2;
int bPin = 4;
int buttonPin = 3;

boolean stopped = true;

int selectedTimeIndex = 12;
int timerMinute;
int timerSecond;

void setup()
{
  pinMode(buzzerPin, OUTPUT);
  pinMode(buttonPin, INPUT_PULLUP);
  pinMode(aPin, INPUT_PULLUP);
  pinMode(bPin, INPUT_PULLUP);
  Serial.begin(9600);
  display.begin(0x70);
  reset();
}

void loop()
{
  updateCountingTime();
  updateDisplay();
  if (timerMinute == 0 && timerSecond == 0 && ! stopped)
  {
    tone(buzzerPin, 400);
  }
  else
  {
    noTone(buzzerPin);
  }
  if (digitalRead(buttonPin) == LOW)
  {
    stopped = ! stopped;
    while (digitalRead(buttonPin) == LOW);
  }
  int change = getEncoderTurn();
  if (change != 0)
  {
    changeSetTime(change);
  }
}

void reset()
{
    timerMinute = times[selectedTimeIndex] / 100;
    timerSecond = times[selectedTimeIndex] % 100;
    stopped = true;
    noTone(buzzerPin);
}
void updateDisplay()          // mmss
```

LISTAGEM DO PROJETO 30

```
if (newA != oldA || newB != oldB)
{
  // atualizar display I2C
  int timeRemaining =  timerMinute * 100 + timerSecond;
  display.print(timeRemaining, DEC);
  display.writeDisplay();
}

void updateCountingTime()
{
   if (stopped) return;

   static unsigned long lastMillis;
   unsigned long m = millis();
   if (m > (lastMillis + 1000) && (timerSecond > 0 || timerMinute > 0))
   {
    if (timerSecond == 0)
    {
       timerSecond = 59;
       timerMinute --;
    }
    else
    {
       timerSecond --;
    }
    lastMillis = m;
   }
}

void changeSetTime(int change)
{
   selectedTimeIndex += change;
   if (selectedTimeIndex < 0)
   {
     selectedTimeIndex = numTimes;
   }
   else if (selectedTimeIndex > numTimes)
   {
     selectedTimeIndex = 0;
   }
   timerMinute = times[selectedTimeIndex] / 100;
   timerSecond = times[selectedTimeIndex] % 100;
}

int getEncoderTurn()
{
  // retornar -1, 0, ou +1
  static int oldA = LOW;
  static int oldB = LOW;
  int result = 0;
  int newA = digitalRead(aPin);
  int newB = digitalRead(bPin);
```

(continua)

> **LISTAGEM DO PROJETO 30** *continuação*
>
> ```
> {
>   // algo mudou
>   if (oldA == LOW && newA == HIGH)
>   {
>     result = -(oldB * 2 - 1);
>   }
> }
> oldA = newA;
> oldB = newB;
> return result;
> }
> ```

O tempo que deve ser mostrado vem formatado em minutos e segundos. Para isso, cria-se um único número decimal multiplicando o número de minutos por 100 e somando-se, em seguida, o número de segundos.

>> Juntando tudo

Carregue o sketch completo do Projeto 30, que está no Sketchbook do Arduino, e transfira-o para a placa (veja o Capítulo 1).

>> Resumo

No Capítulo 10, você encontrará uma seleção de projetos voltados ao Arduino Leonardo. Essa placa é diferente da placa Uno porque pode emular um teclado e um mouse USB, abrindo inúmeras possibilidades novas.

capítulo 10

Projetos USB com o Leonardo

O Arduino Leonardo difere em vários aspectos do Arduino mais convencional. É mais barato e tem um chip diferente de microcontrolador. A utilização desse circuito integrado permite ao Leonardo personificar um teclado USB, que é a base dos projetos descritos neste capítulo.

Objetivos deste capítulo

>> Desenvolver projetos com a placa Arduino Leonardo de forma sistemática.

Projeto 31
❯❯ O truque do teclado

Quem conhece o filme *Matrix* de 1999 – e quem não o conhece? – irá se lembrar da cena em que o herói, Neo, está em seu quarto e mensagens começam a surgir na tela do seu computador.

Este projeto usa um Arduino Leonardo, secretamente acoplado à porta USB do computador de alguém, para enviar mensagens após um período aleatório de tempo (Figura 10-1).

COMPONENTES E EQUIPAMENTO	
Descrição	Apêndice
Arduino Uno ou Leonardo	m2

❯❯ Hardware

A única coisa de que você precisa para esse projeto é um Leonardo e um cabo USB – primeiro para fazer a conexão com o seu computador a fim de programá-lo e depois para conectá-lo ao computador da pessoa em quem você quer aplicar o truque.

❯❯ Software

O sketch do Projeto 31 está mostrado na Listagem de Projeto 31.

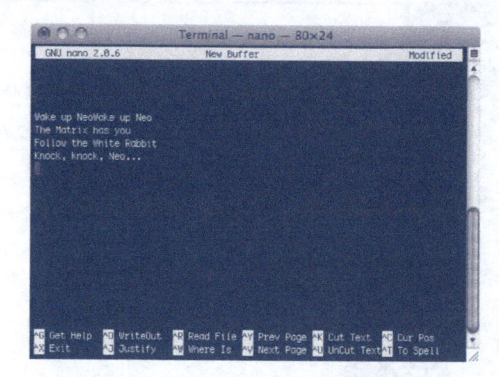

Figura 10-1 Aplicando o truque do teclado.
Fonte: do autor.

A função setup inicializa o gerador de números aleatórios com um valor lido na entrada analógi-

LISTAGEM DO PROJETO 31

```
void setup()
{
  randomSeed(analogRead(0));
  Keyboard.begin();
}

void loop()
{
  delay(random(10000) + 30000);
  Keyboard.print("\n\n\nWake up NeoWake up Neo\n");
  delay(random(3000) + 3000);
  Keyboard.print("The Matrix has you\n");
  delay(random(3000) + 3000);
  Keyboard.print("Follow the White Rabbit\n");
  delay(random(3000) + 3000);
  Keyboard.print("Knock, knock, Neo...\n");
}
```

ca A0. Como esse pino está flutuando, o resultado deve ser bem aleatório. A biblioteca de emulação do teclado é também inicializada por meio do comando Keyboard.begin.

A função principal loop espera aleatoriamente por 30 ou 40 segundos e então começa a enviar as mensagens com um intervalo de 3 a 6 segundos entre cada frase.

Os caracteres \n são comandos de nova linha. São equivalentes a pressionar a tecla ENTER.

Como este projeto simula um teclado que começa a funcionar sozinho, lembre-se de que ele digitará o texto em qualquer programa que esteja sendo executado, e isso inclui o sketch do Arduino, se você estiver com ele aberto na IDE. É bom desconectá-lo, exceto quando você estiver programando a placa ou pronto para aplicar o truque.

Se você empacar enquanto tenta programá-lo, poderá manter pressionado o botão vermelho de Reset até que o software do Arduino diga "Uploading" na área de status e então liberar o botão.

» Juntando tudo

Este é um projeto pequeno e divertido. Obviamente, você poderá alterar o texto da mensagem. Entretanto, lembre-se de que o texto aparecerá apenas se sua "vítima" estiver editando alguma coisa em um programa no qual há digitação sendo feita por meio do teclado.

Projeto 32
» *Digitador automático de senha*

Este projeto (Figura 10-2) utiliza as características de emulação de teclado do Leonardo para automatizar a geração e digitação de senhas. Ao pressionar um botão, uma nova senha é criada

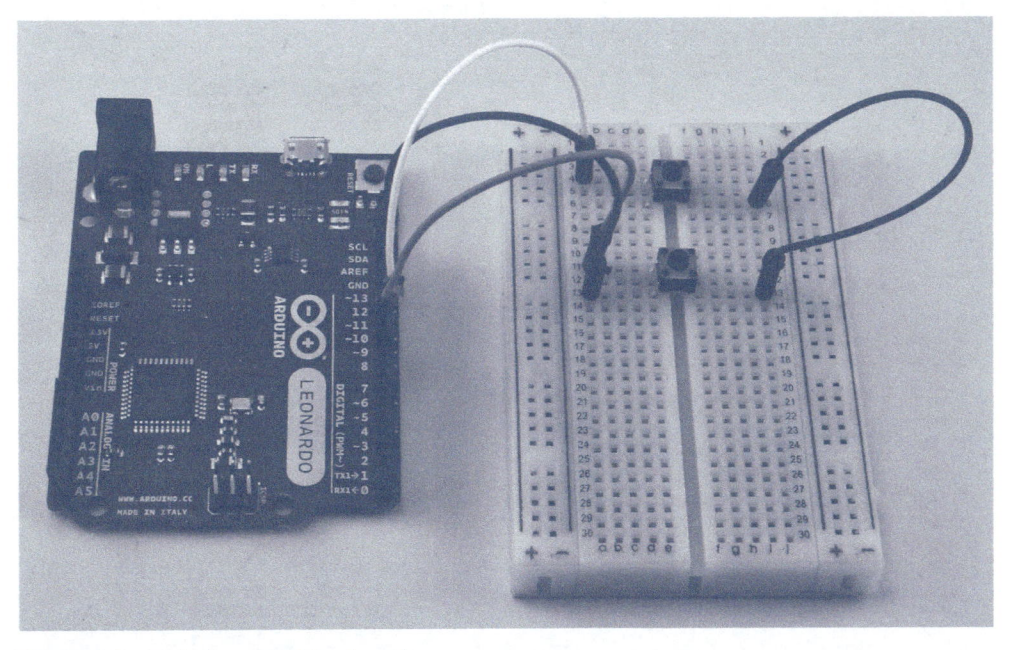

Figura 10-2 Digitador automático de senha.
Fonte: do autor.

e armazenada na memória programável apenas de leitura eletricamente apagável (EEPROM). Ao apertar o outro botão, a senha é mostrada com o auxílio da capacidade do Leonardo de personificar um teclado.

Um alerta: é muito fácil pressionar o botão errado e acidentalmente trocar a senha. Pense bem antes de usar esse projeto para as suas senhas. Ele também não é muito seguro porque tudo que alguém precisa fazer para descobrir a sua senha é levar o cursor para dentro da janela de algum editor de texto que já esteja aberto na tela e apertar o botão que faz aparecer a senha.

COMPONENTES E EQUIPAMENTO	
Descrição	**Apêndice**
Arduino Leonardo	m2
S1,S2 Chave de contato momentâneo (miniatura)	h3
Protoboard	h1
Fios de conexão (jumpers)	h2

» Hardware

Em relação ao hardware, este é um dos projetos mais simples do livro. Tem apenas dois botões montados no protoboard.

A Figura 10-3 mostra o diagrama esquemático, e a Figura 10-4, a disposição dos componentes no protoboard.

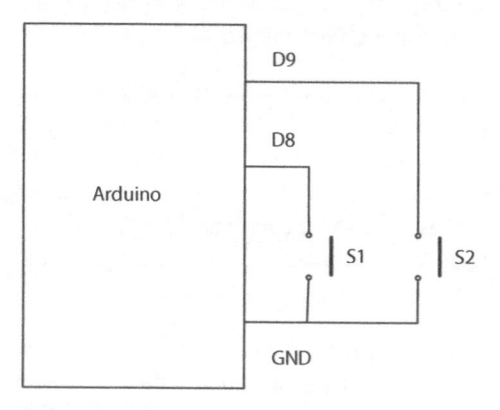

Figura 10-3 Diagrama esquemático do digitador de senha.
Fonte: do autor.

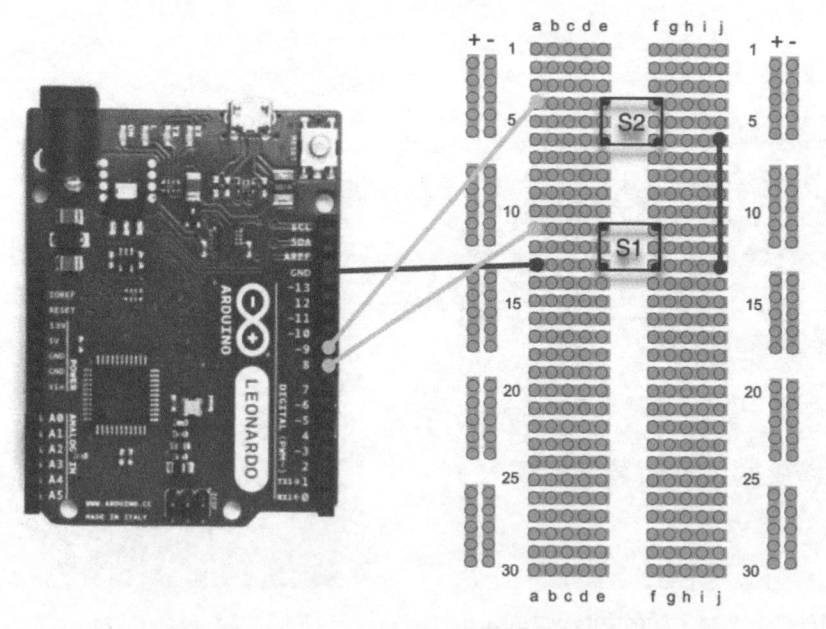

Figura 10-4 Disposição dos componentes no protoboard do digitador de senha.
Fonte: do autor.

» Software

O sketch do Projeto 32 está mostrado na Listagem do Projeto 32.

Além de duas variáveis para os botões, foi definida também uma variável para o comprimento da senha (passwordLength). Se quiser senhas com comprimento maior, tudo que você precisará fazer é alterar o valor dessa variável de 8 para outro valor inferior a 1023. O array de caracteres (letters) contém uma lista dos caracteres que serão gerados.

Para que o Leonardo funcione com o teclado, você precisa usar o comando Keyboard.begin() na inicialização (setup) para que a emulação do teclado seja iniciada.

LISTAGEM DO PROJETO 32

```
#include <EEPROM.h>

int typeButton = 9;
int generateButton = 8;
int passwordLength = 8;

char letters[] = "abcdefghijklmnopqrstuvwxyzABCDEFGHIJKLMNOPQRSTUVWXYZ0123456789";

void setup()
{
  pinMode(typeButton, INPUT_PULLUP);
  pinMode(generateButton, INPUT_PULLUP);
  Keyboard.begin();
}

void loop()
{
  if (digitalRead(typeButton) == LOW)
  {
    typePassword();
  }
  if (digitalRead(generateButton) == LOW)
  {
    generatePassword();
  }
  delay(300);
}

void typePassword()
{
  for (int i = 0; i < passwordLength; i++)
  {
    Keyboard.write(EEPROM.read(i));
  }
  Keyboard.write('\n');
}

void generatePassword()
{
```

(continua)

LISTAGEM DO PROJETO 32 *continuação*

```
    randomSeed(millis() * analogRead(A0));
    for (int i = 0; i < passwordLength; i++)
    {
        EEPROM.write(i, randomLetter());
    }
}

char randomLetter()
{
 int n = strlen(letters);
 int i = random(n);
 return letters[i];
}
```

A função loop precisa apenas verificar se uma chave foi apertada e então, de acordo com qual botão foi pressionado, chamar a função generatePassword (gera senha) ou typePassword (digita senha).

A função typePassword simplesmente lê cada um dos caracteres da senha na EEPROM e os remete ao teclado usando Keyboard.write. Quando todos os caracteres forem escritos, serão acrescentados os dois caracteres \n, que indicam o final da linha simulando a tecla ENTER.

Para gerar uma nova senha, primeiro o gerador de números pseudoaleatórios é inicializado com uma semente. Ela é a combinação dos milissegundos no momento atual, contados desde a última inicialização, e o valor presente corrente no pino analógico A0. Como ambos são aleatórios, esse procedimento irá nos ajudar a criar uma sequência bem aleatória de caracteres. Essa sequência é criada tomando um caractere de cada vez do array "letters" e escrevendo-o na EEPROM.

>> Juntando tudo

A melhor maneira de testar o projeto é utilizar o Notepad do Windows ou qualquer outro editor de texto. Primeiro, pressione o botão de baixo para gerar uma nova senha. A seguir, pressione o botão de cima. A senha deverá aparecer dentro do editor de texto (Figura 10-5).

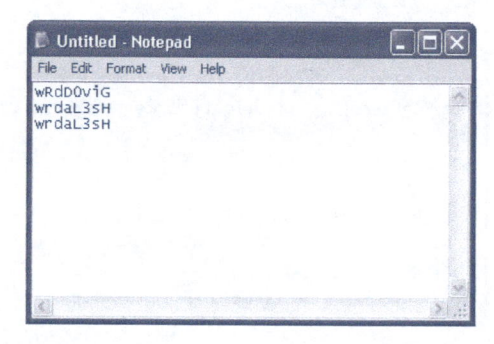

Figura 10-5 Utilizando o digitador de senha com o Notepad no Windows.
Fonte: do autor.

Projeto 33
>> *Mouse com acelerômetro*

Neste projeto, um Leonardo é transformado em um mouse controlado por um acelerômetro com a ajuda de um módulo medidor de aceleração. Para controlar o mouse, incline o Leonardo de um lado a outro. Aperte o botão para simular um clique de mouse.

Este projeto não utiliza protoboard. O módulo medidor de aceleração e o botão estão conectados diretamente nos soquetes do Arduino (Figura 10-6).

Quando o módulo medidor de aceleração está nivelado no plano horizontal, a aceleração da gravidade atuará igualmente nos eixos X e Y. Entretanto, quando você inclina o módulo para um lado, o va-

Figura 10-6 Mouse com acelerômetro.
Fonte: do autor.

lor da força de aceleração nessa dimensão é alterado. Utilizando essas alterações, você poderá enviar comandos para modificar a posição do mouse.

COMPONENTES E EQUIPAMENTO	
Descrição	**Apêndice**
Arduino Leonardo	m2
Chave de contato momentâneo	h3
Módulo medidor de aceleração Adafruit	m8

» Hardware

A Figura 10-7 mostra o diagrama esquemático do projeto.

O módulo medidor de aceleração (acelerômetro) vem na forma de um kit que contém a placa e uma pequena barra de pinos machos que deve ser soldada. Siga as instruções de montagem no site da Adafruit (http://www.adafruit.com/products/163). Não é necessário soldar o terminal "Test", mas, se

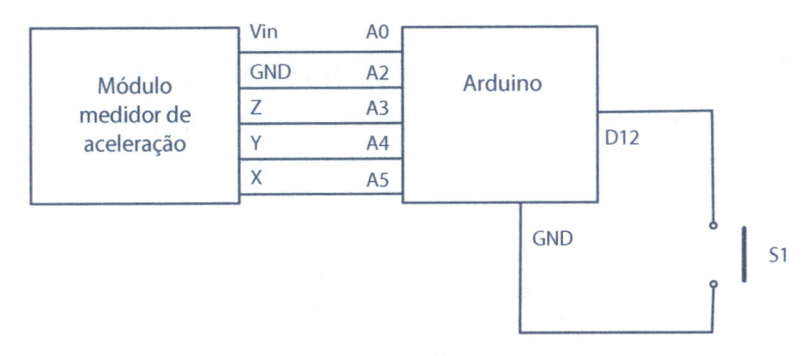

Figura 10-7 Diagrama esquemático do mouse com acelerômetro.
Fonte: do autor.

você o fizer, esse pino poderá ficar por fora à direita dos pinos fêmeas das entradas analógicas, como mostrado na Figura 10-6.

A chave de contato momentâneo também está simplesmente inserida em pinos fêmeas em uma das bordas entre GND e D12.

» Software

O sketch do projeto está mostrado na Listagem do Projeto 33.

O Leonardo utiliza três dos pinos analógicos para medir as forças de aceleração nos eixos X, Y e Z. Utiliza também dois dos pinos analógicos (A2 e A0) para fornecer alimentação elétrica ao módulo medidor de aceleração. Na função setup, todos eles são colocados nos níveis adequados.

O pino A1 é programado para funcionar como entrada porque o módulo, na realidade, fornece 3V nesse pino. No entanto, A1 é uma das conexões à qual foi soldado um pino da barra de pinos. Desse modo, se o definirmos como entrada, poderemos nos assegurar de que ele não entrará em conflito elétrico com o pino utilizado como saída pelo Arduino, evitando assim que o Arduino e o módulo sejam danificados.

O projeto de fazer um Leonardo se comportar como um mouse é muito semelhante aos dois projetos de teclado anteriores. Primeiro, você deve fazer o Leonardo personificar um mouse por meio do comando Mouse.begin.

A função loop mede as acelerações nos eixos X e Y. Se algum desses valores for maior que o valor de limiar 10, então, em seu lugar, será usado um valor modificado para menos para mudar a posição do mouse.*

* N. de T.: É importante considerar a forma como os valores passados à função Mouse.move modificam a posição corrente do cursor. Esses valores não representam uma nova posição, mas sim o quanto a posição atual será modificada.

A chave também é testada no loop e, se seu botão estiver sendo pressionado, o comando Mouse.click() será executado.

LISTAGEM DO PROJETO 33

```
int gndPin = A2;
int xPin = 5;
int yPin = 4;
int zPin = 3;
int plusPin = A0;
int switchPin = 12;

void setup()
{
  pinMode(gndPin, OUTPUT);
  digitalWrite(gndPin, LOW);
  pinMode(plusPin, OUTPUT);
  digitalWrite(plusPin, HIGH);
  pinMode(switchPin, INPUT_PULLUP);
  pinMode(A1, INPUT); // saída de 3V
  Mouse.begin();
}

void loop()
{
  int x = analogRead(xPin) - 340;
  int y = analogRead(yPin) - 340;
  // ponto médio 340, 340
  if (abs(x) > 10 || abs(y) > 10)
  {
    Mouse.move(x / 30, -y / 30, 0);
  }
  if (digitalRead(switchPin) == LOW)
  {
    Mouse.click();
    delay(100);
  }
}
```

» Juntando tudo

Instale o sketch deste projeto. Se segurar o Leonardo e incliná-lo para um lado ou outro, você verá que é possível mover o cursor.

Se pressionar o botão, você conseguirá o mesmo resultado que obteria se clicasse o botão de um mouse comum.

» Resumo

O Leonardo é um dispositivo muito versátil, e os projetos deste capítulo podem ser expandidos em todas as direções. Você poderia, por exemplo, modificar o Projeto 32 acrescentando diversos botões. Com isso, poderia construir um controlador para um software musical como o Ableton Live.

Este é o último dos capítulos voltados a projetos. Esperamos que o leitor, ao testar os projetos deste livro, tenha se entusiasmado para fazer seus próprios projetos.

O Capítulo 11 irá ajudá-lo no processo de desenvolvimento de seus projetos.

capítulo 11

Seus projetos

Ao longo deste livro, você se deparou com diversos projetos. Esperamos que tenha aprendido bastante coisa ao longo do caminho. Agora, chegou o momento de você começar a desenvolver seus próprios projetos utilizando o que aprendeu. Você poderá utilizar as ideias tiradas dos projetos deste livro. Para ajudá-lo neste processo, este capítulo mostrará algumas técnicas básicas de projeto e construção.

Objetivos deste capítulo

» Discutir sobre os circuitos, componentes e ferramentas utilizados neste livro.

» Propor ao leitor que desenvolva seus próprios projetos.

❯❯ Circuitos

Gostamos de iniciar um projeto com uma vaga noção do que se deseja obter e, em seguida, projetá-lo do ponto de vista eletrônico. O software normalmente é tratado depois.

A maneira de representar um circuito eletrônico é usando um diagrama esquemático. Foram incluídos diagramas esquemáticos para todos os projetos deste livro. Assim, mesmo que você não conheça eletrônica, nessa altura você já viu diagramas esquemáticos suficientes para compreender superficialmente qual é a ligação deles com os diagramas de disposição de componentes no protoboard, que também foram incluídos.

❯❯ Diagramas esquemáticos

Em um diagrama esquemático, as conexões entre componentes são mostradas na forma de linhas. Essas conexões se dão através de tiras metálicas, que ficam abaixo da superfície do protoboard onde se encontram as filas de furos, e de fios de conexão, que ligam cada fila com as demais. Normalmente, para o tipo de projetos deste livro, a forma como as conexões são feitas não é algo importante. A distribuição dos fios reais pode ser feita de qualquer maneira, desde que todos os pontos que devem estar conectados estejam ligados entre si.

Os diagramas esquemáticos seguem algumas convenções que merecem ser destacadas. Por exemplo, é comum colocar as linhas de GND na parte inferior do diagrama e as linhas com tensões mais elevadas na parte superior. Isso permite que alguém que esteja lendo o diagrama visualize a circulação da corrente através do sistema, descendo desde as tensões mais elevadas até as mais baixas.

Uma outra convenção dos diagramas esquemáticos é o uso do símbolo de uma pequena barra para indicar uma conexão com GND quando não há espaço suficiente para desenhar todas as conexões.

A Figura 11-1, originalmente do Projeto 5, mostra três resistores, todos com um terminal conectado ao pino GND da placa do Arduino. No respectivo diagrama de disposição dos componentes no protoboard (Figura 11-2), você pode ver como as conexões ao GND foram feitas usando fios e filas de furos do protoboard.

Há muitas ferramentas diferentes de software para desenhar diagramas esquemáticos. Algumas delas são softwares voltados ao projeto auxiliado por computador (CAD – Computer Aided Design). Esses softwares são usados em eletrônica integrada e permitem gerar as trilhas de uma placa de circuito integrado. Na sua grande maioria, criam diagramas de aspecto bem feio. Preferimos usar lápis e papel ou algum software de desenho para uso geral. Todos os diagramas deste livro foram criados usando um excelente software estranhamente denominado OmniGraffle, do grupo Omni Group. Esse software só está disponível para os Macs da Apple. Gabaritos da OmniGraffle para desenhar diagramas esquemáticos e leiautes de protoboard estão disponíveis e podem ser baixados na página do livro em loja.grupoa.com.br.

❯❯ Símbolos de componentes

A Figura 11-3 mostra os símbolos dos componentes eletrônicos que foram utilizados neste livro.

Para os diagramas de circuito, encontramos diversos padrões diferentes, mas os símbolos básicos são todos facilmente reconhecíveis. O conjunto usado neste livro não segue particularmente um padrão específico. Simplesmente escolhemos os que pareceram facilitar a leitura dos diagramas.

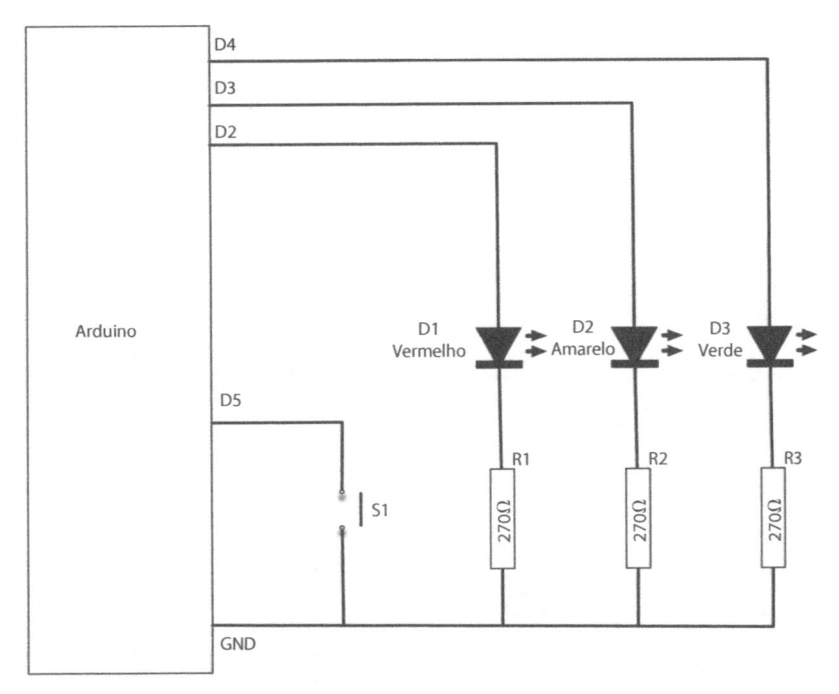

Figura 11-1 Exemplo de diagrama esquemático.
Fonte: do autor.

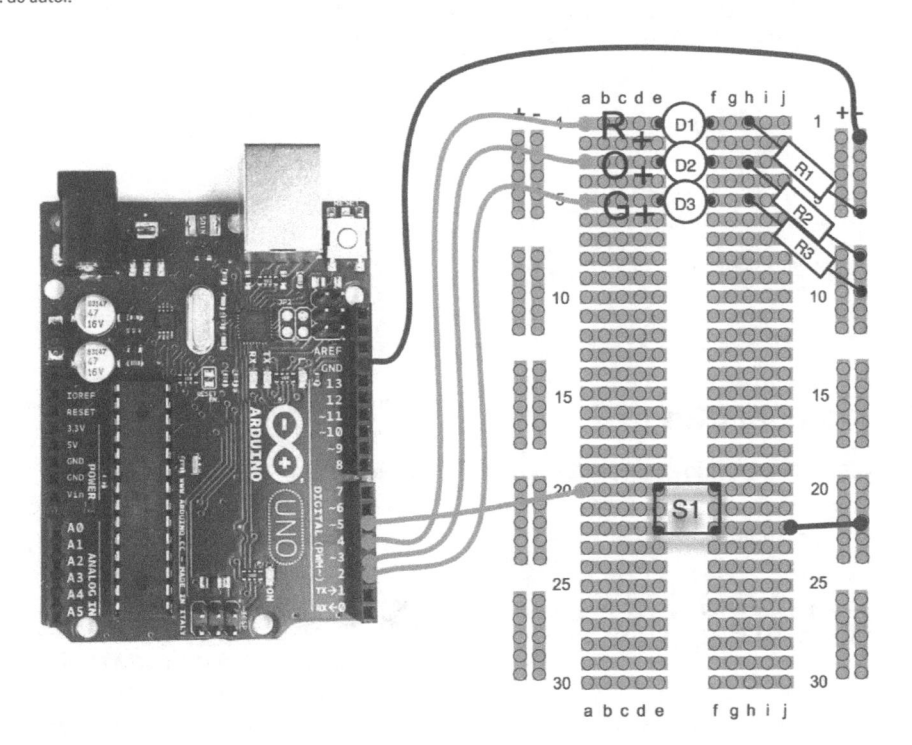

Figura 11-2 Exemplo de leiaute de protoboard.
Fonte: do autor.

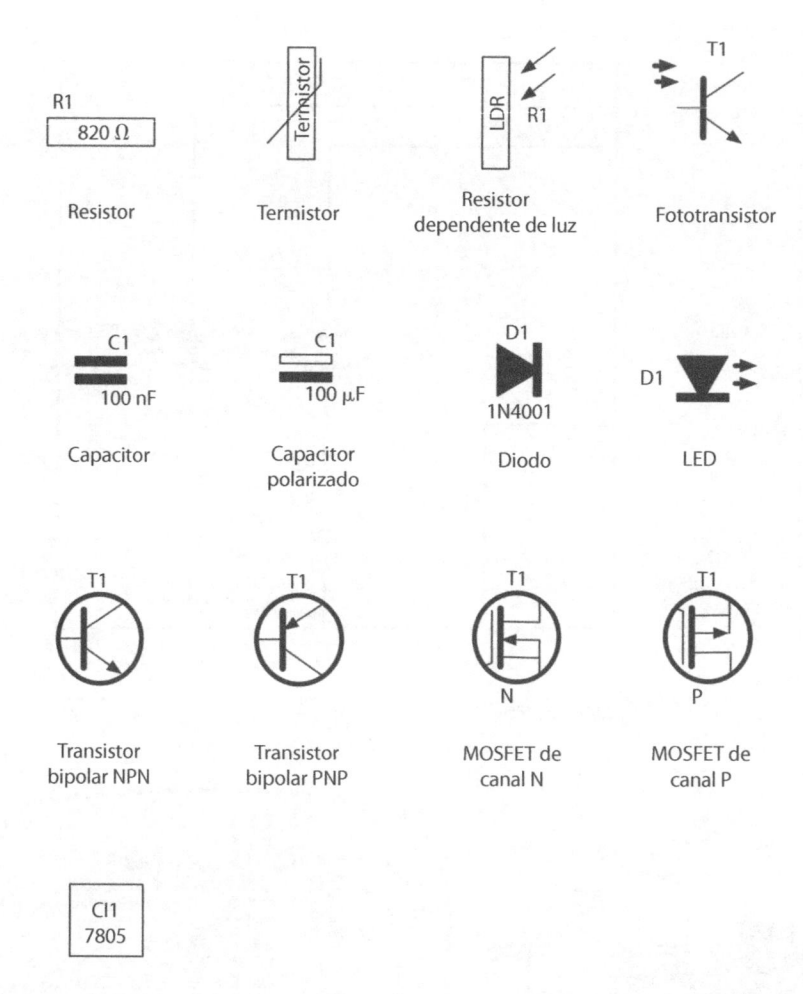

R1 [820 Ω]	Termistor	LDR R1	T1 (Fototransistor)
Resistor	Termistor	Resistor dependente de luz	Fototransistor
C1 100 nF	C1 100 μF	D1 1N4001	D1 (LED)
Capacitor	Capacitor polarizado	Diodo	LED
T1	T1	T1 (N)	T1 (P)
Transistor bipolar NPN	Transistor bipolar PNP	MOSFET de canal N	MOSFET de canal P

CI1 7805

Circuito Integrado

Figura 11-3 Símbolos de circuito.
Fonte: do autor.

>> Componentes

Nesta seção, examinaremos os aspectos práticos dos componentes: o que fazem e como identificá--los, escolhê-los e utilizá-los.

>> Folhas de dados de especificação

Todos os fabricantes de componentes preparam folhas de dados (datasheet) para os seus produtos.

Elas funcionam como especificação do comportamento do componente. Para resistores e capacitores não são de muito interesse, mas são muito mais úteis para semicondutores e circuitos integrados. Frequentemente incluem notas de aplicação que contêm diagramas esquemáticos ilustrando a utilização dos componentes.

Essas folhas estão todas disponíveis na Internet. Entretanto, se você procurar por "BC158 datasheet" no seu site de busca preferido, você descobrirá que muitos dos sites em destaque são de organizações que faturam em cima do fato de que há muitas pessoas procurando folhas de dados (datasheet). Essas organizações cercam as folhas de dados com propaganda de todo tipo e anunciam enganosamente que, se você assinar os seus serviços, valor será agregado às especificações. Acessar esses sites geralmente leva a frustrações e, portanto, devem ser ignorados em favor dos sites de fabricantes de componentes. Por isso, procure nos resultados da sua busca até você encontrar uma URL de um fabricante, como www.fairchild.com.

Vez por outra, muitos fornecedores de componentes a varejo, como Farnell, oferecem gratuitamente folhas de dados de especificação para praticamente todos os componentes que vendem, o que merece ser elogiado. Isso também significa que você pode comparar preços e comprar os componentes enquanto você os está pesquisando.

» Resistores

Os resistores são os componentes eletrônicos mais comuns e baratos. São usados mais comumente para:

- Impedir a circulação excessiva de corrente (veja qualquer projeto que usa um LED).
- Formar um par ou, como um resistor variável, para dividir uma tensão.

No Capítulo 2, a lei de Ohm foi explicada e utilizada para escolher um valor de um resistor em série com um LED. De modo semelhante, no Projeto 19 reduzimos o sinal de nossa escada de resistores usando dois resistores como divisor de potencial.

Um resistor tem faixas coloridas que o envolvem e que servem para indicar o valor do resistor. Entretanto, se você não estiver seguro desse valor, você sempre poderá encontrá-lo usando um multímetro. Com a prática, você verá como é fácil usar as faixas coloridas.

Cada cor de faixa tem um valor associado, como mostrado na Tabela 11-1.

Tabela 11-1 » **Código de cores de resistores**

Preto	0
Marrom	1
Vermelho	2
Laranja	3
Amarelo	4
Verde	5
Azul	6
Violeta	7
Cinza	8
Branco	9

Fonte: do autor.

Geralmente, encontraremos três faixas juntas em uma das extremidades do resistor, um intervalo e uma faixa isolada na outra extremidade do resistor. Essa faixa isolada indica a precisão (ou tolerância) do valor de resistor. Como nenhum dos projetos deste livro necessitou de resistores de precisão, não houve necessidade de escolher resistores dessa forma.

A Figura 11-4 mostra a disposição das faixas coloridas. O valor do resistor é dado apenas pelas três faixas. A primeira faixa é o primeiro dígito, a segunda faixa é o segundo dígito e a terceira faixa (multiplicador) indica quantos zeros devem ser acrescentados aos dois primeiros dígitos.

Assim, um resistor de 270 Ω terá um primeiro dígito 2 (vermelho), um segundo dígito 7 (violeta) e um multiplicador 1 (marrom). Da mesma forma, um resistor de 10 kΩ terá faixas de cores marrom, preto e laranja (1, 0 e 000).

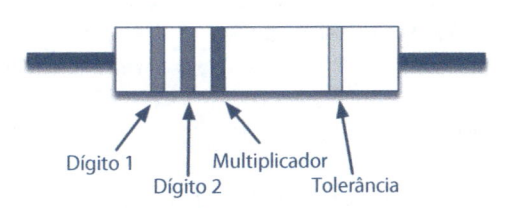

Figura 11-4 Um resistor com código de cores.
Fonte: do autor.

A maioria dos nossos projetos usa resistores que operam com potências muito baixas. Um cálculo rápido pode ser feito para estimar a corrente que circula no resistor. Se multiplicarmos esse valor de corrente pela tensão aplicada ao resistor, obteremos a potência consumida pelo resistor. Essa potência é dissipada pelo resistor na forma de calor. Os resistores ficarão bem aquecidos se uma quantidade significativa de corrente circular neles.

Você só precisa se preocupar com essa questão no caso de resistores com menos de 100 ohms porque os resistores de valor mais elevado terão uma corrente muito baixa circulando neles.

Por exemplo, um resistor de 100 ohms, conectado diretamente entre 5V e GND, terá uma corrente de I = V/R, ou 5/100, ou 0,05 A. A potência consumida por ele será I × V, ou 0,05 × 5 = 0,25 W.

Uma especificação padronizada de potência para resistores é 0,5 ou 0,6 W e, a não ser que seja especificado diferentemente, uma boa escolha são os resistores de filme metálico de 0,5 W.

» Transistores

Examine qualquer catálogo de componentes e você encontrará literalmente milhares de tipos diferentes de transistores. Neste livro, essa lista foi simplificada ao que está mostrado na Tabela 11-2.

O circuito básico de chaveamento com transistor está mostrado na Figura 11-5.

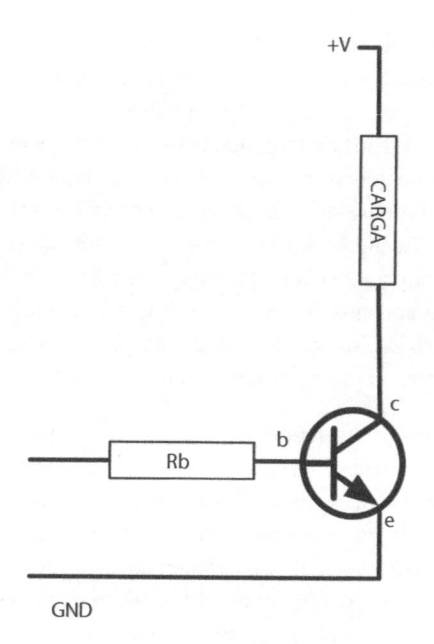

Figura 11-5 Circuito básico de chaveamento com transistor.
Fonte: do autor.

A corrente que circula da base ao emissor (b para e) controla a corrente maior, que circula do coletor ao emissor. Se não houver corrente entrando na base, então não haverá corrente circulando na carga. Na maioria dos transistores, se a carga tivesse resistência zero, a corrente que entra no coletor seria 50 a 200 vezes a corrente da base. Entretanto, chavearemos nosso transistor deixando-o completamente ligado ou desligado. Dessa forma, a resistência de carga sempre limitará a corrente do coletor à corrente requerida pela carga. Além disso, um corrente de base

Tabela 11-2 » **Transistores usados neste livro**

Transistor	Tipo	Finalidade
2N2222	NPN Bipolar	Chaveamento de pequenas cargas maiores que 40 mA.
BD139	NPN Bipolar de potência	Chaveamento de cargas com corrente mais elevada (como Luxeon LED). Veja o Projeto 6.
2N7000	FET canal N	Chaveamento de baixa potência com resistência muito baixa no modo "ligado". Veja o Projeto 7.
FQP33N10	MOSFET canal N de potência	Chaveamento de potência elevada.
FQP27P06	MOSFET canal P de potência	Chaveamento de potência elevada.

Fonte: do autor.

excessiva danificará o transistor, afastando-nos do objetivo de controlar uma corrente maior com uma menor. Por isso, conectaremos um resistor à base.

Quando o chaveamento se dá a partir de uma placa de Arduino, a corrente máxima de saída é em torno de 40 mA. Assim, quando o pino de saída estiver em 5V, escolheremos um resistor que permita a circulação de aproximadamente 30 mA. Usando a lei de Ohm, temos

$$R = V/I$$

$$R = (5 - 0{,}6)/30 = 147$$

O valor −0,6 deve-se a uma característica dos transistores bipolares. Quando um transistor está ativo (ligado), sempre há uma tensão em torno de 0,6V entre a base e o emissor.

Portanto, com o uso de um resistor de base de 150 Ω, poderemos controlar uma corrente de coletor de 40 a 200 vezes 30 mA, ou 1,2 a 6 A, o que é mais do que suficiente para a maioria das finalidades. Na prática, provavelmente usaríamos um resistor de 1 kΩ ou talvez 270 Ω.

Para que os transistores não sejam danificados, eles têm diversos parâmetros cujos valores máximos não devem ser excedidos. Esses valores podem ser encontrados nas folhas de dados de especificações dos transistores. Por exemplo, a folha de dados do 2N2222 contém muitos valores. Os que mais nos interessam estão resumidos na Tabela 11-3.

» Outros semicondutores

Os diversos projetos deste livro apresentaram uma série de tipos diferentes de componentes – de LEDs a sensores de temperatura. A Tabela 11-4 aponta os projetos em que os diversos componentes foram usados. Se você pretende desenvolver o seu próprio projeto para medir temperatura ou para fazer outra coisa, primeiro leia os projetos desenvolvidos aqui que utilizam esses componentes.

Talvez seja interessante construir o projeto e, em seguida, modificá-lo e adaptá-lo a seus propósitos.

Tabela 11-3 » Dados de especificação do transistor

Propriedade	Valor	Significado
I_c	800 mA	É a corrente máxima que pode circular no coletor sem que o transistor seja danificado.
h_{FE}	100–300	Ganho de corrente CC. É a razão entre a corrente de coletor e a corrente de base e, como você pode ver, pode ser qualquer coisa entre 100 e 300 nesse transistor.

Fonte: do autor.

Tabela 11-4 » Uso de componentes especializados em projetos

Componente	Projeto
LED monocromático	Em quase todos
LED multicor	14
Display de matriz de LEDs	16
LED de sete segmentos	15, 30
Chip amplificador de áudio	19, 20
LDR (sensor de luz)	20
Regulador de tensão variável	7

Fonte: do autor.

» Módulos e shields

Não faz sentido construir tudo do nada. Afinal, essa é a razão de comprarmos uma placa de Arduino em vez de construirmos a nossa própria. O mesmo aplica-se a alguns módulos que gostaríamos de usar em nossos projetos.

Por exemplo, o módulo de display LCD usado nos Projetos 17 e 22 contém o chip de acionamento necessário para fazer o próprio LCD funcionar, reduzindo assim a quantidade de trabalho que precisaríamos fazer no sketch e também o número de pinos.

Outros tipos de módulos estão disponíveis para que você possa usar em seus projetos. Fornecedores como Sparkfun e Adafruit são grandes fontes de ideias e módulos. Uma amostra dos módulos que você pode adquirir desses fornecedores contém

- GPS
- Wi-Fi
- Bluetooth
- Zigbee wireless
- GPRS modem celular

Você precisará passar algum tempo examinando as folhas de dados de especificação, planejando e experimentando. Isso é exatamente o que mais gostamos de fazer.

Menos desafiante do que usar um módulo tirado do nada é comprar um shield de Arduino com o módulo já instalado. Isso é uma boa ideia quando os componentes que você gostaria de usar não podem ser utilizados em protoboard (como os componentes de montagem superficial). Um shield já montado pode lhe proporcionar um salto importante durante a construção de um projeto.

Novos shields estão surgindo todos os dias. Agora, no momento em que este capítulo está sendo escrito, é possível encontrar shields para

- Ethernet (conecta seu Arduino à Internet).
- XBee (um padrão sem fio de conexão de dados usado em automação residencial, entre outras coisas).
- Acionamento de motor.
- GPS.
- Joystick.
- Interface para cartão SD.
- Display gráfico LCD com tela de toque.
- Wi-Fi.

» Comprando componentes

Há 30 anos, um entusiasta de eletrônica, mesmo morando em uma pequena cidade, teria provavelmente à sua disposição diversas oficinas de conserto e lojas de componentes eletrônicos para rádio e TV, onde poderia comprar componentes e receber orientações amigáveis. Atualmente, ainda há algumas dessas lojas que continuam vendendo componentes, como RadioShack, nos Estados Unidos, e Maplin, no Reino Unido. No entanto, a Internet veio e preencheu as lacunas. Agora, comprar componentes é mais fácil e barato do que nunca.

Em fornecedores de componentes, como Digikey, Mouser, Newark, Radio Spares e Farnell, você pode encher uma cesta de compras online e receber os componentes em poucos dias. Faça um levantamento, porque os preços podem variar muito entre os diversos fornecedores dos mesmos componentes.

Você verá que o Ebay é uma grande fonte de componentes. Se puder esperar algumas semanas pela chegada dos seus componentes, você encontrará muitas ofertas vindas da China. Frequentemente, você terá que comprar grandes quantidades, mas verá que é mais barato obter 50 peças de um componente da China do que cinco localmente. Desta forma, você terá componentes sobressalentes na sua caixa de componentes.

» Ferramentas

Para construir seus próprios projetos, algumas ferramentas serão necessárias. Se você não pretende fazer soldas, então você precisará de:

- Pedaços de fio rígido de diversas cores, algo em torno de 0,6 mm de diâmetro.
- Alicates de bico e de corte, especialmente para fazer fios de conexão (jumpers) para protoboard.
- Protoboard.
- Multímetro.

Se pretender fazer soldas, você precisará também de:

- Ferro de soldar.
- Solda livre de chumbo.

›› Caixa de componentes

Quando você começa a construir seus próprios projetos, leva algum tempo para gradualmente fazer seu estoque de componentes. Toda vez que você termina um projeto, alguns componentes voltam para a sua caixa de componentes.

É útil dispor de um estoque básico de componentes para evitar que você tenha de encomendar componentes quando tudo o que você precisa é um resistor de valor diferente. Você deve ter notado que, neste livro, a maioria dos projetos tende a usar valores de resistores como 100 Ω, 1 kΩ, 10 kΩ, etc. Na realidade, você não precisa de muitos componentes de valores diferentes para cobrir o essencial de um novo projeto.

Um bom kit inicial de componentes está listado no Apêndice.

Caixas com divisões que podem receber rótulos economizam muito tempo na escolha e localização dos componentes, especialmente resistores que não têm os valores impressos neles.

›› Alicates de corte e de bico

Alicates de corte são utilizados para fazer cortes, e alicates de bico são utilizados para segurar coisas (frequentemente quando você as corta).

A Figura 11-6 mostra como você retira a capa de isolamento de um fio. Supondo que você seja destro, segure o alicate de bico com sua mão esquerda e o de corte com sua mão direita. Firme o fio com o alicate de bico próximo do local onde você quer começar a descascar o fio. A seguir, aperte suavemente o fio com o alicate de corte e puxe fora a capa para o lado. Algumas vezes, você apertará demais o alicate de corte e cortará ou romperá parcialmente o fio. Outras vezes, você não apertará suficientemente e a capa do fio permanecerá intacta. É tudo uma questão de prática.

Você também poderá ter um alicate descascador de fio automático que corta e remove a capa em um único movimento. Na prática, esses alicates só funcionam bem com um tipo específico de fio e algumas vezes simplesmente não funcionam.

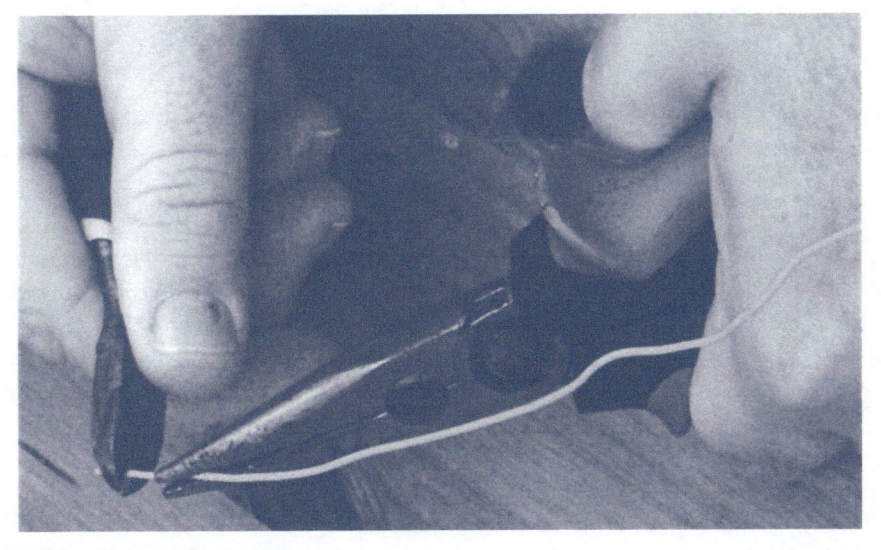

Figura 11-6 Alicates de corte e de bico.
Fonte: do autor.

» Soldagem

Você não precisa gastar muito dinheiro para conseguir um ferro de soldar de boa qualidade. Estações de solda de temperatura controlada, como a mostrada na Figura 11-7, são melhores, embora um ferro de soldar de temperatura fixa também seja bom. Compre um com ponta fina e assegure-se de que é para uso em eletrônica e não em funilaria.

Use solda fina sem chumbo. Qualquer um pode soldar coisas suficientemente bem, mas algumas pessoas simplesmente têm o dom para fazer soldas limpas. Não se preocupe se suas soldas não ficarem tão limpas quanto as feitas em circuito impresso por um robô. Na verdade, elas nunca ficarão.

Soldar é uma daquelas atividades que realmente requer três mãos: uma mão para segurar o ferro de soldar, uma para segurar a solda e uma para segurar a peça que está sendo soldada. Algumas vezes, a peça que você está soldando é grande e suficientemente pesada para ficar parada enquanto você a solda. Em outras ocasiões, você precisará firmá-la. Alicates pesados são bons para isso, assim como pequenos tornos de bancada e "mãos auxiliares" que utilizam pequenas garras para segurar coisas.

Os passos básicos para soldar são:

1. Umedeça a esponja na estação de solda.
2. Espere até que o ferro de soldar tenha atingido a temperatura.
3. Estanhe a ponta do ferro encostando o ferro na solda até que derreta e cubra a ponta do ferro.
4. Passe a ponta na esponja úmida – isso produzirá um ruído característico e também eliminará o excesso de solda. Agora, você deverá ter uma bela ponta prateada brilhante.
5. Encoste o ferro no lugar onde você fará a solda para aquecê-lo. Então, após um período curto (um segundo ou dois), encoste a solda no ponto de encontro do soldador com a peça que você está soldando. Agora a solda fluirá como um líquido, fazendo uma bela junta.
6. Remova a solda e o ferro de soldar, colocando o ferro de volta na estação. Cuide para que nada se mova nos próximos segundos enquanto a solda se solidifica. Se alguma coisa se mover, então encoste novamente o ferro para que a solda se liquefaça. Se não fizer isso, você poderá ter uma conexão ruim, denominada *solda fria*.

Acima de tudo, não aqueça componentes sensíveis (ou caros) mais que o necessário, principalmente se tiverem terminais curtos.

Antes de começar a trabalhar de verdade em alguma coisa, pratique soldando junto pedaços antigos de fio ou soldando fios a uma placa de circuito impresso fora de uso.

Figura 11-7 Estação de solda.
Fonte: do autor.

» Multímetros

Um grande problema com os elétrons é que você não pode vê-los. Um multímetro permite que você meça o que estão fazendo. Com ele é possível medir tensão, corrente, resistência e frequentemente também outras grandezas, como capacitância e frequência. Um multímetro de baixo custo (US$10) é perfeitamente adequado para quase qualquer finalidade. Os profissionais usam multímetros muito mais robustos e exatos, mas não são necessários para a maioria das finalidades.

Os multímetros, como o mostrado na Figura 11-8, podem ser analógicos ou digitais. Você pode ler mais coisas em um analógico do que em um digi-

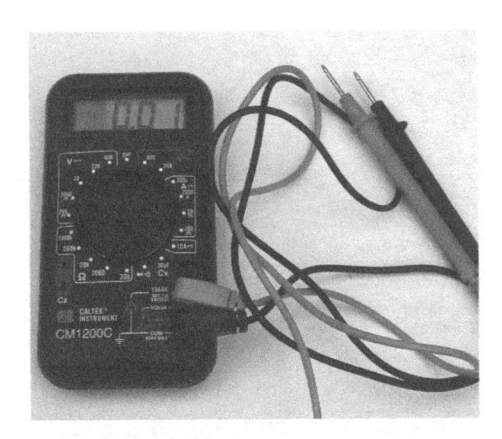

Figura 11-8 Um multímetro.
Fonte: do autor.

tal, porque pode ver com que velocidade a agulha se desloca e como ela oscila, algo que não é possível em um digital, em que os números simplesmente vão mudando. Entretanto, com uma tensão estável, é muito mais fácil ler um multímetro digital, porque um analógico terá diversas escalas e você terá que descobrir em qual escala você deve olhar antes de fazer a leitura.

Você também pode ter multímetros com escala automática. Depois de escolher se você lerá tensão ou corrente, o medidor automaticamente troca as escalas à medida que a tensão ou corrente sobe. Isso é útil, mas algumas pessoas podem argumentar que pensar sobre a escala de tensão antes de medi-la é, na realidade, um passo útil.

Para medir tensão usando um multímetro:

1. Ajuste a escala do multímetro para uma de tensão (comece com uma escala que você sabe que será superior à tensão que você está em vias de medir).
2. Conecte a ponteira preta em GND. Um clipe jacaré (garra) na ponteira negativa facilita essa operação.
3. Encoste a ponteira vermelha no ponto cuja tensão você deseja medir. Por exemplo, para ver se uma saída digital do Arduino está em nível alto ou baixo, você pode encostar a ponteira vermelha no pino e ler a tensão, que deve ser 5V ou 0V.

A medição de corrente é diferente da medição de tensão, porque você quer medir a corrente que está passando por alguma coisa e não a tensão em algum ponto. Por isso, você insere o multímetro no caminho da corrente que você está medindo. Isso significa que, quando o multímetro está ajustado para corrente, haverá uma resistência bem baixa entre as duas ponteiras. Portanto, seja cuidadoso para não colocar em curto-circuito qualquer coisa com as ponteiras.

A Figura 11-9 mostra como você poderia medir a corrente que circula através de um LED.

Para medir corrente:

1. Ajuste a escala do multímetro para uma escala de corrente maior do que a corrente esperada. Observe que alguns multímetros têm um conector separado para corrente elevada, como 10 A.
2. Conecte a ponteira positiva do medidor no lado mais positivo de onde vem a corrente.
3. Conecte a ponteira negativa no lado mais negativo. Observe que, se você fizer essas conexões de forma errada, um multímetro digital indicará simplesmente uma corrente negativa. Entretanto, se você fizer isso em um multímetro analógico, ele poderá ser danificado. No caso de um LED, ele continuará brilhando como fazia antes do multímetro ser inserido no circuito, e você poderá ler a corrente consumida.

Outro recurso de um multímetro que algumas vezes é útil é o teste de continuidade. Ele geralmente emite um ruído de bipe quando as duas ponteiras de teste estão conectadas juntas. Isso pode ser usado para testar, entre outras coisas, fusíveis, bem como para testar curtos-circuitos acidentais em uma placa de circuito ou conexões rompidas em um fio.

Às vezes, a medição de resistência é útil, especialmente se você quiser determinar a resistência de um resistor que não tem o valor impresso ou legível.

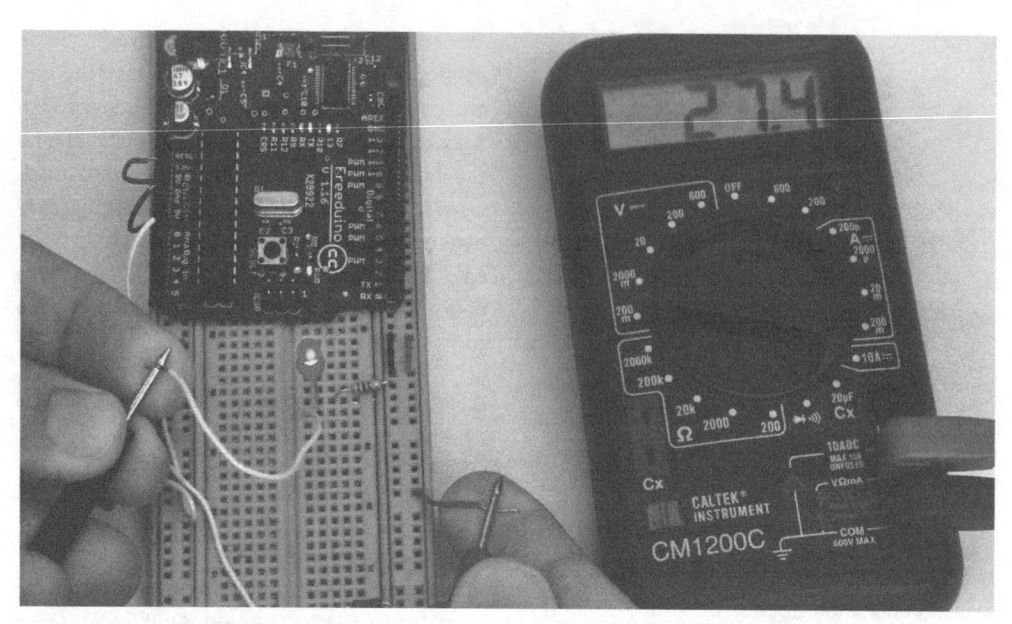

Figura 11-9 Medição de corrente.
Fonte: do autor.

Alguns medidores também permitem o teste de diodos e transistores. Isso pode ser útil para encontrar e descartar transistores que estão queimados.

» Osciloscópio

No Projeto 18, construímos um osciloscópio simples. Um osciloscópio é uma ferramenta indispensável para qualquer tipo de projeto ou teste eletrônico em que você quer ver um sinal que varia no tempo. Os osciloscópios são relativamente caros e há vários tipos deles. Um de custo mais efetivo é similar em conceito ao do Projeto 18. Aquele osciloscópio simplesmente envia suas leituras a um computador, que é responsável pela exibição dos valores lidos.

Livros inteiros foram escritos sobre como usar um osciloscópio de forma eficaz. Visto que cada osciloscópio é diferente, trataremos apenas do básico aqui. Como você pode ver na Figura 11-10, a tela que mostra a forma de onda está por cima de uma grade. A grade vertical está em unidades de alguma fração de volt, que nessa tela é 2V por divisão.

Assim, a tensão da onda quadrada tem no total $2,5 \times 2 = 5V$.

O eixo horizontal é o eixo do tempo, sendo calibrado em segundos – neste caso, 500 microssegundos por divisão. Assim, a duração de um ciclo completo da onda é 1.000 microssegundos, isto é, 1 milissegundo (1ms), correspondendo a uma frequência de 1 kHz.

» Ideias para projetos

O Arduino Playground, no site principal do Arduino (www.arduino.cc), é uma grande fonte de ideias para projetos. Na verdade, ele contém também uma seção específica para ideias de projeto, divididas em fáceis, médias e difíceis.

Se você digitar "Arduino Project" em seu site de busca favorito ou no YouTube, encontrará inúmeros projetos interessantes que as pessoas desenvolveram.

Uma outra fonte de inspiração é um catálogo de componentes, online ou de papel. Examinando-o, você poderá se deparar com um componente in-

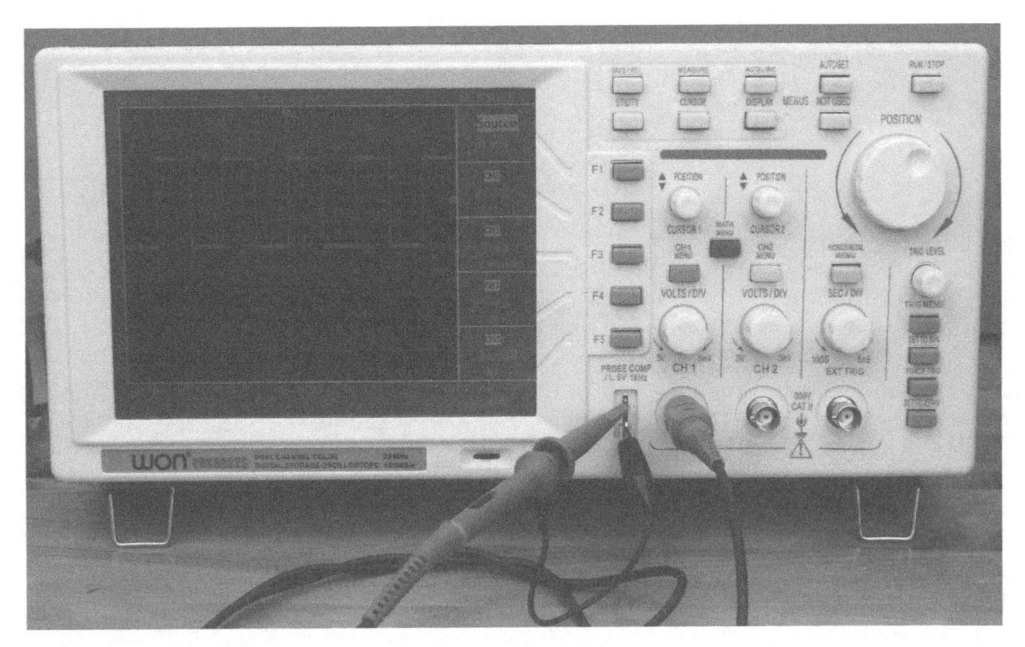

Figura 11-10 Um osciloscópio.
Fonte: do autor.

teressante e perguntar-se o que poderia fazer com ele. Um projetista criativo deve permitir que um projeto fique em gestação na sua cabeça. Depois de explorar todas as opções e pensar em tudo, o projeto começará a tomar forma.

Se você gostou de ler este livro, leia também *Programação com Arduino: começando com sketches* e *Projetos com Arduino e Android: use seu smartphone ou tablet para controlar o Arduino*, ambos publicados pela Bookman Editora.

apêndice

Componentes e fornecedores

Todos os componentes e ferramentas usados neste livro estão disponíveis na Internet para pronta entrega. Entretanto, algumas vezes é difícil encontrar exatamente o que você está procurando. Por essa razão, este apêndice lista os componentes juntamente com os códigos utilizados por diversos fornecedores.

>> Fornecedores

Há tantos fornecedores de componentes por aí que nos sentimos um pouco desconfortáveis para listar os poucos que conhecemos. Por essa razão, faça uma pesquisa na Internet, já que os preços variam consideravelmente de fornecedor para fornecedor.

Alguns pequenos fornecedores especializaram-se em oferecer componentes. Assim, os projetistas domésticos como nós podem montar projetos com microcontrolador. Eles não têm uma faixa ampla de componentes, mas frequentemente oferecem componentes mais exóticos e divertidos a preços razoáveis. Bons exemplos desse tipo de fornecedor são as empresas Adafruit e Sparkfun Electronics, mas há muitas outras no mercado.

Algumas vezes, quando você precisa de apenas poucos componentes, é bom ir até uma loja local e comprá-los. As empresas RadioShack, nos Estados Unidos, e Maplins, no Reino Unido, têm um grande estoque de componentes e são ótimas para essa finalidade.

A CPC (cpc.farnell.com), no Reino Unido, também vende diversos kits e componentes ligados ao Arduino, como resistores e capacitores a preços baixos.

Comprar componentes pode ser bem assustador, e comprar algo como o kit de experimentação para Arduino da Adafruit (ID do produto = 170,) ou o kit Arduino Inventor da Sparkfun (KIT-11227), é uma boa maneira de começar com uma seleção básica de componentes e uma placa protoboard.

As seções seguintes deste capítulo fornecem listas de componentes de acordo com o tipo, juntamente com alguns fornecedores possíveis e códigos de pedido quando disponíveis.

>> Fornecedores de componentes

Em cada projeto dos capítulos anteriores, há uma caixa de componentes em que estão listados os códigos disponíveis no Apêndice para os componentes usados naquele projeto. Esta seção lista esses códigos e oferece algumas fontes das quais os componentes podem ser obtidos.

Os componentes estão agrupados em seções, tendo cada seção uma letra, M para módulo, R para resistor, etc.

Arduino e módulos

Código	Descrição	Fornecedores
m1	Arduino Uno R3	Adafruit: 50
		Sparkfun: DEV-11021
m2	Arduino Leonardo	Adafruit: 849
		Sparkfun: DEV-11286
m3	Arduino Lilypad	Sparkfun: DEV-09266
m4	Kit para Protoshield	eBay
m5	Módulo I^2C matriz de LEDs 8×8, bicolor	Adafruit: 902
m6	Módulo LCD (Controlador HD44780)	Adafruit: 181
		Sparkfun: LCD-00255
m7	Display I^2C de quatro dígitos e sete segmentos	Adafruit: 880
m8	Módulo medidor de aceleração Adafruit	Adafruit: 163

» Resistores

Resistores são componentes de baixo custo e frequentemente você encontrará fornecedores que os vendem apenas em grandes quantidades, como 50 ou 100. Para valores comuns como 270 Ω, 1 kΩ e 10 kΩ, pode ser bem útil tê-los em estoque.

Você também pode comprar kits de resistores com uma ampla faixa de valores na forma de caixa de componentes. Se o kit não tiver exatamente o valor que você procura, uma boa alternativa costuma ser o uso do próximo valor para cima. Assim, por exemplo, neste livro, usamos muitos resistores de 270 Ω com LEDs, mas, se seu kit não dispuser desse valor, então o uso de um resistor de 300 Ω também funcionará bem.

Alguns kits para conferir são:

- Sparkfun: COM-10969
- Maplins: FA08J

Resistores

Código	Descrição	Fornecedores
r1	4.7 Ω resistor 1/4W	Digikey: S4.7HCT-ND Mouser: 293-4.7-RC CPC: RE06232
r2	100 Ω resistor 1/4W	Digikey: S100HCT-ND Mouser: 293-100-RC CPC: RE03721
r3	270 Ω resistor 1/4W	Digikey: 293-100-RC Mouser: 293-100-RC CPC: RE03747
r4	470 Ω resistor 1/4W	Digikey: 293-470-RC Mouser: 293-470-RC CPC: RE03799
r5	1 kΩ resistor 1/4W	Digikey: S1kHCT-ND Mouser: 293-1K-RC CPC: RE03722
r6	10 kΩ resistor 1/4W	Digikey: S10KHCT-ND Mouser: 293-10K-RC CPC: RE03723
r7	56 kΩ resistor 1/4W	Digikey: S56KHCT-ND Mouser: 273-56K-RC CPC: RE03764
r8	100 kΩ resistor 1/4W	Digikey: S100KHCT-ND Mouser: 273-100K-RC CPC: RE03724
r9	470 kΩ resistor 1/4W	Digikey: S470KHCT-ND Mouser: 273-470K-RC CPC: RE0375

Continua

Resistores (*continuação*)

Código	Descrição	Fornecedores
r10	1 MΩ resistor 1/4W	Digikey: S1MHCT-ND Mouser: 293-1M-RC CPC: RE03725
r11	Potenciômetro linear 10 kΩ (trimpot)	Adafruit: 356 Sparkfun: COM-09806 Digikey: 3362P-103LF-ND Mouser: 652-3362P-1-103LF CPC: RE06517
r12	Potenciômetro linear 100 kΩ	Digikey: 987-1312-ND Mouser: 858-P120KGPF20BR100K CPC: RE04393
r13	LDR	Adafruit:161 Sparkfun: SEN-09088 Digikey: PDV-P8001-ND CPC: RE00180
r14	10 Ω resistor 1/2W	Digikey: S10HCT-ND Mouser: 293-10-RC CPC: RE05005

Fonte: do autor.

Capacitores

Código	Descrição	Fornecedores
c1	100 nF	Adafruit: 753 Sparkfun: COM-08375 Digikey: 445-5258-ND Mouser: 810-FK18X7R1E104K CPC: CA05514
c2	220 nF	Digikey: 445-2849-ND Mouser: 810-FK16X7R2A224K CPC: CA05521
c3	100 μF eletrolítico	Sparkfun: COM-00096 Digikey: P5529-ND Mouser: 647-UST1C101MDD CPC: CA07510

Fonte: do autor.

» Semicondutores

Este livro usa muitos LEDs. Por isso, em vez de comprar separadamente os LEDs com o tamanho e a cor que você precisa, talvez valha a pena procurar um kit de LEDs. Também há seleções de LEDs muito baratas disponíveis diretamente da China. Fornecedores, como Maplins e outros, vendem diversos tipos de kits iniciais de LEDs (código de produto = RS37S)

Semicondutores

Código	Descrição	Fornecedores
s1	LED vermelho 5 mm	Adafruit: 297 Sparkfun: COM-09590 Digikey: 751-1118-ND Mouser: 941-C503BRANCY0B0AA1 CPC: SC11574
s2	LED verde 5 mm	Adafruit: 298 Sparkfun: COM-09650 Digikey: 365-1186-ND Mouser: 941-C503TGANCA0E0792 CPC: SC11573
s3	LED amarelo 5 mm	Sparkfun: COM-09594$0.35 Digikey: 365-1190-ND Mouser: 941-C5SMFAJSCT0U0342 CPC: SC11577
s4	LED vermelho 2 ou 3 mm	Sparkfun: COM-00533 Digikey: 751-1129-ND Mouser: 755-SLR343BCT3F CPC: SC11532
s5	LED verde 2 ou 3 mm	Sparkfun: COM-09650 Digikey: 751-1101-ND Mouser: 755-SLR-342MG3F CPC: SC11533
s6	LED azul 2 ou 3 mm	Digikey: 751-1092-ND Mouser: 755-SLR343BC7T3F CPC: SC11560
s7	LED RGB catodo comum	Sparkfun: COM-09264
s8	Display de dois dígitos com LEDs de sete segmentos (anodo comum)	Mouser: 604-DA03-11YWA
s9	Display bar-graph de 10 segmentos	Farnell: 1020492 CPC: SC12044
s10	LED Luxeon 1 W	Adafruit: 518 Sparkfun: BOB-09656 Digikey: 160-1751-ND Mouser: 859-LOPL-E011WA CPC: SC11807
s11	Módulo diodo laser vermelho 3 mW	eBay
s12	Diodo 1N4004 ou 1N4001	Adafruit: 755 Sparkfun: COM-08589 Digikey: 1N4001-E3/54GITR-ND Mouser: 512-1N4001 CPC: SC07332

Continua

Semicondutores (*continuação*)

Código	Descrição	Fornecedores
s13	Diodo zener 5,1V	Sparkfun: COM-10301 Digikey: 1N4733AVSTR-ND Mouser: 1N4733AVSTR-ND CPC: SC07166
s14	Transistor NPN 2N2222 ou BC548 ou 2N3904	Sparkfun: COM-00521 Digikey: 2N3904-APTB-ND Mouser: 610-2N3904 CPC: SC12549
s15	FET 2N7000	Digikey: 2N7000TACT-ND Mouser: 512-2N7000 CPC: SC06951
s16	Transistor FQP30N06	Adafruit: 355 Sparkfun: COM-10213 Digikey: FQP30N06L-ND Mouser: 512-FQP30N06 CPC: SC08210
s17	Transistor de potência BD139	Digikey: BD13916STU-ND Mouser: 511-BD139 CPC: SC09455
s18	Regulador de tensão LM317	Digikey: 296-13869-5-ND Mouser: 595-LM317KCSE3 CPC: SC08256
s19	Fototransistor IR 940 nm	Digikey: 365-1067-ND Mouser: 828-OP505B CPC: SC08558
s20	LED transmissor IR, 940 nm, de 5 mm	Digikey: 751-1203-ND Mouser: 782-VSLB3940 CPC: SC1236
s21	CI receptor IR de controle remoto	Mouser: 782-TSOP4138 CPC: SC12388
s22	Sensor de temperatura TMP36	Adafruit: 165 Sparkfun: SEN-10988 Digikey: TMP36GT9Z-ND CPC: SC10437
s23	Amplificador de áudio TDA7052 1W	Digikey: 568-1138-5-ND Mouser: 771-TDA7052AN CPC: SC08454
s24	L293D acionador de motor	Adafruit: 807 Sparkfun: COM-00315 Digikey: 296-9518-5-ND Mouser: 511-L293D CPC: SC10241

Fonte: do autor.

≫ Hardware e componentes diversos

A maioria dos itens desta seção estão disponíveis no eBay a um baixo custo.

Hardware componentes diversos

Código	Descrição	Fornecedores
h1	Protoboard	Adafruit: 64 Sparkfun: PRT-09567
h2	Kit de fios de conexão (jumpers)	Adafruit: 758 Sparkfun: PRT-08431
h3	Chave miniatura de contato momentâneo	Adafruit: 1119 Sparkfun: COM-00097 Digikey: SW853-ND Mouser: 653-B3W-1100
h4	Jack CC 2,1mm	Digikey: SC1052-ND Mouser: 502-S-760 CPC: CN14795
h5	Clip para bateria 9V	Digikey: BS61KIT-ND Mouser: 563-HH-3449 CPC: BT03732
h6	Fonte de alimentação regulada 5V 1A	Maioria dos fornecedores ou eBay. Conectores específicos para cada país.
h7	Fonte de alimentação regulada 12V 2A	
h8	Fonte de alimentação regulada 15V 1A	
h9	Placa perfurada	Farnell: 1172145 CPC: PC01222
h10	Conector KRE triplo	Farnell: 1641933
h11	Teclado 4 por 3	Adafruit: 419 Sparkfun: COM-08653
h12	Barra de pinos machos 0,1 pol	Adafruit: 392
h13	Encoder rotativo com chave	Digikey: CT3011-ND Mouser: 774-290VAA5F201B2 Farnell: 1520815
h14	Alto-falante miniatura 8 Ω	Sparkfun: COM-09151 Farnell: 1300022
h15	Microfone de eletreto	Sparkfun: COM-08635 Digikey: 102-1721-ND Mouser: 665-POM2738PC33R Farnell: 1736563

Continua

Componentes diversos (*continuação*)

Código	Descrição	Fornecedores
h16	Relé 5V	Digikey: T7CV1D-05-ND Mouser: 893-833H-1C-S-5VDC CPC: SW03694
h17	Ventilador 12V	eBay
h18	Motor com redução 6V CC	eBay
h19	Roda de encaixe para o eixo de redução	eBay
h20	Servomotor 9g	eBay Sparkfun: ROB-09065 Adafruit: 169
h21	Buzzer piezoelétrico	Adafruit: 160 Sparkfun: COM-07950
h22	Chave reed miniatura	Sparkfun: COM-08642 Farnell: 1435590 CPC: SW00759
h23	Fechadura elétrica magnética	Farnell: COM-08642 CPC: SR04745

Fonte: do autor.

Índice

Referências às figuras estão em itálico.

!, comando, 128–129

A
Adafruit, 106–109
alicate de bico, 197–198
alicate de corte, 197–198
alimentação elétrica, 5–6, *11*
amplificação, 42–43
analogOutput, comando, 117–120
anodos comuns, 102–103
Arduino Due, placa, 25–26
Arduino Leonardo, placa, *6–7, 24–25*
   alimentação elétrica, 5–6, *11*
   componentes de placa, 20–26
   configuração, *10, 12*
   digitador automático de senha (Projeto 32), 180–185
   fornecedores, *204–205*
   mouse com acelerômetro (Projeto 33), 184–187
   O truque do teclado (Projeto 31), 179–182
Arduino Lilypad, placa, 25–26, *25–26*
   fornecedores, *204–205*
   relógio com Lilypad (Projeto 29), 167–174
Arduino Mega, placa, 25–26
Arduino Playground, 200–201
Arduino Protoshield, 43–47
   alimentação elétrica, 5–6, *11*
   Arduino Uno, placa, *6–7*
   componentes de placa, 20–26
   configuração, *10, 12*
   fornecedores, *204–205*
Array de LEDs (Projeto 16), 105–109
arrays, 36–39
assistente de extrair pastas, 6–7

assistente para novo hardware encontrado, 169, 171
ATmega168, *24–25*
ATmega328, 23–25
atualização, 6–9

B
baixando o software dos projetos, 10, 12
bibliotecas
   Adafruit, 107–109
   software de Arduino, 71–73, *73–74*, 169, 171–173
Blink, programa, 5–6
   alteração, 12–16
   sketch, 12–14
Brevig, Alexander, 71–73
buzzers piezoelétricos, 154–156

C
cabo USB, 5–6
caixa de componente, 196–198
capacitores, 114–115
   fornecedores, *206–207*
chaves reed, 169
circuitos
   diagramas esquemáticos, 189–190, 192
   símbolos de, 189–190, 192, *190, 192*
código, 12–14. *Veja também* linguagem C e Morse, código
   Código Secreto com teclado numérico (Projeto 10), 69–76
   Fechadura magnética para porta (Projeto 27), 157–162

   Modelo de sinalização para semáforo com encoder (Projeto 11), 76–81
código secreto com teclado numérico (Projeto 10), 69–76
comandos condicionais, 30–32
comentários, 12–13
compilador, 26–28
componentes de placa, *20–21*, 20–26
   chip de interface USB, 25–26
   compra, 196–197, 203–210
   conector de programação serial, 25–26
   conexões de alimentação elétrica, 20–23
   conexões digitais, 22–24
   entradas analógicas, 22–23
   especializados, 195–196
   folhas de especificações, 190, 192–193
   fonte de alimentação, 20–21
   fornecedores, 196–197, 203–210
   kit inicial, 203–204
   microcontroladores, 19–21, 23–26
   módulos, 195–197
   oscilador, 25–26
   resistores, 192–194
   shields, 195–197
   transistores, 194–196
configuração do ambiente Arduino, 9–10, 12
constantes, 27–28
contador regressivo de tempo (Projeto 30), 173–178
controles remotos, controle remoto com infravermelho (Projeto 28), 161–168

conversor digital-analógico (DAC), 116–118
corrente, medição de, 199–200

D

DAC, 116–118
dados (de jogar)
　dado com LEDs (Projeto 9), 64–68
　dados duplos com LEDs de sete segmentos (Projeto 15), 101–106
detector de mentira (Projeto 26), 153–157
diagramas esquemáticos, 189–190, 192. *Veja também* projetos *e nomes de projetos individuais*
digitador automático de senha (Projeto 32), 180–185
diretiva de pré-processamento, 91
display luminoso multicor (Projeto 14), 95–100

E

EEPROM, 24–25, 87–93, 157–162, 167–168, 180–182
entradas, 19–21
　analógicas, 22–23
　digitais, 49–50, 117–118, *118–119*
entradas e saídas digitais, 49–50
　saída analógica de entradas digitais, 117–118, *118–119*
EPROM, 20
expressões lógicas, 31–32

F

fechadura magnética para porta (Projeto 27), 157–162
fechaduras
　código Secreto com teclado numérico (Projeto 10), 69–76
　fechadura magnética para porta (Projeto 27), 157–162
ferramentas
　alicate de bico, 197–198
　alicate de corte, 197–198
　caixa de componentes, 196–198
　multímetro, 198–201
　osciloscópios, 199–201
　soldagem, 197–199
fios de conexão (jumpers), 15–17
folha de especificações, 190, 192–193
fonte de alimentação, 20–21
força contraeletromotriz (FCEM), 132–133, 158

força eletromotiva (FEM), 132–133, 158
fornecedores, 196–197, 203–210
fotorresistores, 80–82
fototransistores, 81–87
funções, 27–28

G

geração de números aleatórios, 64–68, 101–106
gerenciador de dispositivos, 6–9, *9–10*
getEncoderTurn, função, 77–78
gigabytes, 19–20
GND (ground), 21–24
　linhas em diagramas esquemáticos, 189–190

H

harpa luminosa (Projeto 20), 122–129
hipnotizador (Projeto 24), 142–146
histerese, 137, *137–138*

I

ideias para projetos, 200–201
infravermelho
　controle remoto com infravermelho (Projeto 28), 161–168
　LED IR de alta potência, 81–87
instalação de software, 5–10, 12
　no Linux, 9–10, 116–117, 169, 171
　no Mac OS X, 9–10, *11*, 116–117, 169, 171
　no Windows, 6–10, *11*, 116–117, 169, 171
instalação dos drivers USB, 6–9
inteiros, 27–28

K

kit inicial de componentes, 203–204

L

laser controlado por servomotores (Projeto 25), 146–151
LCD, displays, 100, 108–112
　Termostato com LCD (Projeto 22), 131–139
LDRs, 80–82, 122–129
LED IR de alta potência, 81–87
LED piscante (Projeto 1), 10, 12–16
　protoboard, *16–17*
　sketch, 26–30
ledPin, 26–28

LEDs
　array de LEDs (Projeto 16), 105–109
　conexão de um LED externo, 14–16
　conexões digitais, 22–24
　controle remoto com infravermelho (Projeto 28), 161–168
　dado com LEDs (Projeto 9), 64–68
　dados duplos com LEDs de Sete segmentos (Projeto 15), 101–106
　de sete segmentos, 100–106
　LED piscante (Projeto 1), 10, 12–16, *16–17*, 26–30
　Luxeon de 1W, 42–45
　luz estroboscópica (Projeto 6), 51, 53–56
　luz estroboscópica de alta potência (Projeto 8), 62–65
　luz para desordem afetiva sazonal (SAD) (Projeto 7), 57–61
　medidor VU (Projeto 21), 126–129
　modelo de sinalização para semáforo (Projeto 5), 49–51, 53
　modelo de sinalização para semáforo com encoder (Projeto 11), 76–81
　sinalizador de SOS em código Morse (Projeto 2), 33–37
　tradutor de código Morse (Projeto 3), 37–42
　tradutor de código Morse de alto brilho (Projeto 4), 41–48
lei de Ohm, 21–23
Lilypad. *Veja também* Arduino Lilypad, placa
linguagem C, 25–27
　aritmética, 29–31
　arrays, 36–39
　comandos condicionais, 30–32
　constantes, 27–28
　convenção para nomes, 26–28
　exemplo, 26–30
　expressões lógicas, 31–32
　funções, 27–28
　inteiros, 27–28
　loops, 29–30, 35–37
　operadores lógicos, 31–32
　parâmetros, 29–30
　ponto e vírgula, 27–28
　strings, 30–31
　tipos de dados, 29–30, *30–31*
　variáveis, 26–27, 29–30
Linux, instalação do software no, 9–10, 116–117, 169, 171
loops, 29–30, 35–37

Luz estroboscópica de alta potência
(Projeto 8), 62–65
Luz para desordem afetiva sazonal
(SAD) (Projeto 7), 57–61
luzes
    array de LEDs (Projeto 16), 105–109
    dados duplos com LEDs de sete
        segmentos (Projeto 15), 101–106
    display luminoso multicor (Projeto
        14), 95–100
    luz estroboscópica (Projeto 6), 51,
        53–56
    luz estroboscópica de alta potência
        (Projeto 8), 62–65
    luz para desordem afetiva sazonal
        (SAD) (Projeto 7), 57–61
    modelo de sinalização para
        semáforo (Projeto 5), 49–51, 53
    modelo de sinalização para
        semáforo com encoder (Projeto
        11), 76–81
    painel de Mensagens USB (Projeto
        17), 109–112
    sinalizador de SOS em código
        Morse (Projeto 2), 33–37

M

Mac OS X, instalação de software no,
    9–10, *11*, 116–117, 169, 171
medição de
    corrente, 199–200
    resistência, 199–201
    temperatura, 86–87
    tensão, 199–200
medidor VU (Projeto 21), 126–129
medidores analógicos, 198–199
medidores digitais, 198–199
megabytes, 19–20
memória, 19–20, 23–26
microcontroladores, 19–21, 23–26
modelo de sinalização para semáforo
    (Projeto 5), 49–51, 53
modelo de sinalização para semáforo
    com encoder (Projeto 11), 76–81
módulos, 195–197
monitor de pulsação arterial (Projeto
    12), 81–87
Morse, código
    letras em, *38–39*
    sinalizador de SOS em código
        Morse (Projeto 2), 33–37
    tradutor de código Morse (Projeto
        3), 37–42
    tradutor de código morse de alto
        brilho (Projeto 4), 41–48

MOSFETs, *194*
Mouse com acelerômetro (Projeto 33),
    184–187
multímetro, 198–201
multímetro de escala automática,
    199–200

O

o truque do teclado (Projeto 31),
    179–182
OmniGraffle, 189–190, 192
onda quadrada, 116–117, *117–118*,
    120–121
ondas senoidais, 116–117, *117–118*,
    118–123
operadores
    de mercado, 128–129
    lógicos, 31–32
operadores de mercado, 128–129
operadores lógicos, 31–32
oscilação (*hunting*), 133–138
oscilador, 25–26
osciloscópios, 199–201
    osciloscópio (Projeto 18), 113–117

P

painel de mensagens USB (Projeto
    17), 109–112
parâmetros, 29–30
PCBs. *Veja também* Protoshield, tipos
    de placas
pinos de entrada e saída, 19–21
placa perfurada, 58
    disposição dos componentes,
        59–60
playNote, função, 120–123
playSine, função, 120–123
polarização com realimentação de
    coletor, 126–129
ponte H, controladores de, 139–142
porta serial, configurações, 9–10, 12
potência
    hipnotizador (Projeto 24), 142–146
    laser controlado por servomotores
        (Projeto 25), 146–151
    termostato com LCD (Projeto 22),
        131–139
    ventilador controlado por
        computador (Projeto 23), 138–142
Processing, software, 116–117
programas, 12–14
projetos
    array de LEDs (Projeto 16), 105–109

código Secreto com teclado
    numérico (Projeto 10), 69–76
contador regressivo de tempo
    (Projeto 30), 173–178
controle remoto com infravermelho
    (Projeto 28), 161–168
dado com LEDs (Projeto 9), 64–68
dados duplos com LEDs de sete
    segmentos (Projeto 15), 101–106
detector de mentira (Projeto 26),
    153–157
digitador automático de senha
    (Projeto 32), 180–185
display luminoso multicor (Projeto
    14), 95–100
fechadura magnética para porta
    (Projeto 27), 157–162
harpa luminosa (Projeto 20),
    122–129
hipnotizador (Projeto 24), 142–146
ideias, 200–201
laser controlado por servomotores
    (Projeto 25), 146–151
LED piscante (Projeto 1), 10, 12–17,
    26–30
luz estroboscópica (Projeto 6), 51,
    53–56
luz estroboscópica de alta potência
    (Projeto 8), 62–65
luz para desordem afetiva sazonal
    (SAD) (Projeto 7), 57–61
medidor VU (Projeto 21), 126–129
modelo de sinalização para
    semáforo (Projeto 5), 49–51, 53
modelo de sinalização para
    semáforo com encoder (Projeto
    11), 76–81
monitor de pulsação arterial
    (Projeto 12), 81–87
mouse com acelerômetro (Projeto
    33), 184–187
o truque do teclado (Projeto 31),
    179–182
osciloscópio (Projeto 18), 113–117
painel de mensagens USB (Projeto
    17), 109–112
registrador de temperatura USB
    (Projeto 13), 86–93
relógio com Lilypad (Projeto 29),
    167–174
sinalizador de SOS em código
    Morse (Projeto 2), 33–37
termostato com LCD (Projeto 22),
    131–139

tocador de música (Projeto 19), 119–123
tradutor de código Morse (Projeto 3), 37–42
tradutor de código Morse de alto brilho (Projeto 4), 41–48
ventilador controlado por computador (Projeto 23), 138–142
protoboards, 15–17
Protoshield, tipos de placas, *45–46*
PWM (modulação por largura de pulso), 57, 95–96, 116–120

Q
quilobytes, 19–20

R
R–2R, escada de resistores, 117–118, *117–118*, 120–121
RAM, 19–20, 24–25
random, função, 64–68, 101–106
randomSeed, função, 64–68
regulador de tensão, 20–22
relógio com Lilypad (Projeto 29), 167–174
Reset, botão de, 5–6
Reset, conector de, 20–22
resistência, medição de, 199–201
resistores, 14–15, 192–194
 código de cores, *192–193*
 dependentes de luz, 80–82, 122–129
 encoders rotativos, *75–76*, 75–81
 escada de resistores R–2R, 117–118, *117–118*, 120–121
 fornecedores, *204–206*
 valores, 23–24
 variáveis, 53–55, 155–156
resposta galvânica da pele, 153–157

S
saídas, 19–21
 analógicas de entradas digitais, 117–118, *118–119*
 digitais, 49–50
semáforos
 modelo de sinalização para semáforo (Projeto 5), 49–51, 53
 modelo de sinalização para semáforo com encoder (Projeto 11), 76–81

semicondutores, fornecedores de, *206–209*
sensores
 código secreto com teclado numérico (Projeto 10), 69–76
 detector de mentira (Projeto 26), 153–157
 harpa luminosa (Projeto 20), 122–129
 modelo de sinalização para semáforo com encoder (Projeto 11), 76–81
 monitor de pulsação arterial (Projeto 12), 81–87
 registrador de temperatura USB (Projeto 13), 86–93
Serial Monitor, 41–42, *41–42*, 84–85
servomotores, 146–151
shields, 195–197
 luz estroboscópica, 56
 tradutor de código Morse, 44–47
sites
 Adafruit, 106–109
 Arduino, 6–10, 12, 200–201
 Processing, software, 116–117
sketches, 12–14
software
 Adafruit, 106–109
 baixando o software para os projetos, 10, 12
 instalação, 5–10, 12, 116–117, 169, 171
 programa Blink, 5–6, 12–16
soldagem, 197–199
som
 geração, 116–120
 harpa luminosa (Projeto 20), 122–129
 medidor VU (Projeto 21), 126–129
 osciloscópio (Projeto 18), 113–117
 tocador de música (Projeto 19), 119–123
Stanley, Mark, 71–73
strings, 30–31
suavização de sinal, 84–85

T
temperatura
 medição, 86–87
 registrador de temperatura USB (Projeto 13), 86–93

termostato com LCD (Projeto 22), 131–139
termistores, 86–87
 Registrador de temperatura USB (Projeto 13), 86–93
termostato com LCD (Projeto 22), 131–139
teste de continuidade, 199–201
Theremin, 123–124
tipos de dados, 29–30, *30–31*
tocador de música (Projeto 19), 119–123
tradutores
 tradutor de código Morse (Projeto 3), 37–42
 tradutor de código morse de alto brilho (Projeto 4), 41–48
transistores, 194–196
 bipolares, 100–102
 FETs, 58, *194*
 folha de especificações, *195–196*
 fototransistores, 81–87
 transistor bipolar NPN, 42–43, 131–133
 usados neste livro, *194*

U
unidade central de processamento (UCP), 24–25
USB, cabo, Tipo A para Tipo B, 5–6
USB, chip de interface, 25–26
USB, instalação de drivers, 6–9
USB, painel de mensagem (Projeto 17), 109–112
USB, registrador de temperatura (Projeto 13), 86–93

V
variáveis, 26–27, 29–30
ventilador controlado por computador (Projeto 23), 138–142

W
web color chart, 96, 98–100
Windows, instalação de software no, 6–10, *11*, 116–117, 169, 171